1 MONTH OF
FREE
READING

at

www.ForgottenBooks.com

By purchasing this book you are eligible for one month membership to ForgottenBooks.com, giving you unlimited access to our entire collection of over 700,000 titles via our web site and mobile apps.

To claim your free month visit: www.forgottenbooks.com/free589682

ISBN 978-0-266-63359-4
PIBN 10589682

AVVISO

AI SIGNORI ASSOCIATI

ALLA

STORIA

DELLA LETTERATURA ITALIANA

NEL SECOLO XVIII.

SCRITTA

DA ANTONIO LOMBARDI

PRIMO BIBLIOTECARIO

DI SUA ALTEZZA REALE

IL SIG. DUCA DI MODENA

SOCIO E SEGRETARIO DELLA SOCIETÀ ITALIANA

DELLE SCIENZE.

Si prevengono li Signori Associati che è già sotto il torchio il terzo volume della presente opera nel quale si comprenderà una parte della Storia delle belle lettere ed arti.

Modena Dalla Tipografia Camerale 15. Giugno 1828.

STORIA

DELLA LETTERATURA ITALIANA

NEL SECOLO XVIII.

SCRITTA

DA ANTONIO LOMBARDI

PRIMO BIBLIOTECARIO

DI SÙA ALTEZZA REALE

IL SIG. DUCA DI MODENA

SOCIO E SEGRETARIO DELLA SOCIETÀ ITALIANA

DELLE SCIENZE

Tomo II.

MODENA

PRESSO

LA TIPOGRAFIA CAMERALE.

MDCCCXXVIII.

INDICE E SOMMARIO

DEL PRESENTE TOMO.

LIBRO II.

CAPO III.

Storia naturale, Anatomia, Medicina, Chirurgia.

CAPO IV.

Giurisprudenza civile e canonica.

STORIA

DELLA LETTERATURA ITALIANA

nel Secolo XVIII.

LIBRO II.

CAPO III.

Storia Naturale, Anatomia, Medicina,
Chirurgia.

I. Se non fu certamente ristretto il numero di
coloro fra gli Italiani che nel decorso secolo si distinsero nelle scienze matematiche, come ognuno
avrà potuto osservare leggendo il capo antecedente
di questa storia, e se il valore da essi spiegato diede
ben giusto argomento alla nostra ammirazione, dovremo dagli stessi sentimenti esser pur compresi, allorchè ci faremo a scorrere le fatiche degli Scrittori e degli Osservatori Italiani nell'amena parte della scienza della natura, cioè nella storia naturale;
e come fra i Matematici di prima sfera possiamo
vantare un Lagrange, così non ci mancano Naturalisti di primo ordine, e il solo Vallisnieri e lo Spallanzani bastano ad illustrare il loro secolo. Che se
dovremo confessare non aver noi in qualche classe
delle scienze naturali così rapidamente avanzato come
alcune altre Nazioni, vedremo però che nessun ramo
rimase fra noi negletto, e che le ricerche degli
egregi nostri Scrittori giovarono assai a promuovere
in tutta la sua estensione lo studio del vasto regno
della natura, ed a scuoprire in esso nuovi paesi e
nuove provincie.

Tomo II.

II.
Storia natura-
le.Trionfetti Ca-
nonico Lelio e
Marsili Monsig.
Antonio Felice.

II. Il Cavalier Tiraboschi nell'ultimo Tomo della
sua storia della Italiana Letteratura ci diede qualche notizia del Professor Gio. Battista Trionfetti Bolognese, ma nulla ci disse del fratello suo Canonico Lelio meritissimo Professore di storia naturale
nella sua Patria, del quale perciò io quì brevemente ragionerò sebben vivesse più nel secolo XVII. che
nel XVIII., il che ho pur fatto e dovrò fare riguardo
ad alcuni altri Scrittori dallo stesso Storico ommessi,
forse perchè vivi ancora a quell' epoca a cui egli
condusse il vasto suo lavoro. Il Canonico Lelio Trionfetti venne al mondo l'anno 1647., e così rapidamente avanzò nello studio che sostenne nel 1663.
una pubblica difesa, e aspirar potè nella Università
di Bologna ad una lettura di Filosofia che ottenne
nell'anno 1667. ventesimo di sua età, e coprì con
lode tale che la sua scuola divenne rinomata e numerosa. Siccome però aveva egli in modo speciale
diretta l'attenzion sua alla Botanica, ed alla Storia
naturale, così essendo vacata questa Cattedra, a lui
si destinò aggiungendovisi l'incombenza di ostensore dei semplici nel pubblico giardino. Ebbe egli il
vanto di essere il primo a far con metodo queste
ostensioni, nelle quali esponeva da prima agli scolari ogni giorno un certo numero di piante, indi proponeva una breve lezione sopra il loro genere, e
spiegava l'etimologia dei rispettivi nomi, dopo di
che indicava le differenze di questi vegetabili, e ne
insegnava gli usi medici. Monsignor Felice Marsili
di cui parleremo tra poco, lo aggregò nel 1689. all'
Accademia di Filosofia esperimentale in sua casa
eretta, e allorchè il Conte Ferdinando Marsili fondò l'Istituto, desiderò ed ottenne dal Senato che se
ne nominasse, come si fece, nel 1713. Presidente il
Trionfetti allora Canonico, a cui venne pure affi-

data la Cattedra di storia naturale in questo nuovo
stabilimento, sebbene avesse già compito i 40. anni
di lettura nella Università, e toccasse gli anni 66.
di età. Assalito però due anni appresso da un notabile mancamento di forze, rinunziò la Cattedra e tenne la Presidenza e l' ostensione dei semplici nell'
orto botanico sino al 1721., in cui mancò ai vivi alli
2. di Luglio per un idrope sopraggiunta agli altri
incomodi della vecchiaja. Intima relazione egli ebbe col celebre General Marsili come si rileva dal
reciproco loro carteggio che si conserva nella Biblioteca dell' Istituto, e vaste cognizioni di storia
naturale possedeva il Trionfetti; ma alieno siccome
egli era dal comparir letterato, non volle pubblicar
cosa alcuna, e a gran fatica permise a Gio. Battista suo fratello di dare nell'opera *De ortu et vege-
tatione plantarum* la descrizione di alcuni semplici
da lui per la prima volta ritrovati. Coltivò egli in
un suo privato giardino le piante esotiche allora fra
noi rarissime, e non pochi suoi interessanti manoscritti oltre il citato carteggio conservansi nella detta Biblioteca, fra i quali sono i più ragguardevoli
le ostensioni botaniche; le esercitazioni di storia naturale e la storia dei fossili e dei funghi (1). Quantunque figurasse più come protettore delle scienze
e dei Dotti che come Letterato, Monsignor Antonio
Felice Marsili Bolognese fratello del famoso Conte
Luigi Ferdinando, e Vescovo di Perugia, tuttavia io
lo annovero fra i Naturalisti, perchè egli in una
lettera diretta al sommo Malpighi diede in luce una
*Relazione del ritruovamento delle uova di chioccio-
le* varie volte ristampata, e di cui parla anche il

---

(1) Fantuzzi Scrittori Bol. T. VIII. pag. 118.

Portal nella sua storia dell' Anatomia (1). Visse il
Marsili nel secolo XVII. essendo morto nel 1710. in
età d'anni 61., e fu assai benemerito delle scienze
naturali ed ecclesiastiche, avendo eretto in propria
casa due Accademie una di filosofia, l'altra di storia ecclesiastica, e avendo preso a proteggere il giovine Muratori a cui procurò collocamento nella Biblioteca Ambrosiana; perlocchè questi grato a tante premure dal Marsili dimostrategli dedicò a lui
la sua dissertazione *De primis Christianorum Eccle-
siis* in età di soli vent'anni pubblicata (2).

III.
Marsili Conte
Luigi Ferdinan-
do. Compendio
della sua vita.

III. Allorchè nel primo libro di questa storia si è
parlato delle Accademie istituite in Italia, abbiamo
veduto quanto operasse per fondar l'Istituto, di Bologna il Conte Ferdinando Luigi Marsili; di questo
adesso dobbiamo con la scorta di Monsignor Fabbroni (3) partitamente ragionare, siccome di un
soggetto celebre quant'altri mai e per la dottrina,
e per la protezione accordata alle scienze, e per le
strane avventure della sua vita.

Carlo Francesco Marsili e Margarita Ercolani amendue di antica e nobile famiglia Bolognese furono li
suoi genitori dai quali venne alla luce il dì 20. Luglio dell' anno 1658. questo letterato e guerriero.
Benchè educato alle arti cavalleresche, non gli mancò per cura de' suoi l'istruzione scientifica, ed ebbe
a maestri Marcello Malpighi, Lelio Trionfetti e Ge-
miniano Montanari tutti uomini per sapere illustri;
e a condiscepolo il non men grande Dottor Dome-

---

(1) Questo Monsignor ci lasciò ancora alcune altre operette filosofiche,
di bella Letteratura e di Antiquaria.

(2) Fantuzzi op. cit T. V. pag. 276.

(3) Vitae Ital. Vol. V. pag. 6. Il Conte Fantuzzi scrisse diffusamente
le memorie del Conte Marsili e le stampò nel 1770. a Bologna.

nico Guglielmini. Intraprese il Marsili ancor giovanetto diversi viaggi per l'Italia, ed essendo in
Napoli fece una descrizione delle cose più interessanti di storia naturale, che il Montanari a cui venne trasmessa giudicò pregevole anzi che nò. Passato
poi nel 1679. col Legato Veneto a Costantinopoli vi
dimorò undici mesi, e nel ritornare alla Patria visitò la Grecia e la Dalmazia, ed ebbe così campo
di istituire copiose osservazioni su quei paesi ricchi
di tante antiche memorie; stese egli allora la descrizione del Bosforo Tracio stampata poi a spese della Regina Cristina di Svezia, la quale vi aggiunse
qualche cosa del proprio. Dopo questo viaggio accolto il nostro giovane Cavaliere in Roma da questa Principessa e dal Cardinal De Luca con onor
singolare, passò a Milano, dove giovò co' suoi con-
siglii ai lavori delle fortificazioni di alcune Citta-
delle di quello Stato e alla difesa di Cremona dai
pericoli del Po. Dedicatosi egli circa a quest'epoca
alle armi, rapidamente percorse i varii gradi della
milizia, e il suo valore gli meritò ben presto il grado di Generale; ma l'avversa fortuna volle che mi-
litando contro gli Ungheresi ribelli di Cesare, dopo
di aver riportata una vittoria, fosse per tradimento
fatto prigioniere dai Turchi che il venderono schiavo ad un Ungherese per la vil somma di sette Talleri, essendogli riuscito felicemente lo stratagemma
di fingersi semplice soldato. Ridotto in così trista
condizione, allorchè nell'anno 1683. le armi Otto-
mane assediarono strettamente Vienna, portava egli
le fascine ed eseguiva altri vili ufficii; ma avendo i
Turchi ordinata la morte di tutti gli schiavi maggiori d'anni 16., per salvare la vita si arrischiò, e
riuscì a fuggire vendendosi per 24. Talleri schiavo
a due Bosniaci; legato perciò alla coda di un ca-

vallo dovette per 18. ore continue correre, perlocchè rimase semivivo, e con somma difficoltà si ottenne la grazia dal General Turco che non fosse
ucciso. Fermatosi alquanto a Buda per risanare, sostenne nella Bosnia non pochi stenti, e finalmente a gran-
prezzo riscattossi e si restituì salvo alla Patria, da dove
avido di gloria ripartì nel 1684. per l' armata con-
federata, che assediava Buda suddetta dagli Ottoma-
ni allora occupata. Non gli permise però la sua mal-
concia salute di restare al campo, e ritornò a Vienna dove gli fu commesso di presiedere alla fabbrica
delle artiglierie, il che lo impegnò in molte sperienze per migliorare quest' arte, ed esistono copiose
lettere da Lui al Viviani dirette sulla varietà della
forza e degli effetti della polvere da cannone. Assalito nel 1686. da grave infermità si riebbe e andò
nuovamente all' assedio di Buda, dove cooperò efficacemente con la sua prudenza e col suo valore alla
caduta della Piazza e del presidio Turco in potere
dell' Austria; e giovò anche alle scienze, poichè nel
sacco dato a quell' infelice Città procurò di raccogliere i Codici orientali, e riuscì a metterne insieme non pochi, tenui avanzi forse della Biblioteca
del famoso Re Mattia Corvino. Molte onorevoli spe-
dizioni militari, per l'ordinario contro i Turchi, a lui
affidaronsi nelle quali riuscì felicemente, e il veggiamo ora tener fronte al nemico in Transilvania, ora
in Ungheria, dove essendo nel 1694. compose a Pest
l' opera sulla vegetazione dei metalli. Nè solamente
come bravo militare servì l' Imperatore, ma anche
in qualità di Ambasciatore, e dopo di esser stato spedito a Roma, passò nel 1690. a Costantinopoli per
assistere alle trattative di pace colà intavolate dal
Legato Inglese, che era mediatore fra le due Potenze nemiche. Ma non essendo queste riuscite a buon

termine si continuò la guerra, e nel 1696. assistette nuovamente il Marsili in compagnia di altri Legati alle negoziazioni riprese nelle quali si concluse la pace; in seguito di che egli ebbe l'ordine di sistemare i nuovi confini tra l'Impero e la Turchia in Ungheria ed in Dalmazia, compita la quale operazione ritornò a Vienna, e in premio delle sue fatiche ottenne la carica di Cavallerizzo.

IV. Questi felici successi però e la grazia che egli godeva di Cesare, accendevano contro Lui l'invidia, e il suo carattere di parlar troppo liberamente delle azioni altrui, tutto ciò suscitogli molti nemici che arrivarono per sino ad attentargli alla vita, e una volta il suo Colonnello appoggiato dal Conte di Stharemberg lo accusò di troppa asprezza con i soldati, e di aver derubato la cassa militare. Seppe però il Marsili così ben maneggiare la propria causa, che purgossi pienamente da questa taccia, ed ottenne dall'Imperatore una testimonianza della propria innocenza essendo stato come si disse, nominato al congresso di pace. Ma non andò così la faccenda, allorchè il Principe di Baden lo accusò di aver per viltà ceduto ai Francesi la piazza di Brisacco, perlocchè il Comandante Conte d'Arco e il Marsili furono processati. Il primo condannato a morte venne decapitato nell'anno 1704., e l'altro spogliato di tutti li suoi beni ed averi vide le sua spada da tante vittorie nobilitata per man del carnefice pubblicamente rotta. Ritiratosi egli nella Svizzera ivi stampò una sua difesa, ma ciò nulla giovogli, come nemmeno gli attestati di Vauban e di altri Generali Francesi, i quali giurarono che non doveva più a lungo difendersi con speranza di esito fortunato quella piazza. Superiore però il Conte Marsili all'avversa sua sorte, perchè conscio a se stesso della probità

IV.
Proseguono le vicende del Marsili.

sua, passò alla Corte di Francia dove Luigi XIV. lo
ricevette in modo lusinghiero, nè gli mancarono e
dignità e grazie ed onori più che prima (1). Stanco
egli però di vivere nel gran mondo, si ritirò a Mon-
pellier, e indi a Casis piccola Città da Marsilia non
lontana, dove attendeva all' agricoltura, alla pesca,
ed alla ricerca dei corpi marini per riunire i materiali da Lui destinati a tessere la storia fisica del
mare. Poco però godette di questa solitudine, perchè chiamato due anni dopo a comandare l' armata Pontificia contro l' Imperatore, vi andò, ma riuscita assai male per mancanza di denari e di trup-
pe questa spedizione, si ridusse egli finalmente in
patria dove si occupò a fondar l' Istituto che a lui
procurò tanta gloria, del che abbiamo già a suo
luogo parlato. Oltre questo magnifico stabilimento eresse il nostro Conte due altre Accademie (2),
una detta degli *Inquieti*, e l' altra di *Belle Arti*,
della quale egli fece la solenne apertura con un'
animata orazione diretta a risvegliare negli Acca-
demci lo zelo di conservar la gloria dei loro Maggiori. Così forti motivi determinarono perciò il Senato Bolognese a dimostrare in maniera luminosa
la gratitudine della nazione al Marsili, decretandogli
una statua che ergere dovevasi in uno dei luoghi più
frequentati della Città, ma egli a tutto potere lo
impedì. Mentre però con sì nobili azioni distinguevasi
questo letterato guerriero, li suoi parenti continuamente lo affliggevano, lo cacciavano dalla casa comu-

---

(1) L' accoglimento fatto da questo Monarca al Conte Marsili fa sos-
pettare che non fosse questi totalmente immune dalla colpa per cui fu pro-
cessato. Il Fantuzzi però da quanto riferisce in questo proposito nelle citate Memorie, pare che ritenga il Marsili innocente.

(2) Vita di Eustachio Manfredi scritta dal Fabbroni, nella quale descrivonsi le vicende di queste accademie.

ne, e lo spogliavano di tutti i beni, nè vi volle meno di
tutta la Pontificia autorità per comporre una lite così
turpe. Ma nel bollore di questi dissidii domestici
avvicendandosi sempre in quest' uomo straordinario
la sinistra alla prospera fortuna, il Pontefice Clemente XI. lo destinò a difendere le spiaggie de' suoi Dominii dai Corsari Africani, il che fece il Conte Marsili con munire d'artiglieria e di soldatesche le
coste, nella qual circostanza formò la pianta di tutto quel littorale marittimo, e raccolse non pochi
oggetti di storia naturale descritti poi in tante lettere dirette all' illustre Lancisi e che sono inedite;
percorse pur anche le valli Bolognesi ed i nostri
Appennini, onde raccogliere i materiali per un' opera che meditava *De structura telluris organica*, e
frattanto scrisse unitamente al dottissimo Giuseppe
Monti la storia fisica e naturale di dette valli. Di-
videndo così il Marsili l' attenzion sua tra gli affari e le scienze impiegava utilmente il suo tempo,
e l' attività sua gli faceva trovar mezzi onde soddisfare a tutto, ed aveva anche l'idea di intrapren-
dere il viaggio d' Egitto; distoltone però dal timore
dei Corsari che infestavano que' mari, cambiò pen-
siero e visitò l' Olanda e Londra, dove strinse amicizia con Newton, Halley, Boerhaave e Musckem-
broeckio, ammesso venne a quella Real Società,
e riportò in Patria un copioso numero di oggetti di storia naturale Americana e di libri. Alle
questioni coi proprii parenti aggiunsersi alcune contrarietà per parte di altri Bolognesi incontrate, e
tale dispetto nè provò egli, che abbandonò di nuovo Bologna a cui erasi restituito dopo i viaggi del
Settentrione, dichiarando in iscritto che a ciò induce-
valo l' ingratitudine de' suoi Concittadini, cambiò il
cognome di Marsili in quello di Aquino, pentendo-

si quasi di esser nato da illustre famiglia Bolognese, e di nuovo andò a *Casis;* ma colpito l'anno appresso d'apoplessia ritornò a Bologna, dove dopo la
morte di suo fratello erano cessate tutte le liti, e
poteva sperare di passar tranquilli gli ultimi giorni
del viver suo se fosse risanato, ma peggiorò in modo che sentì avvicinarsi il suo termine. Allora chia-
mar fece a se li suoi più intimi amici, e fra questi
il Presidente dell'Istituto Dottor Matteo Bazani, e
raccomandò loro di continuare a promuovere quelle
scienze per il quale oggetto aveva egli somministrato tanti mezzi, e di correggere gli scritti che egli
lasciava inediti, dopo di che si abbandonò intieramente alla Religione e cessò di vivere nel dì 1. di
Novembre dell'anno 1730. Il suo cadavere ebbe sepoltura nei PP. Cappuccini senza pompa alcuna come aveva prescritto, il Presidente dell'Istituto gli
tessè il ben meritato elogio in occasione dei magnifici funerali in onor sno celebrati, e l'Accademia dei
Pittori gli eresse nel gran tempio di S. Domenico
un monumento con la sua effigie e con la iscrizione conveniente. Nè furono questi i soli tributi di
laude a un tant' uomo dalla posterità offerti; ma il
Fontenelle e l'Hebert tra i Francesi, ed il Zanotti
ed il Fantuzzi fra gli Italiani ne stesero la vita.
Inclinato il Conte Marsili per carattere all'irascibile,
aveva però il cuore sincero; la sua Religione fu
vera, e professò una special divozione alla Santissima Vergine a cui dedicò nell'Istituto una Cappella,
e in onor della quale stabilì un'annua solennità. Due
tratti insigni della sua carità e del suo bel cuore ci
narrano li citati Scrittori, e questi non devon quì tacersi. Allorchè viaggiava in Turchia fece ricerca, e
seppe che i due Turchi i quali anni addietro lo ave-
ano fatto prigioniere, vivevano ancora ma nell' indi-

genza; altro non vi volle, perchè egli accorresse tosto al loro sollievo e con denari, e con interporre
efficacemente li suoi buoni uffizii presso il Visir,
che in forza di questa raccomandazione generosamente li beneficò. Non dissimile da questo è il secondo fatto accaduto nel viaggiare che egli faceva
a Marsiglia, dove regalò con denari quello schiavo
Turco che in tempo della sua prigionia lo metteva
ogni notte ai ceppi.

V. Se mi sono alquanto dilungato nello esporre i V. Opere del Conte Marsili.
varii accidenti della travagliata vita del Marsili, spe-
ro che attesa la singolarità e la varietà dell'argomento non avrò annoiato i lettori ai quali passo a
dar conto delle opere di questo insigne Bolognese.
Ho già più sopra citata la sua descrizione del Bosforo Tracio, nella quale con occhio filosofico percorre quelle belle contrade, segna le diverse correnti
superiori ed inferiori di quel mare e ne misura le
varie velocità, come pure esamina la natura e direzione dei venti che colà regnano, descrive le qualità
diverse dei pesci che abitano in quelle acque, e ne
anatomizza diversi. A questo primo lavoro altro ne
succedette pubblicato però soltanto nel 1732., cioè
dopo la sua morte, in lingua Francese ed Italiana,
in cui descrisse le leggi, lo stato e le istituzioni militari dell'Impero Turco, e in una lunga lettera in-
dirizzata a Giacomo Patriarca di Gerusalemme compilò varie osservazioni sullo stato delle Chiese Greca ed Armena in Turchia. Le due opere però che
stabilirono il nome del Conte Marsili, sono la *Storia
Fisica del mare* e l'altra ancor più pregevole *De
Danubio Pannonico Mysio.* Per dar qualche idea della prima, dirò che in questa si forma un suo particolar sistema sul mare a cui attribuisce due fondi
l'uno primigenio, l'altro formato dalla concrezione

di varii corpi, o nati colà, o portativi dalle correnti. Passa in appresso ad esaminare il moto e la natura delle acque marine, nel che non riescì gran
fatto perchè a quei tempi la Chimica contava pochi
progressi. Le piante marine formaron l'oggetto dell'
ultima parte dell' opera in cui inserì nuove e copiose osservazioni sui semi di esse, sulla mancanza delle radici, e sui fiori del corallo da lui il primo trovati, per lo chè ottenne dall'Accademia di Parigi lode singolare. Incontrarono però varie opposizioni
le scoperte del nostro Autore sulle radici, sui fiori e
sul succo latteo del corallo, poichè il Reaumur ed
altri la pensarono diversamente; ciò non pertanto egli
ha il merito di aver tentato questo genere di esperienze, e di aver così eccitato gli altri ad occuparsene.

L'Accademia sunnominata di Parigi alla quale
venne dal Marsili presentata la suddetta opera manoscritta, lo annoverò per ordine di Luigi XIV. fra
li Accademici stranieri, a condizione che in caso di
vacanza rielegger non si dovesse alcun altro in sua
vece. Così onorifica distinzione lo animò vieppiù a
pubblicar questa scientifica sua fatica, alla quale recò sommo ornamento la prefazione dell'illustre Boerhaave, che lodò singolarmente il Marsili per avere
investigato cose nuove e maravigliose. Quantunque
però sia egli degno di encomio per questo suo lavoro, pure riscontransi nel medesimo non leggieri mac-
chie, perchè l'amor di sistema da cui era domina-
to, non gli permetteva di sperimentar con pazienza
e faceva abbracciargli troppe cose con ardore straordinario.

In sei grandi tomi in foglio dividesi l'altra sua opera del Danubio scritta inelegantemente in latino. La
geografia, l'astronomia, l'idrografia, le antichità e la
storia naturale dei paesi che attraversa questo fiume

reale, formano gli oggetti trattati in detti volumi in cui incontransi bensì notizie copiose e pregevoli ma non ben digerite; nè ciò deve far meraviglia, se riguardisi l'estensione degli argomenti dall'Autore trattati, la difficoltà di osservare esattamente, e le occupazioni guerriere nelle quali trovavasi egli immerso, allorchè raccoglieva i materiali di questo immenso lavoro. Scrisse il Marsili anche una dissertazione sull'origine dei funghi, ma sostenne la falsa opinione che essi nascano dalla putredine; più felice riuscì nell'investigar la generazione delle anguille, addottando in una lettera diretta al Vallisnieri il sistema della generazione col mezzo delle uova e non quello dei vivipari (1).

VI. Sebbene nulla pubblicasse colle stampe il Dottor Cipriano Antonio Targioni Fiorentino nato nel 1672., pure a lui devono la Fisica e la Storia naturale non piccoli progressi. Osservò attentamente i corpi esposti al fuoco dello specchio ustorio nella Galleria Medicea, e le alterazioni che in essi accadono, vennero pienamente confermate dai Signori Macquer, Darcet e Roux. Contrasse egli amicizia con il Redi, e da lui apprese la vera maniera di rintracciare le proprietà dei prodotti animali, e quell' aurea semplicità di medicare per cui divenne uno dei più accreditati medici della Toscana. Il Targioni scuoprì pure il metodo di conservare incorrotti per lungo tempo i cadaveri degli animali, e di questo ne lasciò un bel monumento nel suo privato museo ricco di animali ben conservati, non solo ma ancora di piante. Finalmente tacer non si deve che egli lavorò dei prismi, coi quali eseguironsi in Firen-

VI.
Targioni Cipriano Antonio ed altri.

---

(1) Fece anche scrivere in Francese dal Sig. Limier la storia dell'Istituto pubblicata l'anno 1723.

ze non poche sperienze da Martino Folkes Presidente in appresso della Reale Società di Londra (1). Maggior nome acquistossi Gian-Girolamo Zannichelli chimico e naturalista, che può considerarsi fra noi come uno dei promotori delle raccolte di storia naturale. Nato in Spillamberto terra del Modenese l'anno 1661. passò poi a Venezia, e ascritto al collegio di que' speziali scuoprì alcuni segreti chimici,
ma si lasciò da prima trasportare alquanto dalle paz-
zie degli alchimisti. Rivolse però in appresso più utilmente l'attenzion sua alla storia naturale, intraprese nel 1710. un viaggio nelle montagne Veronesi e
Vicentine, dove raccolse molte rarità naturali, e nel
1711. adornò la sua casa e bottega in Venezia con
piante terrestri e marine, conchiglie, e con denti
di animali e pesci impietriti raccolti non solo dall'
Italia, ma dalla Grecia ancora, dal Portogallo, dalla Svizzera e dalla Savoja. Questo spettacolo affatto
nuovo produsse nei Veneziani singolar maraviglia, e
tanto più che leggevansi in un foglio i nomi di tutte queste rarità naturali, il che supponeva nel raccoglitore cognizioni estese della scienza; e a confer-
mar vieppiù questa opinione nel Pubblico, contribuì la
rinnovazione fatta nell'anno successivo dal Zannichelli di un simile apparato, ma composto di minerali e
metalli tratti dalle miniere d'Italia e di altre Provincie dell'Europa. Diversi altri viaggi fece egli in
compagnia di illustri Botanici, e fra questi, di Pier Antonio Micheli di cui dirò altrove, ma una caduta nel
1726. fatta gli cagionò una lunga e dolorosa malattia
a cui dovette soccombere nel dì 11. Gennajo del 1729.
Godette egli la stima universale ed ebbe corrispon-

_____

(1) Elogi d'illustri Toscani T. IV. Lucca 1771. pag DCCCXX.

denza con più Dotti suoi contemporanei (fra i quali
contansì alcuni oltramontani) il Morgagni, il Vallisnieri, il Poleni ed altri, e l'Haller che di lui ragiona
nella sua Biblioteca botanica (1). Le opere del Zannichelli appartengono in parte alla Chimica e in parte alla Storia naturale, e di esse può vedersi presso
il Cav. Tiraboschi il catalogo (2) ; fra queste però
merita di esser specialmente rammentata la storia
delle piante che nascono nei lidi intorno a Venezia,
opera postuma da Gio. Giacomo suo figlio accresciuta e colà stampata nel 1735.

VII. Parlando del Marsili abbiamo veduto che egli
ebbe a compagno nello scrivere la storia delle valli
Bolognesi Giuseppe Monti, e di questo valoroso soggetto dobbiamo ora dar qùi notizia. Anton Francesco
Monti Bolognese e Laura Neri Boccalini ebbe egli a
suoi genitori, e nel 1682. adì 27. Novembre vide la
luce del giorno. Dedicossi Giuseppe più specialmente alla Botanica ed alla Storia naturale, e dopo di
aver nell'orto della propria casa formato un copioso giardino botanico, ed aver fatto alcune escursioni
sul territorio Bolognese e sulle alpi circonvicine,
divenne un esperto Naturalista, strinse ben presto
amicizia e corrispondenza con varii rinomati nostri
Professori, e si procurò inoltre una non sprege-
vole raccolta di minerali, di conchiglie e di altri
simili oggetti, la quale poi trascurò di aumentare
dacchè ebbe in custodia il museo dell'Istituto. Due
opuscoli da lui nel 1719. stampati, il primo sopra
un' insigne petrificazione trovata presso Monte Bian-
cano, all' oggetto di vieppiù confermare la sentenza che attribuisce al Diluvio universale gli avan-

VII.
Monti Giusep-
pe naturalista.

_____

(1) Vol. II. pag. 18.
(2) Bibl. Mod. T. V. pag. 407.

zi dei corpi marini sparsi sulla superficie del globo, l'altro sulle piante del territorio Bolognese accrebbergli il nome, e il Professor Giacomo a Melle di Lubecca gli dedicò un libro sulle pietre figurate del suo paese. Promosso poi il Monti alla Cattedra di storia naturale nell'Istituto e di ostensore nell'orto botanico, diresse la disposizione di tutti gli oggetti della scienza nel nuovo Gabinetto dal Conte Marsili fondato, e la compiè in due anni con l'assistenza di suo figlio Gaetano Lorenzo datogli poi a sostituto nel 1729., nel qual'anno dedicò a lui, al Zendrini, ed all'immortal Vallisnieri lo Svizzero Lodovico Bourguet un suo lavoro intitolato *Lettres philosophiques sur la formation des sels et des cristaux*. Onorato nel 1736. il Monti dell'altra Cattedra dei semplici medicinali, e nel 1745. annoverato dal gran Pontefice Benedetto XIV. fra i primi Accademico pensionario della nuova Società da lui istituita, continuò a faticare sino all'anno 1752. in cui contava anni 70. Rinunziò allora l'impegno delle lezioni al figlio, e si limitò a coltivare le piante nell'orto botanico, e ad attendere con maggior fervore alle opere di pietà alle quali in ogni tempo mostrossi oltre modo inclinato, e così continuò sino alla sua morte avvenuta l'ultimo di Febbrajo del 1760., ricevendo il suo cadavere onorata sepoltura nella Chiesa de' PP. Carmelitani Scalzi, all'Ordine dei quali portò sempre una special divozione. Oltre quanto si è di sopra accennato, pubblicò egli due indici uno di piante, l'altro di medicamenti esotici per uso della scuola, e negli Atti dell'Istituto leggonsi non poche sue dissertazioni di argomento botanico e di storia naturale. Il Dillenio, il Boerhaave, il Linneo, il Commelino, lo Scheuchzero ed altri oltramontani, il Micheli il Vallisnieri e quasi tutti li Botanici e Naturalisti Italiani ebbero con lui corrispondenza, e si profittarono delle sue cognizioni mentre egli a vicenda mise a contribuzione le loro letterarie ricchezze (1).

VIII. Se i dotti Naturalisti in questo Capo finora da me ricordati meritano i più distinti elogi per avere i primi promossa fra noi una così amena e nobil parte dello scibile umano, i progressi che essa fece la mercè dell'illustre Antonio Vallisnieri a lui danno ogni diritto per essere riconosciuto dall'Europa tutta come il Principe degli storici naturali nello scorso secolo, e per uno di quelli il cui nome ad illustrar basta l'età in cui visse. Il Cavalier Tiraboschi che attinse le notizie del Vallisnieri dalle due vite scrittene l'una dal Conte Giannartico di Porzia e l'altra da Monsig. Fabbroni, mi darà lumi bastevoli a tracciar brevemente il quadro sorprendente dei meriti di così insigne medico e filosofo (2). Omettendo le discussioni del prefato Tiraboschi sulla nobiltà della famiglia Vallisnieri, e la giusta difesa che egli fa del Gesuita Padre Biagi maestro del Vallisnieri, alquanto deriso come Aristotelico da Monsignor Fabbroni, dirò che Lorenzo Vallisnieri di famiglia nobile Reggiana, come par più probabile, ma stabilita fino dal 1600. in Scandiano terra in quella Provincia situata, fu il Padre di Antonio, e Lucrezia Davini sorella del medico Davini fra noi rinomato ne fu madre. Mentre Lorenzo amministrava come Capitan di ragione la giustizia in Trassilico luogo della Garfagnana, venne al mondo colà adì 3. di Maggio dell'anno 1661. Antonio educato poscia alle scuole dei Gesuiti

---

(1) Fantuzzi Scrittori Bol. T. VI. pag. 91.
(2) Tiraboschi Bibl. Mod. T. V. pag. 322. e seg. Vallisnieri. Opere T. I. pag. XLI. Fabbroni Vitae ec. T. VII. pag. 9.

in Modena ed in Reggio, indi passato a Bologna dove cominciò sotto la direzione dell'immortale Malpighi gli studii medici in tutta l'estenzione considerati, ma poi dovette per uniformarsi alle leggi degli Estensi Dominii ricever la laurea in Reggio il che seguì nel 1687. poco dopo visitò il Vallisnieri in Venezia, in Padova ed anche in Parma i medici più accreditati, ed acquistò così nuove cognizioni nella vasta scienza della Natura. Dedicatosi però in modo particolare alla storia naturale, cominciò egli a raccogliere per ogni dove ciò che di più raro e di più meritevole di osservazione gli si offeriva, ed a ripetere le sperienze del Redi intorno alla generazione degli insetti, nel che fare riuscì a correggere alcuni errori del Fiorentino sperimentatore, ed a scuoprire più cose fino allora ignorate. Fra i diciotto figli che ebbe dalla sua sposa Laura figlia del Dottor Francesco Mattacodi di Scandiano (1), il Cav. Tiraboschi ricorda Claudia Donna di raro talento, al segno che seppe essa talora continuare in assenza del Padre il letterario di lui carteggio coi più insigni dotti Europei.

IX.
Continuazione delle notizie sulla vita del Vallisnieri.

IX. Frattanto l'Università di Padova attendeva il Vallisnieri che in quel scientifico teatro far doveva brillare il proprio ingegno, ed acquistarsi una fama immortale. Il Procurator Federico Marcello operò perchè egli già noto per alcune opere pubblicate di cui a suo luogo parlerassi, colà andasse nel 1700. a coprire la Cattedra di medicina pratica straordinaria con lo stipendio di 350. fiorini, che secondo l'uso lodevolissimo di quell'Archiginnasio, passando il Val-

---

(1) Giovò non poco al Vallisnieri in dette sperienze l'opera del Mattacodi diligente investigatore dei fenomeni e dei misteri della natura da lui sommamente lodato.

lisnieri da una Cattedra all' altra, o accrescendosegliene alcuna, giunse nel 1726. sino a fiorini 1100. E mentre egli dava le pubbliche lezioni alli suoi scolari, non dimenticava la loro privata istruzione, tenendo frequenti conferenze nella propria casa in cui gli andava destramente formando, e coll'ajuto delle sperienze conoscer loro faceva il regno della natura che a lui generosa svelava i proprii arcani. Intento egli a così serie occupazioni, esercitava contemporaneamente e con gran credito l'arte salutare, apriva una estesa corrispondenza con molti dei più rinomati Professori d'Europa, viaggiava sulle montagne Modenesi e Toscane, componeva opere insigni e raccoglieva un ricco museo di rarità naturali di ogni genere, la descrizione delle quali può vedersi nella Vita scrittane, come si disse, dal Porzia (1). Convinto dalle numerose e ripetute esperienze da lui istituite che gli antichi avevano in fatto di storia naturale commesso non pochi errori, fissò per massima nella istruzione altrui, che non si dovevano in questi studii affermare cose le quali appoggiate non fossero dalla sperienza, ebbe il coraggio di sostenere che la *Natura non era stata fino a' suoi tempi ben conosciuta,* e non volle idear sistemi per spiegare i fenomeni naturali, se non erano su questi principii basati. Accadde perciò a lui come a tutti quelli che nuovi legislatori sorgono nelle scienze, di incontrar cioè avversarii e numerosi e arditi, perchè vedendo molti il loro credito venir meno, troppo ad essi premeva il sostener le rancide dottrine di Aristotele. Si distinsero in questa battaglia specialmente i Professori suoi Colleghi, alcuni dei qua-

---

(1) A questa raccolta il nostro Professore ne aggiunse un' altra non ispregevole di antichità e una collezione copiosa di libri appartenenti alla storia naturale ed alla medicina.

li cercarono ogni via per farlo credere un pericoloso Novatore, e per fargli perdere la Cattedra che a
loro giudizio non meritava; superò egli però non senza fatica, e con l'ajuto del sullodato Marcello e degli altri riformatori dello studio di Padova così fiera
burrasca, e l'importanza delle sue scoperte rendute
omai più che certe gli assicurò la stima universale
e procurogli la immortalità. Lungo sarebbe il voler
qui descrivere gli onori e le ricompense che il Vallisnieri ricevette dai Principi e da altri gran Personaggi del suo secolo; ma per non ommettere almeno li più cospicui, dirò che l'Imperator Carlo VI.
a cui egli dedicò l'opera sulla *generazione*, lo regalò di una ricca collana e di un medaglione d'oro,
e con diploma Imperiale dichiarollo suo Medico di
Camera. La celebre Contessa Donna Clelia Grillo
Borromea munifica protettrice dei Dotti donogli il
suo ritratto legato in oro e giojellato, e il volle
legislatore dell'Accademia di sperimentale Filosofia che fondar disegnava nel suo palazzo. Due belle
medaglie in onor suo coniate veggonsi nel Museo
Mazzucchelliano (1) e un'altra da esse diversa ne
conservano in Scandiano li suoi nipoti (2). Chiamato
il Vallisnieri a succedere al Lancisi in Roma, indi a
Torino per coprire in quella Università sotto il fau-
sto dominio del Re Vittorio Amedeo restaurata, una
Cattedra, ricusò questi avanzamenti, e grato alle singolari dimostrazioni di stima che il Veneto governo
a lui costantemente usava, non abbandonò Padova.
Nelle citate vite riscontrar possonsi i magnifici elogi con cui parlarono di lui i più dotti Europei, e
rilevar puossi quanti libri fossero allo stesso da più

---

(1) Vol. II. Tab. CLXVIII.
(2) . . . pag. LXXIV.

Scrittori dedicati, e il carteggio del Vallisnieri che nella Estense Biblioteca si custodisce, dimostra di quanta riputazione godesse egli nella Repubblica letteraria. A rendere vieppiù rispettabile questo grand'uomo vi contribuirono gli aurei suoi costumi, la dolcezza del tratto, e le religiose virtù che lo adornavano; per la qual cosa allorchè venne dopo breve malattia a morte nel 1730. adì 18. di Gennajo, l'intiera Città di Padova non che tutti coloro fra gli esteri che il conoscevano, si afflissero di tanta perdita, le sue ceneri deposte vennero nella Chiesa degli Eremitani, e nella vicina parete collocossi poi l'iscrizione onorevole ben da lui meritata.

X. Copioso, come già si accennò, è il numero degli scritti usciti dalla penna di questo illustre Filosofo, i quali raccolti furono in una bella edizione per opera del Cav. Antonio di lui figlio procurata in tre volumi in foglio con le stampe di Sebastiano Coleti Veneziano; a questa può, chi brama conoscere diffusamente tutte le opere del Vallisnieri, aver ricorso, e noi giusta il fissato costume ci limiteremo a ragionar soltanto delle principali di lui scoperte, e delle più cospicue sue produzioni. La storia naturale in tutta l'estension sua considerata fu quel campo che ei con sì felice successo coltivò tanto nella parte animale, quanto nella parte, direm così, geognostica, per cui in queste due classi divideremo le opere di lui, e facendoci dalla prima di cui più dell'altra ancora egli occupossi, ricorderemo due dialoghi sulla curiosa origine degli sviluppi e sui costumi ammirabili di molti insetti, stampati nel 1697. nel I. e nel II. Tomo della Galleria di Minerva, nei quali dialoghi poi altre volte pubblicati egli esaminò le sperienze del Redi su gli insetti, e corresse gli errori nei quali era caduto l'Osservator Fiorentino.

X.
Opere del Vallisnieri.

Il favorevole accoglimento fatto dai Dotti a questa prima di lui fatica lo animò a tentar cose maggiori, e nel 1710. comparirono le sue considerazioni ed esperienze intorno alla generazione dei vermi nel corpo umano, in cui mostrò come essi veramente vi si formino, e confutò il sistema del Francese Andry su questo fenomeno della natura animale. Se ne risentì vivamente l'Oltramontano, e nel Giornale dei Dotti videsi un'amara censura del lavoro dell'Italiano, il quale con l'ajuto ancora di altri due soggetti cioè del Brini e del Saracini rispose all'Andry. Daniele le Clerc tradusse in lingua latina le considerazioni del Vallisnieri, e ne adornò la sua storia naturale e medica dei lombrici (1). Così pure fece il Mangeti riguardo ad un'altra interessantissima opera del Vallisnieri inserendola tradotta in latino nel suo teatro anatomico; cioè le *Sperienze ed osservazioni intorno all'origine, sviluppi e costumi di varii insetti etc.*, le quali nel 1713. videro la luce. Una nuova divisione generale di tutti gli insetti, la descrizione della *Mosca de' Rosai,* la scoperta dell'origine delle pulci dell'uovo e del scme dell'alga marina, con molte amene osservazioni di storia naturale contengonsi in queste esperienze, le quali poi diedero al Vallisnieri argomento per altri scritti di simil natura, in cui fece egli sempre nuovi passi e riscosse così l'ammirazione dei contemporanei. Questi eran solleciti di diffondere le scoperte del Professore di Padova, il quale può dirsi che chiamò a rassegna tutte le specie di insetti allor conosciuti, e ne descrisse i costumi e le varie proprietà. Ad altro genere di osservazioni spetta poi la storia del *Camaleonte Africano* e di varii animali d'Italia, nella

---

(1) Giornale dei Letterati d'Italia T. XVI. pag. 313.

quale esaminò con diligenza straordinaria la struttura e la qualità di detto animale, ne ripurgò la storia da molte favole dai vecchi Naturalisti adottate,
e vi aggiunse più osservazioni sulla rana, sulle lu-
certole e sopra altri simili rettili. Ma allor quando
il Vallisnieri si occupò dell' uomo, raddoppiò, direm
così, gli sforzi del suo ingegno e con quella attenzione, e con quella sublimità di viste che richiede-
va un così nobile argomento, il trattò, cosicchè
nessuno al dir del Buffon (1) più profondamente di
lui vi si applicò ,, e benchè, sono parole di Tirabo-
,, schi, il suo sistema delle uova de' Vivipari sia or
,, combattuto da molti, le sperienze però da lui fatte,
,, possono non poco giovare a scoprire, se verrà un
,, giorno in cui esso finalmente si scopra, questo
,, finora occulto mistero della natura ,, cioè della
generazione dell' uomo e degli animali.

XI. Omettendo quì di far parola di una serie ben
lunga di opuscoli risguardanti la storia suddetta,
perchè di minor conto assai delle opere fin quì ricordate, o perchè ad esse spettanti, passeremo adesso a ricordare le produzioni del nostro Autore risguardanti il globo terracqueo. A questa classe appartengono le lettere critiche sui corpi marini, che ne'
monti si trovano, sulla loro origine, e sullo stato
del mondo avanti e dopo il Diluvio, stampate la prima volta in Venezia nell' anno 1721. Confutò egli
quelli che attribuiscono all' universale Cataclismo il
trasporto de' detti corpi sui monti, e crede meno
improbabile l'ammettere, come altri fanno, l'opinione di coloro, i quali ritengono che il mare occupasse
una volta assai più alto luogo che non occupa al
presente, e che aperte poi ampie voragini in esse

XI.
Continuazione
di ciò che ris-
guarda le Opere
del Vallisnieri.

_____

(1) Hist. nat. des Animaux T. V. pag. 294.

si sprofondasse. L' origine delle Fontane diede pur
soggetto di esame e di studio al nostro Filosofo, e
nel 1715. si pubblicarono da lui alcune lezioni acca-
demiche su questo argomento alle quali aggiunse altre osservazioni; e sostenne e provò che le nevi di-
sciolte e le piogge somministrano alimento alle fonti, nella quale circostanza trattò delle tanto rinno-
mate nostre acque vive sorgenti. L' erudizione e la
medicina, che come si disse, così felicemente esercitò,
ebbero da lui varii opuscoli, e scrisse intorno alla
costituzione verminosa ed epidemica del Mantovano
e del Veneziano, lasciò i suoi Consulti medici e un
*Saggio di storia medica e naturale colla spiegazio-
ne dei nomi alla medesima spettanti posti per alfa-
beto.* In questo lavoro del Vallisnieri l' Italia ebbe
il suo primo dizionario di storia naturale, ma il Chiar.
Autore non potè che abbozzarlo, offrendo così soltanto ad altrui un modello del metodo da tenersi per
formare un' opera in tal genere perfetta. Costante e
stretta amicizia egli mantenne coll' illustre Apostolo Zeno, e lo coadiuvò efficacemente nell' impresa
del famoso Giornale dei Letterati, in cui gli articoli
di medicina e di storia naturale spettano in gran
parte al nostro Scandianese, come rilevasi dalle molte lettere dallo Zeno a lui indirizzate (1).

XII.
Gualtieri Nic-
colò ed altri sog-
getti.

XII. Fra i primi raccoglitori di musei di storia
naturale annoverar si deve Niccolò Gualtieri Fiorentino nato nel 1688. medico della Principessa Vio-

(1) L' edizione completa delle opere del Vallisnieri è lavoro come si
disse, di suo figlio il Cav. Antonio Vallisnieri juniore, soggetto benemerito
delle scienze, per avere fatto dono della magnifica raccolta di libri di storia naturale da suo Padre e da lui stesso formata e del ricco suo Museo di
storia naturale all' Università di Padova, di molte opere MSS. de' tre Magati alla Biblioteca Estense, e de' suoi libri di medicina all' Università
di Modena. Morì alli 15. Gennajo 1777.

lante di Baviera. Ebbe egli gran parte con il famoso botanico Pietro Micheli a formare la Società botanica Fiorentina; e raccolse una bella serie di pezzi di storia naturale, a cui col favore del Gran Duca Gio. Castone aggiunse una collezione di testacei sino al numero di 3600. dei mari delle Indie
orientali, ne stese un esatto indice, e lo fece magnificamente stampare l'anno 1743. corredato dei
rami corrispondenti, opera dal difficile Linneo ca-
ratterizzata, siccome *absolutissimum*; e se non fosse
il Gualtieri stato prevenuto dalla morte a cui dovette
soccombere nel 1744., aveva egli l'idea di proseguire così vasta impresa pubblicando il catalogo dei
testacei fossili, e delle piante marine. Succedette egli
al Dottor del Papa nella carica di Archiatro Gran Ducale, ed ottenne la Cattedra da questo coperta nella Università di Pisa a cui passò il detto suo museo; non riuscì poi molto felicemente per lui il risultamento della controversia col Vallisnieri agitata sull'
origine delle fontane, e trovò non pochi oppositori
all'opinione da lui avanzata e con calor sostenuta, che
queste venissero dal mare (1), mentre il Naturalista
Scandianese appoggiato alle proprie esatte osservazioni, derivar le faceva, come abbiam veduto, dalle
montagne, sentenza che niuno al presente mette in
dubbio. L'Etna, quel Vulcano così terribile e famoso
nella storia antica e moderna trovò fra gli altri un
dotto illustratore nel Canonico Giuseppe Recupero
di Catania, che ne visitò attentamente ogni rupe, ed
ogni antro (2), e ne analizzò chimicamente le piante, le argille, le acque termali, ne osservò gli animali indigeni, e le conchiglie ivi deposte, cosicchè

---

(1) Elogi di illustri Toscani Lucca 1771. T. IV. pag. DCCXXII.
(2) Antologia Romana T V pag. 173.

conosceva pienamente e in tutti gli aspetti questa montagna. Scrisse egli assai su così vasto argomento, ma prima della sua morte avvenuta nell'anno 1778., contandone egli allora 58. di età soltanto, altro non pubblicò, se non che *Un discorso storico sopra il vomito delle acque e fuochi di Mongibello,* e ciò dopo la eruzione seguita nel 1755. in Marzo, ed una esatta carta orittografica dell'Etna. Suo Nipote però il Prevosto Agostino Recupero erede de' suoi scritti ne diede poi in luce l'anno 1815. la *Storia naturale e generale dell'Etna* in due volumi in 4.º da lui arricchita con annotazioni copiose e con supplementi, ove trovansi tutte quelle notizie che inserirvi non potè l'Autore, per mancanza delle scoperte e delle cognizioni acquistatesi in conseguenza dei grandi progressi in questi ultimi anni fatti dalle scienze naturali. Chi desiderasse ulteriori notizie su questo pregevole lavoro, può consultare la Biografia degli uomini illustri della Sicilia (1), dalla quale pure raccogliesi in quanta stima tennero il Canonico Recupero i più dotti viaggiatori Europei, e come lo pregiassero il Buffon e il Cav. Hamilton; a queste dimostrazioni di stima unissi poi anche il voto de' suoi Concittadini che lo elessero a Segretario dell'Accademia de' Pastori Etnei, e quello della Società Colombaria di Firenze e dell'Accademia degli Antiquarii di Londra, le quali lo onorarono ascrivendolo fra i loro Accademici. Diligente indagatore delle ricchezze naturali del suolo Modenese mostrossi il Dottor Pier Antonio Righi Carpigiano morto nel 1752. Dopo di aver egli percorse tutte le nostre montagne all'oggetto principalmente di scoprir miniere, stese alcu-

---

(1) T. II. Napoli 1818.

ne relazioni conservate un tempo nella libreria Modenese Pagliaroli, ora del Sig. Conte Paolo Forni colto Cavaliere, e lasciò pure il Righi un' altra opera manoscritta intitolata l'*Hydrometalloscopia* in cui
insegna l' uso della *Bacchetta e Palla Divinat*oria
per trovare le miniere e le sorgenti, argomento che
negli ultimi anni del passato secolo e nel cominciar
del presente con tanto calore trattossi da alcuni Fisici
di grido (1). Accade alcuna volta che uomini i quali si
segnalarono in una particolar provincia dell' umano
sapere, siano dopo morte dimenticati, sebbene abbiano
diritto forse più di tant' altri alla rinomanza ed alla
gratitudine dei posteri. Credo perciò di non dover tra-
lasciare di far quì brevemente parola di Anton-Lazza-
rò Moro di San Vito nel Friuli, dove vide la luce del
giorno l'anno 1687., onde il suo nome non resti occulto
essendo egli stato uno dei più profondi geologi della prima metà del secolo passato. Vestì egli l' abito
sacerdotale, e sostenne diversi impieghi al suo stato confacenti ed in Patria istituì un Collegio da lui
diretto, finchè venne meno ai vivi nel 1764. contando egli 77. anni di età. L' opera che conoscer lo
fece come esperto naturalista Geologo, fu quella dei
*Cro*stacei: quando essa venne pubblicata, i Tedeschi
ed i Francesi si fecero solleciti di tradurla, e l' Inglese Odoardo King confessò alla R. Società di Lou-
dra che il Moro lo aveva prevenuto nelle sue idee
geologiche. Confuta il nostro Italiano le opinioni di-
luviane di Bournet e Woodward, e fabbrica un suo
sistema da alcuni approvato, da altri contrastato, sulla
formazione dei monti, delle pianure, e delle isole
tutte che suppone originate dalle esplosioni vulcaniche sotto marine, traendo poi tutte le prove per di-

---

(1) Tiraboschi Bibl. Modenese T. V. pag. 353.

mostrar la verità del suo sistema, dalle petrificazioni de' crostacei e corpi marini esistenti nelle viscere dei monti (1).

XIII.
Targioni Toz-
zetti Giovanni.

XIII. Dopo il Gualtieri di cui nell' antecedente §.º ho parlato, darò quì luogo ad un suo concittadino, che al pari anzi e più di lui si distinse nell' occuparsi di scienze naturali, voglio dire il Professor Giovanni Targioni Tozzetti figlio di Benedetto Targioni e di Cecilia Tozzetti, che lo diede in luce l'anno 1712. Laureatosi egli nel 1734. a Pisa sostenne per alcun tempo la dignità di *Professore straordinario*, indi sotto la direzione del Micheli studiò Botanica, e a lui morto nel 1737. succedette nella custodia del giardino botanico dalla società Fiorentina eretto. Acquistò il Targioni allora a proprie spese il Museo, la Biblioteca e gli scritti del suddetto suo illustre Antecessore, a condizione di pubblicarli con le stampe, e nel 1748. uscì alla luce per opera sua il catalogo del giardino anzidetto, saggio ben luminoso delle immense fatiche del Micheli, la pubblicazione delle quali se fosse stata a termine condotta lo avrebbe sommamente onorato. Ma avendo l'Imperator Francesco II. affidata l'anno 1739. al Targioni la cura di ordinar, come fece, la Biblioteca Magliabechiana, rallentar dovette il suo fervore per gli studii botanici, e nell'anno 1746. rinunziò la custodia di detto giardino per occuparsi in più interessanti oggetti. Ommetterò di far quì cenno di alcune di lui produzioni filologiche e storiche, per le quali consultar si ponno le Novelle letterarie di Firenze (2), e mi limiterò a dar qualche ragguaglio de' suoi viaggi in diverse parti della Toscana in do-

(1) Gamba Galleria d' Uom. ill. Quaderno XXII.
(2) An. 1783. T. XIV. pag. 97

dici volumi compresi. La storia naturale di quelle belle Provincie trovasi in essi maestrevolmente sviluppata, e copiosi lumi sulla Mineralogia, la Botanica e l' Agricoltura raccoglierà chiunque legger vorrà quest'opera, in cui spiegasi anche una nuova teoria della terra diversa da quella di Buffon e di tanti altri Naturalisti. Gli Oltramontani riconobbero i meriti di questi viaggi, e li citarono sovente nelle opere loro, e ne diedero nei Giornali degli estratti per l' Autore oltre modo lusinghieri. Altro vasto lavoro e faticoso aveva il Targioni ideato, cioè la *Topografia fisica della Toscana*, ma non potè condurlo a termini, ci lasciò bensì un monumento per le scienze naturali pregevolissimo, voglio dire *La storia degli aggrandimenti delle scienze fisiche circa ai tempi dell' Accademia del Cimento*, ed una lettera sopra certe farfalle dai pescatori chiamate *Manna dei pesci*, le quali nel 1741. infestarono la Toscana. Giovò poi il Targioni anche alla medicina pratica col promuovere l' innesto del vajuolo umano, e con un *Trattato sulle asfissie;* come pure coltivò con zelo l' Antiquaria, essendo egli stato uno dei fondatori della *Società Colombaria* di *Firenze*. Questo distinto Letterato, uno dei primi che l' Accademia dei Georgofili a se chiamasse, e alla quale ei diresse *Alcuni ragionamenti sull'Agricoltura della Toscana,* soccomber dovette al comune destino per atrofia adì 7. di Gennajo nell' anno 1783., lasciando però degno erede delle sue estese cognizioni il figlio tuttor vivente Dottor Ottaviano Targioni Tozzetti Professor di Botanica a Firenze e benemerito quanto mai della scienza (1).

---

(1) Novelle suddette F.º citato.

XIV. Caprino Valle del territorio Veronese nascer vide nel dì 16. di Ottobre dell' anno 1714. Giovanni Arduino che per più titoli ha diritto alla riconoscenza della posterità. La Mineralogia, la Metallurgia e l' Agricoltura vanno a lui debitrici di progressi straordinarii e di pratiche utili. La Repubblica Veneta aveva già istituito nella Città del suo dominio delle Accademie di Agricoltura, tutte dipendenti da una Deputazione residente nella Capitale. Il credito dall' Arduino già acquistato determinò il Senato a destinarlo nel 1769. *Sopra intendente all' Agricoltura*, e l'Accademia dei Fisiocritici di Siena e la Georgica di Udine fecersi sollecite di nominarlo fra i loro collaboratori, anzi in quest' ultima sostenne la carica di Segretario. Io non saprei come meglio dare una idea delle vaste cognizioni dell' Arduino, e dei sommi vantaggi da lui alle naturali scienze procurati, se non prevalendomi degli stessi termini dall' illustre Benedetto Del-Bene usati nell' elogio (1) tessuto a questo suo concittadino. ,, La mortalità de' ,, gelsi diffusa in più territorii, l'asciugamento del- ,, le paludi Veronesi, la descrizione e la cura de bo- ,, schi pubblici, la cura de' legnami, e loro stagio- ,, namento per la marina, la coltivazione della ca- ,, nape allo stesso riguardo, le varie qualità delle ,, macine per le farine di pubblico uso, le diversità ,, e preparazioni del ferro pei lavori di getto, gli ,, elementi di varie piante marine per le fonderie ,, dei vetri, le miniere di allume e di vetriuolo nell' ,, Istria, le differenze di varii sali, le proprietà di qual- ,, che pianta tintoria, l'indicazione delle miniere ,, metalliche e delle sostanze fossili nelle parti mon-

---

(1) Inserito nel T. VIII. pag. XIV. Memorie della Società Italiana.

„ tuose della terra ferma „ tutti questi ed altri ana-
loghi argomenti furono il soggetto de' suoi esami de'
suoi viaggi, delle sue analisi chimiche, de'suoi consulti. La storia naturale allora era poco avanzata, e perciò
devesi saper buon grado a lui che sostenne tante fatiche per illustrarla, e il celebre Alberto Fortis gli
ascrive indivisa la gloria di aver fatto conoscere il
primo i Basalti colonnati Vicentini, e il Piemontese
Robilant Malet scrive all' Arduino che *Egli il primo attese a scoprire nei monti le vestigie di antichi
vulcani, e che può dirsi che gl' Inglesi, i Francesi e
gli Svizzeri dietro lui sono camminati, e si è così
aperto un vasto campo alla teoria del nostro Globo.*
Varie fonderie di ferro egli eresse le quali prospera-
rono assai, e inventò un forno svaporatorio a river-
bero di somma economia e vantaggio per fabbricare
il vetriuolo, addottato nelle saline di Berna. Ebbe
esteso carteggio letterario con molti dotti Italiani,
Inglesi ed altri d' oltremonte, come per tacer di
molti, con Spallanzani, Home, De-Luc, Saussure,
Tessier, Dolomieu, Achard ec. Affabile, ingenuo, e
modesto quantunque onorato dai Dotti, e dalle Accademie Italiane ascritto ai loro Corpi, cessò di vivere in età di 82. anni in Venezia adì 21. Marzo
1795. e fu sepolto in S. M. Formosa. Lungo assai è
il catalogo dei lavori dall' Arduino pubblicati e che
trovasi appiè dell' Elogio suindicato, e quasi tutti
versano sulla Geologia, l'Agricoltura, la Chimica e
la Mineralogia.

XV. La storia delle piante marine formò l' oggetto
degli studii del Conte Giuseppe Ginanni Ravennate,
il quale occupa un distinto seggio fra i Naturalisti
Italiani, e di cui scrisse la vita il Nipote Conte Francesco, che emulò nel sapere e nella morigeratezza dei
costumi l' illustre suo zio. Giuseppe nacque il dì 7.

XV.
Ginanni Conte
Giuseppe.

di Novembre dell' anno 1692. dal Conte Prospero
e dalla Contessa Isabella Fantuzzi Patrizii Ravennati, e dopo di aver ricevuta nel Collegio dei Gesuiti in Ravenna la educazione, si restituì d' anni
17. alla casa paterna, dove non trovò i suoi genitori che in tenera età egli perdette. Sembrò da principio che egli seppellir volesse nell' ozio e nei di-
vertimenti le doti particolari di ingegno da Dio a
lui concedute, ma la repentina morte di suo zio il
Conte Antonio Fantuzzi, che colpito da una sinco-
pe gli spirò fra le braccia, lo gettò in una fiera
malinconia, per cui avendo consultato in Padova il
Professor Vallisnieri, lo consigliò questi a sbandir
l' ozio, e alle insinuazioni di così grand' uomo va
debitrice la Repubblica letteraria di quanto operò il Ginanni. Gli studii botanici e la storia naturale furono il campo in cui segnalossi, e l' amicizia del Pontadera in Padova e del Micheli in Toscana gli agevolarono assai il cammino; poichè il primo
gli somministrò molte piante esotiche e semi rari
in copia, con i quali oggetti arrichì il Conte Ginanni il suo giardino, e il secondo lo incoraggiò a pubblicar, come fece nell'anno 1737., le osservazioni da
lui istituite sulle cavallette, e sulle uova e sui ni-
di degli uccelli. Presentata quest' opera del Cavaliere Ravennate di copiosi rami e bene incisi corredata all'Accademia dell'Istituto Bolognese, aggregò essa nello stesso anno l' Autore al proprio ceto,
e il Sig. di Reaumur in una sua lettera in cui rin-
grazia il medesimo della copia di detta opera invia-
tagli, loda l' esattezza e la qualità delle ricerche non
che la pulitezza con cui sono siese. Ommetto quì
di ricordare alcune altre produzioni di minor conto
del Ginanni, per le quali può consultarsi la citata
vita, e le Memorie degli Scrittori Ravennati di Pie-

tro Paolo Ginanni (1); ma non tralascierò di far parola dell'insigne suo lavoro preparato già per la stampa con dedica al Marchese Scipione Maffei, sulle
piante che vegetano nel mare Adriatico dal nostro
Conte osservate e descritte. Avendo egli corredato
il proprio Museo oltre di una quantità copiosa di
generi esotici, di una pur simile di queste piante, ed istruito siccome egli era, perfezionar seppe la sua fatica, ma la morte sopravvenutagli nelli
23. Ottobre dell'anno 1753. per una straordinaria
emorragia di sangue trascurata e degenerata in
idrope, gli impedì di poter pubblicare quest'opera
singolare. L'estesa fama già da lui acquistatasi fece
riuscir grave a chi il conosceva la sua perdita, tanto più che gli aurei suoi costumi e la specchiata sua
Religione il rendevano a tutti caro ed accetto: un
anno prima che egli morisse, Antonio Selvi gli gettò in Firenze una medaglia in bronzo, e li più dotti uomini del suo tempo lo tennero in singolar pregio, come il Maffei, il Conte Pajot della Reale Accademia di Parigi, il Reaumur, il Targioni ed altri.
Lasciò egli il suo Museo e la sua Biblioteca al Collegio dei Nobili di Ravenna dopo però la morte dei
nipoti, i quali unitamente al Conte Antonio Fantuzzi fecero erigere allo zio un conveniente deposito
sepolcrale.

XVI. Non devesi dal Conte Giuseppe disgiungere
il chiarissimo suo nipote Conte Francesco Ginanni,
al par dello zio ragguardevole scienziato, il quale
lasciò monumenti copiosi del suo sapere. Ebbe egli
a genitori Marc-Antonio Ginanni e Alessandra Got-
tifredi Dama Romana che il partorì nel dì 13. di
Dicembre dell'anno 1716., e da essi ricevette una

XVI.
Ginnani Conte
Francesco.

____

(1) T. I. pag. 344.

cristiana e savia educazione a cui corrispose, e divenne perciò ai medesimi sorgente di grande consolazione. Principe dell' Accademia degli *Informi* era suo Padre, e alle adunanze di questa che tenevansi in sua casa, cominciò di buon' ora ad assistere il figlio perlocchè in lui svegliossi una forte emulazione, onde figurare un giorno fra i Letterati. Passato egli a Parma fra i Paggi del Duca Farnese trovò colà ottimi maestri specialmente di belle lettere, fra i quali anche l'Abbate Innocenzo Frugoni, ed avendo il Ginanni dati non equivoci saggi della sua abilità in poesia, venne aggregato agli Arcadi della Trebbia assumendo il nome di *Filindo Alethe*. Compiti poi in detta Città li suoi studii filosofici, dopo di aver sostenuta nel 1737. una pubblica conclusione dedicata alla vedova del defunto Principe Farnese, rivide la Patria dove applicossi alle Matematiche miste, e specialmente all'Ottica pratica ed alla Geodesia, della perizia nella quale ultima facoltà diede un bell' argomento eseguendo la misura trigonometrica del territorio Ravennate, della quale si giovò poi il Boscovich nella sua carta dello Stato ecclesiastico, allorchè smarrì le osservazioni sul territorio Pesarese. Dopo di avere il Conte Ginanni dato in luce le opere di storia naturale del sullodato suo zio, si applicò a studiare le malattie del grano, e riuscì a comporre un lavoro agli agricoltori oltre modo utile e per cui seco si congratularono fra gli altri il Turgot, il Tillet, il Seguier e il Needham. E a dir vero meritevole è quest'opera d'ogni encomio, e le cognizioni fisiche, chimiche, geometriche in essa contenute, congiunte alle esatte sperienze dal nostro Autore istituite rendono interessante oltre ogni credere e classico questo lavoro, di cui il giornale di Berna per il 1771. ed altri foglii Oltramontani par-

larono con lode non ordinaria. Estesa corrispondenza il Ginanni mantenne con i Dotti Italiani e stranieri, e fra questi oltre i sunnominati contansi il
Professor Pontadera, il Padre Paciaudi, il Vallarsi,
l' Osnambrai, e varie illustri Accademie lo ascrissero fra i loro membri, come la Società Reale d' arti
e manifatture di Londra, e quella di agricoltura di
Parigi. Ma il Ginanni non segnalossi soltanto come
dotto naturalista, e come letterato; figurò bensì ancora siccome Mecenate delle scienze, perchè nel
1752. istituì la Società letteraria Ravennate, a sue
spese provvide i premii per gli Accademici, e per
sua cura uscì nel 1765. dai torchii il primo volume
dei saggi scientifici di questa Società. Mentre poi
egli attendeva a stendere la grand' opera della storia naturale delle Pignete Ravennati, Dio lo chiamò
a se in età di soli 50. anni, e volle concedergli il
premio di tante virtù cristiane e morali, che insiem
con molta dottrina in lui risplendevano. Non andò
però defraudata la scienza del suddetto vasto lavoro,
e dopo la sua morte avvenuta il dì 8. di Marzo dell'
anno 1766. stampossi questa storia, che assicurò all'
Autore unitamente alle altre produzioni della dotta
sua penna una non comune celebrità. Oltre le due
sovraccennate contansi per le più pregevoli una
,, Lettera intorno alla recente scoperta degli Insetti
,, che si moltiplicano mediante le sezioni dei loro
,, corpi ,, a cui diede motivo la richiesta del Marchese Ubertino Landi *se si verificasse questo fatto;*
ed una Dissertazione *De numeralium notarum minu-
scularum origine* in cui l' Autore pretende di provare, che non gli Arabi, ma i Romani inventassero
e introducessero nell' aritmetica sotto Marco Aurelio le cifre che attualmente si usano. Qualunque sia
la verità della cosa, è però certo che il P. Zaccaria,

e il Padre Abate Trombelli insigni Antiquarii stimavano assai questo lavoro del Ginanni, col quale veder fece quanta perizia nella erudizione egli posse-
desse. E per tacere d' altre opere di minor conto
ricorderò quì per ultimo la descrizione data dal nostro Autore di alcune piante indigene e dei loro insetti, a scriver la quale il mossero le dimande avan-
zategli dall' Inglese Templeman Segretario della Società d' Agricoltura a Londra (1). Gli Italiani non
mancarono di onorar siccome meritava, la memoria
di un tant' uomo, e il Lami, il Griselini, e il Padre Abate Calogerà gli fecero l' elogio.

XVII.
Donati Vita-
liano e Manetti
Saverio.

XVII. Discepolo di tutti i più rinomati Professori
di storia naturale in Padova fu Vitaliano Donati
che ivi nacque l' anno 1717. e che per cinque volte visitò la Dalmazia marittima onde arricchirsi di
nuove cognizioni, e accompagnò il Marchese Poleni
nel viaggio da lui intrapreso a Roma chiamatovi per
l' affare della Cupola Vaticana (2). Ritornato di là
pubblicò nel 1750. un *Saggio della storia naturale
dell' Adriatico* che fece epoca nella scienza, perchè il
Donati dopo il Conte Marsigli Italiano e il Francese Reaumur fu il primo a scuoprir cose nuove in
questo regno della natura. Il Conte Carli che diede
in luce questo Saggio, dice che avrebbe volontieri
stampata *la storia marina intiera* del Donati, ma che
la quantità dei rami necessarii e la modestia dell'
Autore glielo vietarono per allora. Da ciò si può
facilmente argomentare che il Donati avesse già compito il suo esimio lavoro, di cui la parte pubblicata
considerar dovevasi come il solo prodromo, che con
ogni favore fu dal Pubblico accolto. L' Haller nella

---

(1) Ginanni Pietro Paolo Mem. citate T. I. pag. 321.
(2) Moschini Letteratura Veneziana T. I. p. 41.

sua Biblioteca botanica (1) il chiamò *nobile opus ex proprio labore natum*, e la Società Reale di Londra che ascrisse fra li suoi membri il Donati, inserì ne' suoi Atti tutta la parte di detto saggio, che tratta del Corallo (2); nè furono i soli Inglesi, che traducessero nella lor lingua quest' opera di un Italiano; ma i Francesi, i Tedeschi ed altre nazioni fecero lo stesso. Il Re di Sardegna Carlo Emanuele III. munifico proteggitor delle scienze avendo avuto mezzi di conoscere il valor letterario del Donati, lo nominò con suo diploma del 6. Ottobre 1750. Professore di Botanica e di Storia naturale nella Università di Torino, dove recossi il nostro Autore, e ben presto gli si presentò occasione di soddisfare il suo desiderio di viaggiare, perchè gli venne ordinato nel 1751. di visitare i Ducati di Savoja e d'Aosta, come fece, e in una relazione che conservasi manoscritta negli Archivii della Corte di Torino descrivonsi le importanti osservazioni di storia naturale, ma specialmente di metallurgia da lui fatte in questo viaggio. Ma di molto maggior rilievo riuscì l' altro viaggio che per comando del sullodato Sovrano intraprese nel 1749. il nostro naturalista per l'Egitto e per le Indie, all' oggetto di arricchire le scienze naturali dei prodotti di que' remoti paesi e di meglio conoscerli. Nella Biografia Medica Piemontese sopracitata (3), legger possonsi tutte le avverse vicende dall' intrepido viaggiator Padovano incontrate e con coraggio sostenute in questa lunga peregrinazione, nella quale si diresse prima ad Alessandria, e dopo

---

(1) T. II. pag 400. citata nel T. II. p. 149. della Biografia medica Piemontese che pubblica attualmente (Settembre 1826.) il Chiar. Signor Dottor Gio. Giacomo Donnino

(2) Trans. Filosofiche an. 1751.

(3) Pag. 159. del T. II.

di essersi trattenuto molto tempo al Cairo, scorse
buona parte dell'Egitto, penetrando più oltre dei
precedenti viaggiatori sino nelle regioni della Nubia.
Levò egli fra l'altre cose la pianta della cateratta
celebre di Syene o d'Assuan, delineò il prospetto di
questa Città, ed i Templi di Dendera, di Esnay,
ed Edfu tanto celebrati nell'antichità, visitò-le cave dei graniti colà esistenti, e disegnò molti edifizii della Tebe Egiziana dalle cento porte. Ma allorchè il Donati dopo di aver visitato Bagdad, l'antica Babilonia, rivolse il cammino a Bassora, ivi
giunto partì per Mascate nel 24. di Gennajo del
1762. e si imbarcò sopra una nave Turca, sulla
quale si ammalò il 17. Febbrajo dell'anno stesso, e
nel dì 26. assistito dal Padre Eusebio Cittadella mis-
sionario di Pekino morì due giornate circa distante
dalle coste di Mangalorre dove fu sepolto (1).

Quantunque il Donati raccogliesse copiosi materiali di storia naturale e di antiquaria che dovevano esser poi trasportati a Torino, la spedizione di
simili oggetti fu mal diretta, e vennero questi nei
varii porti dove diedero fondo, dilapidati, così chè
non ne giunsero che gli avanzi a Torino nel 1771.
otto anni dopo la morte del loro raccoglitore; fra
le cose però che si salvarono contansi tutte le car-
te di lui, e il giornale del suo viaggio che termina
con la data del 22. Ottobre del 1761. in Bassora.
Nulla finora di questo viaggio pubblicossi, ma il Sig.
Dottor Donnino sopracitato (2) ha già compendiato
la narrazione dell'illustre viaggiatore, ed è a sperarsi che vorrà presto darla in luce, procurando così maggior fama al Donati, e assicurando vieppiù i

(1) Biografia cit. pag. 167. T. II.
(2) Ivi pag. 176.

diritti che ha per tanti altri titoli l'Italia alla riconoscenza degli stranieri, avendo essa ognora in quasi tutti i rami dell' umano sapere aperto loro la via a conoscerli, e coltivarli (1).

L' Accademia dei Georgofili stabilita nel secolo passato a Firenze conta tra li suoi fondatori il Dottor Saverio Manetti nato il 12. Novembre dell' anno 1723. dal Dottor Gio. Bernardo e da Maria Teresa Nesiscolt di Praga. Dopo di aver Saverio compiti nella Università di Pisa li suoi studii, e di aver ivi ricevuto nel 1747. la laurea in medicina, ottenne la carica di Prefetto del giardino detto allora *dei semplici*, e fu Segretario dell'Accademia Botanica. Avendo egli nell' anno 1761. stampato un trattato sull' innesto del vajuolo, si fecero perciò sotto la sua direzione in due spedali di Firenze i primi esperimenti sull' esito di questa cura preservativa; maggior credito però acquistossi con altro trattato da lui composto sulle specie diverse di frumento, e di pane e sulla panizzazione, che pubblicò nel 1765. opera pregevole assai, tradotta poi in lingua Tedesca, e dal Manetti in seguito accresciuta di molto. Nove intieri anni egli impiegò poi nella magnifica edizione in quattro tomi in foglio della storia naturale degli Uccelli trattata con metodo, e adorna con rami miniati. Queste furono le principali sue fatiche letterarie ma non le sole; poichè inserì non poche Memorie proprie e de' suoi corrispondenti nel foglio periodico intitolato *Magazzino Toscano* da lui diretto, e ci lasciò varie altre cose di minor conto, delle quali parlano le Novelle letterarie di Firenze (2),

---

(1) Oltre il saggio suddetto di storia marina dell' Adriatico si ha alle stampe una dissertazione del Donati sopra l' *Antipate degli antichi* ossia Corallo nero da lui esattamente descritto (V. Moschini T. I. pag. 41.).

(2) An. 1785. T. XVI. pag 91.

e forse avrebbe anche dato ulteriori saggi del suo sapere, se non fosse stato colto da morte nell' età non avanzata di anni 61. Sortì egli dalla natura un carattere placido ed uguale, soffrì l' invidia altrui, ma non ne arse, nè si lagnò giammai delle persone e delle circostanze, attese alla pratica della medicina con gran credito da lui esercitata, e comunicò sempre volontieri ad altrui le scientifiche notizie che in gran copia possedeva.

XVIII. Il Re di Sardegna Carlo Emanuele III. ha il vanto di essere il fondatore del Museo di storia naturale della Università di Torino, e cominciò a raccoglierlo, acquistando alcune private collezioni fra le quali quella del Conte Gio. Battista Carburi di Cefalonia da lui chiamato con lauto onorario nel 1750. alla Cattedra di medicina teorica. Questo Professore amava assai la storia naturale, e dopo di esser stato pensionato a Torino passò all' Università di Padova dove cessò di vivere in età molto avanzata, ma nulla abbiamo di lui alle stampe, se si eccettui una lettera diretta al Sig. Marco Foscarini sopra una *Specie di insetto marino* (1).

Dopo di avere Bartolommeo Bottari studiato a Padova dove si laureò in medicina, andò a Bologna ed ivi si dedicò in modo speciale alla Botanica ed alla Storia naturale; restituitosi poi a Chioggia sua patria esercitava la medicina pratica senza verun emolumento, invece del che riceveva da que' poveri abitatori piante, insetti di mare, zoofiti, conchiglie, con le quali cose formò un Museo ed un Orto ricco di piante nostrali ed esotiche, più volte dal suo amico l' illustre Spallanzani con piacer visitati. Compose

---

(1) Donnino Biografia medica Piemontese T. II. pag. 177.

il Bottari il suo *Prospectus Florae Clodiensis et littorum Venetiarum* che gli costò 25. anni di ricerche, e contiene 1200. piante; ma questo lavoro rimase inedito come varii altri simili i quali ei lasciò, allorchè morì nel 1789., ad un suo nipote in Latisana grandemente benemerito dell' Agraria. Non fu poi il Bottari straniero alla bella letteratura, e si conoscono di lui varii saporiti sermoni ed un bel poemetto sulle *Lucciole marine*, ma non ci si dice se questi versi siano editi (1).

Promosse la storia naturale Giuseppe Valentino Vianelli di Chioggia nato nel 1720. formando in propria casa un' Accademia diretta a coltivarla, nella quale ad alcuni porgeva lezioni, ad altri consigli, e tutti poi eccitava con l'esempio suo; nè piccola lode gli ottenne la scoperta da lui fatta che il luccicare notturno delle acque marine nell' estate producesi da piccoli insetti che ei chiama *Lucciolette di mare*; scoperta che distrusse le ipotesi dal Boyle, da Bourset e da altri non pochi immaginate per spiegar questo fenomeno, e la quale alcuni fisici tentarono di appropriarsi. Allevato egli alla scuola di Padova, mentre colà fiorivano i più illustri Professori in ogni facoltà, si dedicò ancora all'amena letteratura sotto la direzione del Volpi, ed il suo componimento parte in prosa, e in parte poetico sulla *Marina*, in cui ad imitazioue del Sannazzaro descrive feste e costumi pescherecci, e dipinge vaghe scene di mare, conoscer lo fece ancor come elegante poeta (2).

XIX. In Scandiano terra soggetta agli Estensi Dominii che, come vedemmo, vanta di essere la patria del Vallisnieri, nacque ancora l'Abate Lazzaro Spal-

---

(1) Gamba Galleria d'Uomini ill. Quaderno XXIII.
(2) Gamba Galleria d'Uomini ill. Quaderno XVI.

lanzani, che calcando le orme di quel principe dei
Naturalisti, ne emulò la gloria, progredir facendo la
scienza della natura. Dal Dottor di leggi Gian Nicola Spallanzani e da Lucia Ziliani di Colorno sortì i natali nel dì 12. di Gennajo dell' anno 1729.
Lazzaro (1), che ai più rari talenti accoppiò un indefesso studio ed un amor costante per la fatica.
Desiderava il Padre che questo suo figlio si applicas-
se alla Giurisprudenza, e perciò dopo di avergli procurato in Reggio di Lombardia l'istruzione elemen-
tare sino alla Filosofia nella quale fece maravigliosi
progressi, lo mandò a Bologna alle scuole di legge ;
ma la inclinazione del giovine lo chiamava alle scienze naturali, ed ivi perciò frequentava la compagnia
della celebre Laura Bassi, e del Canonico Regolare
D. Felice Luigi Balassi per contemplare i fenomeni
della natura e per occuparsi nelle Matematiche. Il
Professor Gio. Battista Bianconi lo istruì nella lingua
Greca, ed altri Professori lo avviarono nelle sacre
scienze ; ma poscia tutto intiero dedicossi lo Spallanzani alla naturale Filosofia. Dopo di averla insegnata
per sette anni nel Liceo Modenese, venne chiamato
nel 1769. alla Cattedra di storia naturale nella Università di Pavia, dove per più anni brillò, e vigorosamente combattè contro l' invidia degli emuli e contro i gelosi della sua fama. Alla carica di Professore
si aggiunse poco appresso quella di Prefetto del Museo di storia naturale da lui può dirsi fondato in
Pavia, e renduto oggetto di ammirazione all' Italia
non solo, ma ben anche alle nazioni straniere. Allorchè nell'anno 1784. L' Imperator Giuseppe II. visitò
quella Città, avendo esaminato questo nuovo stabili-

---

(1) . 'abbroni Vitae ec. T. XIX· pag. 39.

mento con tanta esattezza e cognizione della cosa
dallo Spallanzani disposto, lo distinse particolarmente lodandolo in pubblico, e regalandolo di una medaglia d' oro. Nè qui si limitarono le dimostrazioni
di stima dall' Austriaco Monarca a lui date, poichè
essendo egli stato nel 1785. invitato con generose
proposizioni a coprire la stessa Cattedra in Padova,
l' Imperatore di ciò informato per mezzo dell'Augusto suo Fratello l' Arciduca Ferdinando Governator
di Milano, ordinò che gli fosse raddoppiato l' onorario e lo trattenne a Pavia.

XX. Molti viaggi intraprese il Professor Spallanzani, e visitò tutta la Svizzera, le spiagge del mar
Ligustico, e quelle di Marsiglia, raccolse dovunque
notizie e materiali per la storia naturale, e istituì
nuove esperienze oltre modo utili ai progressi della
Fisica, come vedremo nel ragionare delle sue opere.
Il viaggio però più lungo ed importante da lui intrapreso fu quello di Costantinopoli. Il Bailo di Venezia nel dì 22. Agosto dell' anno 1785. a quella
volta partì accompagnato dal nostro Professore, e colà approdarono essi dopo settantadue giorni di na-
vigazione. In tutto il tempo del viaggio, come pure
nel suo soggiorno in que' paesi per tanti titoli celebrati, lo Spallanzani continuamente occupossi ad osservare con ogni attenzione e con occhio filosofico
tutto ciò che nel vasto regno della natura offriaglisi
di nuovo e pregevole, dopo di che volle restituirsi
in Italia per la via di terra, e perciò attraversò la
Valacchia, la Transilvania e l'Ungheria, nei quali paesi ebbe campo di fare molte e nuove osservazioni, e giunse il dì 7. di Agosto dell' anno susseguente a Vienna. Benignamente accolto da Cesare,
ricevette egli nuovi contrassegni di stima e di benevolenza, e lo stesso seco lui praticarono gli altri Prin-

XX.
Viaggi di Spal-
lanzani.

cipì per gli Stati dei quali passò. Dopo così lungo viaggio ritornato a Pavia, visitò poi negli anni successivi le due Sicilie feconde quanto qualunque altra regione di naturali prodotti di ogni genere, e ne fece argomento di un'opera voluminosa di cui a suo luogo si parlerà. Gli onori e le distinzioni ovunque ricevute dallo Spallanzani, le scoperte nella Fisica e nella Storia naturale da lui fatte ed esposte nelle molte sue produzioni stampate, gli acquistarono fama straordinaria, e conosciuto, può dirsi, da tutta Europa, i Dotti Italiani e stranieri a lui dirigevano le loro domande, offrivano le loro opere, e desideravano la sua letteraria corrispondenza.

Vicende avverse sostenute dallo Spallanzani. In mezzo però a tanta auge di gloria dovette il Professor Spallanzani provare gli effetti terribili dell'invidia, e se non avesse avuto forti appoggi, e quel che più valse, se assistito non lo avesse l'integrità del suo operare, avrebbe forse dovuto soccombere alle trame contro lui macchinate. Mentre egli arricchiva il Museo di Pavia con gli oggetti che ne' molteplici suoi viaggi raccoglieva, contemporaneamente formava in Scandiano un privato Gabinetto di scelti pezzi di storia naturale. Ciò bastò per dar motivo a' suoi emuli di accusarlo presso S. Maestà l'Imperatore che si appropriasse una porzione degli oggetti destinati al Museo di Pavia. Si aprì perciò contro di lui un voluminoso processo, ed ebbe il nostro Professore a soffrire non poche vessazioni; ma alla fine trionfò de' suoi nemici, e l'Imperatore medesimo riconobbe la calunnia delle imputazioni, e dissipò ogni sospetto (*). Le fatiche sofferte dall'Abate Spallan-

_____

(*) In una lettera scritta in Gennajo dell'anno 1787. diretta al Conte di Wilzech Ministro Plenipotenziario a Milano Spallanzani fa la propria difesa; in seguito della quale dopo un rigoroso esame della sua ammini-

zani nei viaggi, e la costante applicazione ne lo-
gorarono la salute, e quantunque di complessione
assai robusta dotato, che avrebbe fatto sperare di
vederlo arrivare alla decrepitezza, tuttavia nell' anno 70. venne attaccato da forte iscuria seguita da
una apoplessia che lo condusse al sepolcro nel dì
11. di Febbrajo dell' anno 1799. Fornito egli di mirabile facondia naturale, riuscì un eccellente istitutore della gioventù che con chiarezza, con facilità di maniere, e con somma premura egli sempre
ammaestrò. La vastità delle sue cognizioni scientifiche congiunta ad una non ordinaria eleganza di stile, rendetterlo superiore a non pochi fra i dotti suoi
contemporanei, per la qual cosa si conciliò la stima
presso che universale degli Italiani e degli stranieri;
ma non evitò le contese letterarie, ed amante della gloria, siccome ei mostrossi, facilmente irritavasi
per tutto ciò che contender gli potesse un così no-

---

strazione risguardante il Gabinetto di Pavia fu a lui diretta la seguente
Lettera segnata 4. Agosto 1787. pubblicata nella storia di Scandiano (Capo
IX. pag. 183.) dal Cav Professor Gio. Battista Venturi, che la trovò unitamente a tutti li documenti relativi a questo geloso affare nell' Archivio
di S. Fedele in Milano.
· ,, Al Regio Professore Ab. Spallanzani di Pavia. Ha riconosciuto S. M.
,, regolare e fedele l' amministrazione in uffirio del Regio Professore e
,, Prefetto del Reale Museo di Pavia Abate Spallanzani, ed ha giudicato
,, e dichiarato con Sovrano suo Decreto essere del tutto insussistente l' im-
,, putazione al medesimo fatta di avere o disperse, o sottratte alcune pro-
,, duzioni del Gabinetto di storia naturale. E però il Regio Imperial Con-
,, siglio con tutto il maggior piacere gli comunica la relativa Sovrana de-
,, terminazione, e lo eccita a presentarsi in persona innanzi lo stesso R. I.
,, Consiglio per sentire da esso il Sovrano aggradimento per gli utili ed
,, onorati di lui servigi. Essendosi poi colle disposizioni date da S. M. ri-
,, parata pienamente in faccia al pubblico la convenienza a torto offesa
,, dell' Abate Spallanzani, vuole la M. S. che sia imposto perpetuo silen-
,, zio a questo affare, che à cimentato l' onore di uno dei più illustri Pro-
,, fessori, ed anche la riputazione della Regia Università di Pavia e del
,, ragguardevole Corpo dei Professori
 ,, Milano 4. Agosto 1787. ,,   Bovara,

bile possedimento. Allorquando perciò difender dovette alcune delle sue scoperte, o criticò e correger volle gli altrui errori, oltrepassò per lo più quei
limiti di moderazione che prefigger sempre dovreb-
besi chiunque impegnasi in gare scientifiche; mostrossi però oguor pronto a riconoscere l' altrui merito
letterario, disposto egli stesso a dubitare delle proprie osservazioni e scoperte, ed a sottometterle liberamente all'altrui giudizio. Questi difetti dall' umana condizione inseparabili non tolgon però, che il
Professor Spallanzani riconoscer non debbasi per un
grand' uomo, e veramente singolare, e fra le altre
prove del sommo credito con le sue produzioni acquistatosi, ne abbiamo delle ben luminose e nell'estesa
sua corrispondenza con i Dotti di tutta l'Europa, e
nella dedica dei tanti scritti a lui indirizzati e nel
gran numero di Accademie alle quali venne ascritto, fra le quali contansi quelle delle Scienze di Parigi, dei *Curiosi della natura* in Germania e l'altra
di Berlino, l'aggregazione alla quale mandogli diret-
tamente lo stesso Federigo II. con cui mantenne letterario commercio (1).

XXI.
Opere di Spal-
lanzani.

XXI. I monumenti però di sapere da lui lasciati
più d'ogni altra cosa giustificano quant' egli operò
a vantaggio delle scienze naturali, talchè disse il Bonnet „ aver lo Spallanzani da se solo in pochi an-
„ ni scoperte maggiori cose di quel che avessero
„ in molti anni fatto le più illustri Accademie
„ d' Europa „. In due classi possono dividersi le
opere di lui, in quella cioè di Fisica animale, e
nell' altra di Storia naturale considerata nei tre Re-
gni della natura, e di tutte queste può veder-
sene il Catalogo esatto inserito in fine dell' elo-

(1) Tozzetti Elogio di Spallanzani pag. 5o. e seg

gio di questo Professore scritto dal Padre D. Pompilio Pozzetti e da noi ´più sopra citato. Facendoci quindi a ragionar delle più interessanti (1) alla Fisica animale spettanti, osserveremo che gli oggetti principali su cui egli con frutto versò, furono le riproduzioni animali, la circolazione del sangue, il sistema della generazione, gli effetti dei succhi gastrici, e la respirazione. Curioso fenomeno a dir vero offrì a lui per il primo la natura nella riproduzione or di un membro, or di un altro nei lombrici terrestri ed acquatici, nelle rane e in molti altri animali, ma specialmente nelle lumache nelle quali vide riprodursi la testa. Molti oppositori incontrò questa scoperta singolare, e fra questi contansi il Wartel, il Bomarc, lo Schróter ed altri insigni Filosofi, ma dopo varii dibattimenti, avendo l'Accademia di Parigi ripetuti gli esperimenti relativi secondo il metodo dallo Spallanzani tenuto, restò essa convinta di così maravigliosa riproduzione ; questo medesimo fenomeno osservò egli poi negli animaletti *infusorii* che vivono nelle acque, alcuni dei quali vide che erano *Ermafroditi*.

La Salamandra fu quell'anfibio su cui cominciò il nostro naturalista ad esaminare la circolazione del sangue, funzione animale delle più complicate, ed estese poi le sue sperienze agli animali di sangue caldo, sperimento dagli altri Fisici non tentato. Potè egli perciò contemplare la circolazione del sangue nel pulcino che sorte dall' uovo, e con l' ajuto del microscopio di Lionet osservò compiutamente

---

(1) Il primo lavoro dello Spallanzani non appartiene alla Storia naturale ma bensì alla Filologia, e contiene le sue riflessioni intorno alla traduzione della Iliade del Salvini. Nella citata vita del nostro Professore scritta da Fabbroni può vedersi il giudizio del Biografo intorno a questa prima fatica di Spallanzani.

l'ammirabile magistero della natura in questo astruso movimento idraulico, da cui ne trasse importanti
conseguenze e corresse un' opinione dell' Hallero.

Confutò egli inoltre il sistema della generazione di
Needham che attribuisce alla materia una forza di generare, e quello delle molecole organiche di Buffon,
e con una serie di esattissime e replicate sperienze
stabilì la preesistenza del feto nelle femmine fecon-
dato poscia dal maschio, opinione sostenuta dagli illustri fisici Senebier e Bonnet due de' suoi più cari amici, ed attivi corrispondenti. E a convalidarla
vieppiù osservò il modo con cui si propagano le piante, ed ebbe la sodisfazione di veder con questo · fenomeno comprovato il suo sistema che volle anche
da un nuovo genere di sperienze sostenuto, cioè da
quelle delle fecondazioni artificiali di alcune bestie.
Senebier tradusse in lingua Francese l' opera del
nostro Professore che ha per titolo „ Esperienze sulla generazione degli animali e delle piante „ e vi aggiunse un abbozzo della storia degli esseri organiz-
zati prima della loro fecondazione, proponendo agli
sperimentatori per modello lo Spallanzani, qualora
definir vogliano sinceramente questioni fisiche, ed
arricchir la medicina di nuove ed utili invenzioni.
Gli scritti del nostro Professore a questo argomento relativi e su cui più volte ritornò, oltre la versione Francese tradotti furono in lingua Tedesca ed
Inglese, e riscossero dovunque approvazione e lode;
il Prodromo di un' opera da imprimersi sulle riproduzioni animali, le memorie sui muli, di varii Autori, gli opuscoli di Fisica animale contengono queste sue scoperte, ed esperienze che sparsero abbondevol luce nella Fisiologia e nella Fisica. Un posto
distinto fra le invenzioni dello Spallanzani occupa-
no quelle su gli effetti dei succhi gastrici nella di-

gestióne; e frutto di replicate e variate sperienze sui diversi animali e sopra se stesso, si fu il determinare la natura di questi agenti che non abbisognano nè di acidi, nè di altri mezzi per operare la digestione dei cibi. I suoi tentativi in questo genere comparvero assai più estesi di quelli già fatti dagli Accademici Fiorentini, poichè esaminò gli stomachi musculosi, membranacei e medii, come dicono, di molti animali. Insorse è vero l'Inglese Hunter a combattere le teorie date dal Professore Italiano sulla digestione, ma non si lasciò questi conquidere, animoso discese nell'arena, e con una risposta un po' troppo caustica ed amara difese la propria causa. Nell' ultimo suo lavoro fisiologico esaminò quali sostanze si emettessero nell'aria dall'animale mentre respira, e dalle piante nella loro vegetazione; ma il risultamento delle sue indagini stese in una Memoria destinata per la Società Italiana delle Scienze a cui era ascritto, restò a cagion di morte inedito.

XXII. L'origine delle fontane, che l'illustre Vallisnieri saggiamente osservò essere dovuta ai laghi e serbatoi nelle montagne formatisi, e non al mare, come prima di lui non pochi opinavano, confermata venne dagli esami che fece il Professor Spallanzani nel primo viaggio scientifico da lui intrapreso, e diretto al lago di Ventasso di cui misurò la profondità (1), e fin d'allora mostrossi egli intrepido viaggiatore che reggeva a straordinarie fatiche, nè paventava i pericoli. Li diversi corpi marini, le piante-animali, gli animaletti fosforici e la mineralogia diedero argomento copioso o di illustrazioni, o di scoperte a questo instancabile osservatore della na-

XXII.
Opere e lavori di storia naturale dello stesso Spallanzani.

_____

(1) Lettere due inserite nella ⊨ Nuova raccolta del Padre Calogerà. ⊨

tura, ma studiò egli a fondo specialmente i Vulcani, e dopo di aver visitato il Vesuvio e l' Etna con
pericolo della vita, ne' suoi viaggi della Sicilia dati
in luce e tradotti poscia in Francese, scrisse dottamente e profondamente sopra questa materia, così
che il suo Biografo Monsignor Fabbroni (1) dopo di
aver detto che a Spallanzani sembrò lontano dal vero quanto avevano scritto gli antichi e moderni Geologi sui Vulcani, soggiunse. „ Itaque in hoc elaboran-
„ dum omnibusque nervis sibi enitendum curavit,
„ ut cum ad vertices usque et hiatus ignivomorum
„ montium non sine vitae periculo adscendisset, eo-
„ rum formam, naturam atque materiem, causas et
„ effectns ignis cognosceret. Atque in hoc toto ge-
„ nere eguit sane multarum disciplinarum ac præ-
„ sertìm Chemiæ subsidio, quam facultatem etsi se-
„ ro arripuerat, factum est tamen multo labore suo,
„ ut ea sic uteretur, quasi vim naturae afferret ad
„ sua aperienda mysteria „. La semplicità e la chiarezza nello stile colto e adatto alla scienza rendono
più pregevoli gli scritti di Spallanzani e specialmente questi suoi viaggi, i quali oltre le notizie di storia naturale presentano ancora la descrizione dei costumi, delle leggi e delle istituzioni dei popoli da
lui visitati. Corredata di utili note e preceduta da
una dotta prefazione fece egli conoscere all' Italia
l' opera pregevole sulla contemplazione della natura di Carlo Bonnet, con cui tenne continua ed animata corrispondenza, e può dirsi con verità, che
questi due illustri Fisici si stimavano ed amavano
a vicenda. Nè tacer debbonsi le sperienze del nostro
Autore sui Fosfori, che pubblicò nel 1796. in Modena, nelle quali chiamò ad esame quelle del Signor

---

(1) Vedi la citata vita.

Goettling Professore di Jena, e spiegò opinione a lui
contraria sopra la luce di questi corpi; e se la morte prevenuto non lo avesse, intrapreso aveva egli
alcune osservazioni molto curiose sopra il *sospetto
di un nuovo senso nei Pipistrelli*, sul quale argomento perciò non abbiamo che varie di lui lettere sparse in diverse raccolte scientifiche. A compiere ciò che
risguarda questo celebre naturalista resta a parlarsi
delle questioni scientifiche agitatesi fra lui ed altri
Dotti, ma li suoi due encomiatori pochi cenni ne danno e nulla più. Non ostante però questo loro silenzio, io esporrò qui brevemente ai miei lettori quella
delle contese dallo Spallanzani avute, che è la più
famosa, e che se il toccò sul vivo, seppe ben egli
rendere all' avversario, come suol dirsi, la pariglia.
Il Professore Antonio Scopoli suo collega nella Università di Pavia in un manifesto fatto pubblicare a
Lugano nel 1787. per procurare associati alla sua
opera intitolata *Deliciae Florae et Faunae Insubricae ec.*, promise che in essa vedrebbersi descritte le
naturali produzioni da niun altro finora conosciute
nè descritte, che nel Museo di storia naturale di Pavia *giacevano da gran tempo sepolte ed ignote per
mancanza di chi sapesse scientificamente illustrarle e
trarle alla pubblica luce;* e ciò fece pubblicare lo
Scopoli nel 1787., allorchè lo Spallanzani, come vedemmo, era soggetto ad un calunnioso processo. Convien confessare che un uomo qual egli era a quell'
epoca, già conosciuto può dirsi da tutto il mondo
letterario, doveva altamente risentirsi di un tratto
così a lui ingiurioso, e che lo qualificava come un
ignorante. Prese egli perciò la penna in mano, e sotto il finto nome del Dottor Francesco Lombardini
Bolognese stampò due lettere nell'anno 1788. con
la data immaginaria di *Zoopoli*, nelle quali giustifica

prima se stesso , e poi con le armi più fine del ridicolo
maestrevolmente da lui maneggiate mette in vista gli
strafalcioni, che incontransi nella detta opera dello
Scopoli che viene da lui atterrato e conquiso nel modo il più luminoso, e sarà sempre memorabile nella storia naturale il solenne granchio dal suddetto Scopoli preso (e su cui a lungo scherzevolmente
trattiensi il suo avversario), acquistando, cioè per
il Museo di Pavia un pezzo già nello spirito di vino
immerso, da lui creduto un nuovo verme e denominato *Verme Vescica*; e fatto incidere ed inserire
nella detta *Fauna Insubrica*, mentre non era che un
gozzo di gallina attaccato all'esofago, come lo avver-
tì da Torino il Professor Vincenzo Malacarne, che
non si lasciò dall' impostore giuocare (1). Nè quì
terminò la vendetta dello Spallanzani contro il povero Scopoli ; poichè nello stesso anno e con la
stessa falsa data stamparonsi tre lettere di un Professore di storia naturale al chiarissimo Signor Antonio Scopoli Professore di Botanica ec. aggiuntavi
una risposta di quest' ultimo. Quantunque anonime
si sa che queste lettere fabbricaronsi nella stessa officina ; e in esse l' Autore chiama in rivista tutti gli
errori veramente in buon numero esistenti nella *In-
troduzione alla storia naturale* dello Scopoli, e lo
fa in modo che mentre sveglia nel lettore il riso ,
insulta senza però usar contumelie , in maniera tutta nuova l'avversario, e lo fa comparire come uomo affatto digiuno della materia che intrapreso aveva a trattare. Nè di ciò contento, nella risposta messa dallo Spallanzani in bocca dello Scopoli, questi

.

---

(1) Lettere succitate pag. 118 e seg. V. anche la storia di questo curioso aneddoto nell' elogio di Malacarne da me scritto ed inserito nel T.
XIX. della Società Italiana delle Scienze. Fasc. I. di Fisica pag. CV.

fa una genuina confessione degli sbagli presi e specialmente di quello del *Verme Vescica*. Se noi non loderemo il contegno del critico che malmenò senza pietà alcuna il suo antagonista, direm però che queste lettere nel loro genere sono pregevoli assai; mostrano quanto fosse profondamente versato nelle scienze il loro Autore, e giovar possono per istruire gli studiosi ad esser cauti nello spacciare delle scoperte, ed a voler formare sistemi, e dettar precetti senza aver buon fondamento di dottrina, e cognizione estesa dell' argomento che si maneggia.

XXIII. Visse contemporaneo allo Spallanzani Felice Fontana, e sebbene non arrivasse ad ottener pari fama, occupa egli però un seggio onorato tra i Fisici e Naturalisti del secolo XVIII. Nel piccolo borgo di Panerolo situato nell' alto Adige sortì egli i natali da onoratissimi parenti nel dì 15. di Aprile dell' anno 1730. (1): indirizzato ai buoni studii in Roveredo dagli Abati Gio. Battista Giaser, e Girolamo Tartarotti nomi cari alle lettere ed alle scienze, passò poi a Padova ed a Bologna, e in quelle Università si applicò vantaggiosamente alle facoltà filosofiche, nelle quali poi vieppiù penetrò visitando gli stabilimenti di scienze naturali di Roma e della Toscana, e consultandone i Professori più rinomati. L' Imperator Francesco I. della Casa di Lorena e il Gran Duca di Toscana Pietro Leopoldo mostraronsi splendidi protettori del Fontana, poichè essendo stato dal primo nominato a Professore di filosofia razionale in Pisa, venne dal secondo chiamato presso di se in qualità di Fisico di camera. E ben corrispose a un tanto onore il nostro Filosofo, il quale persuader seppe all' Augusto Principe la fondazione del bel Gabi-

XXIII.
Fontana Felice.

(1) Mangili Prof. Giuseppe. Elogio del Fontana 8.° Milano 1818.

netto fisico che ammirasi in Firenze, e che fu opera sua, mentre trovò nella Reale munificenza tutti
i mezzi più abbondevoli per ottenere così nobile scopo. Ingegnoso e sagace sperimentatore osservò più
attentamente di quel che prima fatto avessero gli
altri fisici, i globetti rossi del sangue, e confutò gli
errori del Padre Della Torre Napoletano su questo
argomento; meditò sulle leggi della *Irritabilità Halleriana*, e dedicò a quel celebre Medico il suo scritto che conteneva le esperienze da lui istituite a stabilire questo sistema; e tale stima di lui concepì
l' Hallero che gli dedicò il Tomo III. della sua Fisiologia.

Non pochi altri rami della Fisica illustrò poi il
Fontana, e specialmente la teoria della respirazione
dell' aria vitale, e dell' assorbimento di qualunque
specie d' aria che produce il carbone; come pure ci
lasciò osservazioni pregevoli sulla Tremella, sulle Ida-
tidi, le Anguille, e sulla Tenia cucurbitale che dimostrò essere un animal solo quantunque apparisse
sotto una forma molteplice. Magnanimamente protetto dal sullodato Arciduca Leopoldo che gli assegnò Zecchini 8. mila per viaggiare, andò il Fontana
a Parigi ed a Londra, conobbe i più illustri Fisici
del secolo, istituì importanti sperienze, e ritornato
in Italia scrisse li suoi principii ragionati intorno alla generazione, e pubblicò il suo lavoro classico sul
veleno della vipera e sopra alcuni potentissimi tos-
sici Americani. Procacciogli quest' opera nuova riputazione letteraria in Europa per le delicate ed ardite sperienze in essa contenute, e diretta a sbandir
gli errori del volgo sopra tali veleni, ed a scuoprir
gli antidoti valevoli a rimediare ai mali da essi ca-
gionati. In questo insigne lavoro esaminò inoltre l' Autore diligentemente la natura dei nervi, e portò la

cognizione della loro struttura più avanti di quello
che fatto avevano il suddetto Padre Della Torre ed
i celebri Prokasca e Monrò, rettificando anche l'idea
che gli anatomisti più distinti avevano sull'origine
del nervo intercostale. A lui pure è dovuto come
già si disse, il celebre Gabinetto fisico eretto con la
Sovrana munificenza di Leopoldo sotto la sua direzione, e che ammirasi in Firenze, ricco di macchine fisiche ed astronomiche, di minerali, di animali
e di piante, non che di pezzi anatomici in cera ec-
cellentemente lavorati. Allorchè l'Imperator Giuseppe
II. visitò questa insigne raccolta, tanto gli piacque, che
ordinò al Fontana un lavoro simile per l'Università
di Vienna, ed avendolo questi fatto eseguire, quel
Monarca lo ricolmò di doni e di onori; una serie simile
poi di preparazioni fece eseguire lo stesso Naturalista per la scuola medica di Parigi sotto l'impero
di Napoleone. Ascritto il Fontana alle principali
Accademie d'Europa, ebbe un esteso carteggio con
i Dotti del suo tempo; sebbene egli non si immi-
schiasse nei rumori popolari l'anno 1799. accaduti in
Toscana, tuttavia gli Aretini entrati in Firenze lo
imprigionarono, ma pochi giorni appresso fu liberato, e ripigliò i suoi studii, ai quali attese, si può
dir, fino alla sua morte, accaduta nel Febbrajo del-
l'anno 1805. per una caduta che fece nel restituirsi
a casa una sera, e spirò assistito dal Mascagni e da
alcuni suoi discepoli (1).

XXIV. Viaggiò con frutto l'Ab. Alberto Fortis dello stato Veneto nato nel 1741. in Agosto; e coltivò
ad un tempo la Storia naturale e la Filologia. Per-

'XXIV.
Fortis Alber-
to.

_____

(1) Fu amico dell'Alfieri al quale rassomigliava per un carattere il
più fermo ed inalterabile, qualunque fosse lo stato delle cose prospero ed
avverso.

duto in età tenera il Padre, e passata alle seconde
nozze la Madre col Conte Capo di Lista Padovano, ebbe il giovinetto Alberto nella casa di questo Signore, dove radunavansi i più dotti Padovani, i mezzi
per istruirsi di buon' ora nelle amene lettere; dopo
il che entrò nell'Ordine de' Romitani ed applicatosi
benchè suo malgrado alla Teologia, cominciò a studiar di nascosto la Geologia, e compose su questo argomento un poema. Passato poi a Roma colà ebbe
campo di approfittare nella Biblioteca Angelica delle lezioni del famoso orientalista Padre Giorgi, e di
conoscere l'Antiquaria e la Filologia, finchè ottenuto da Clemente XIV. il Breve di secolarizzazione rivide la Patria. Onde provvedere alle angustie della
sua fortuna, prese parte per alcun tempo al Giornale enciclopedico di Vicenza, nel quale distinguonsi
gli articoli del Fortis e per lo stile e per la buona
critica; e poscia nel 1771. intraprese un viaggio in
Dalmazia accompagnando l'Inglese Signor Symonds
amante dell'agricoltura, e il Botanico Professor Cirillo Napoletano. Il saggio di osservazioni sopra l'Isola di Cherso ed Osero pubblicato dopo il ritorno da
questo viaggio, fece conoscerlo non solo come geologo e naturalista, ma ben anche come filologo, e
dopo di aver altre volte visitato quei paesi, e di essersi bene impossessato della difficil lingua Illirica,
diede in luce il suo viaggio sulla Dalmazia in due
tomi in quarto, nel quale rendette conto delle montagne da lui colà visitate internamente ed esterna-
mente, descrisse gli avanzi di antichi Vulcani, segnò le traccie del mare su quei gioghi esistenti, e
ricercò le miniere metalliche, e le cave di quei marmi agli antichi non sconosciute. Estese egli in questo suo lavoro le sagge sue vedute all'agricoltura ed
ai costumi di quei popoli, ed accennò i mezzi di mi-

gliorar sì l'una che gli altri. Molto credito procurò
al Fortis quest'opera, che venne subito tradotta in
tutti i colti idiomi, e varie Accademie d'Europa lo
annoverarono al loro ceto. Fra queste contansi l'Istituto di Bologna, la Società Italiana delle Scienze e
l'Accademia di Berlino (1); nè quì si restrinse il frutto
che egli ne raccolse, poichè ottenne dopo la stampa di questo viaggio dalla vedova e ricca sua madre
un più largo provvedimento a' suoi bisogni. Visitò
in appresso tutte le catene, si può dir dei nostri
monti, e in varii scritti stampati raccolse le osservazioni da lui credute le più interessanti, fra le quali meritano di essere specialmente ricordate quelle
sui pesci impietriti del monte Bolca nel territorio
Veronese, e sulla nitriera naturale scoperta al Pulo
di Molfetta nella Puglia e verificata ancora dai dotti
viaggiatori Zimmerman ed Hawkins. Perito siccome
era il Fortis nell'Antiquaria, mescolò ben sovente colle
notizie di storia naturale altre cognizioni, e congetture o per fissare epoche remote, o per determinare la
posizione di alcuni luoghi dell' antica geografia, o per
comprovar fatti antichissimi di storia, nel che fare se
non riuscì sempre a cogliere il vero, ebbe anche il
coraggio di confessar gli abbagli da lui presi, il che lo
onora, dimostrandolo ricercator del vero e non ligio della propria opinione. E ciò egli diede a vedere ancora, allorquando seguitò nella Calabria e nella Puglia il preteso indovino Pennet, poichè non dubitò, è vero, in una lettera diretta al più volte lodato Spallanzani, dell'azione dei bitumi, delle acque e dei metalli sotterranei sopra quell'uomo, ma
trattandosi di una questione allora tanto vivamente

(1) Amoretti. Elogio di Fortis stampato nel T. XIV. delle Memorie
della Società Ital. p. XVII. dal quale ho tratto le presenti notizie.

agitata, andò cauto, e si risentì soltanto, quando
alcuni l'accusarono di poca perizia nello sperimen-
tare e di troppa credulità. Son questi i lavori principali dell' Abate Fortis al quale, dopo di avere nella invasion dei Francesi in Italia l'anno 1796. abbandonata la patria ed aver trasportato in Francia
tutti li suoi beni, accaddero colà tali disgrazie che
il ridussero alla penuria, ma però si resse in mezzo
alle sventure, e Napoleone Bonaparte lo nominò prefetto della Biblioteca di Bologna e Segretario dell'Istituto Italiano.

XXV. Quantunque vivesse assai poco Giuseppe Olivi di Chioggia, tuttavia operò egli molto per la storia naturale, ed alle più vaste cognizioni scientifiche
unì un cuor tenero e virtuoso, e coltivò con fervore la Religione. Entrato nel 1785. uella Congregazione dei PP. dell' Oratorio in patria, dopo di avere ivi vissuto l'Olivi per qualche tempo con esemplarità non comune, applicandosi contemporaneamente all' amena letteratura ed alla storia naturale, dovette con dispiacere dei suoi Confratelli sortirne a
motivo della vacillante sua salute, ed andò a Padova onde cercar ristoro a' suoi mali. Intraprese egli
un viaggio lungo l'Adriatico, nel quale raccolse produzioni marine d'ogni specie, che da lui attentamente osservate giovarongli a fondarsi nella relativa
scienza, ed a scuoprir fin d'allora l'influenza che eser-
citano le circostanze locali nella generazione, e nella vita subacquea dei varii esseri. Dopo di avere
l'Olivi rettificato alcune idee sopra diverse piante
con alcune Memorie inserite negli Atti dell'Accademia di Padova, si occupò con attenzione singolare
delle *Conferve*, cioè di quelli ammassi di tenui fila-
menti, ehe in diverse foggie ammantano le rive ed
il fondo dei canali stagnanti. Discusse egli le osser-

vazioni su queste piante istituite dal Fontana e dal
Corti, moltiplicò le proprie, e riuscì a determinar
per tal maniera il uumero, la fisionomia ed i caratteri delle specie fino allora incognite di siffatte piante da alcuni credute tanti animaletti, ma da lui di-
mostrate vere piante, il lento moto delle quali è prodotto dalle emanazioni dell'aria. Questa importante
scoperta non che le indagini con le quali determinò l'influenza della luce sui vegetabili, lo costitui-
rono fra i più rinomati nostri Naturalisti nel secolo
XVIII., e lungo sarebbe il voler quì ricordare le altre sue fatiche a pro della scienza: io per amor di
brevità ristringerommi a dar contezza della sua *Zoo-*
logia del mare Adriatico, e specialmente di quel trat-
to dal suo confine al Settentrione sino all' altura di
Ancòna, e di Zara. Riuscì egli a maraviglia in questo suo disegno, e con esattezza descrisse i fondi del
golfo Veneto, con accorgimento rintracciò la natura e l'origine dei materiali che li compongono, i vin-
coli di somiglianza che riscontransi tra l'indole degli esseri organici abitanti in essi fondi, e quelle dei
siti dove nascono e crescono. In cinque ordini o
schiere furono da lui divisi questi animali, ed alcuni tra essi ne incontrò ommessi dal Linneo, e da lui
collocati in quella classe cui appartengono con la
scorta dei recenti scrittori che li conobbero. Le numerose specie poi di questi da lui scoperti, da lui
pure ricevettero acconcia denominazione, e storia, e
collocamento; perlocchè danno grande soffrir dovettero le scienze naturali per non aver potuto l'Olivi
compiere questo faticoso lavoro che tuttavia si stampò in Venezia. Mentre infatti egli attendeva a per-
fezionarlo, e i Dotti Italiani, e le Accademie di Berlino, di Copenaghen, di Praga, ed altre fra le più
rinomate d'Europa gareggiavano a testificargli l'al-

ta stima di lui concepita, e mentre la Repubblica
Veneta gli decretava l' importante carica di Soprain-
tendente all' agricoltura ed all' economia nazionale,
cadde questo egregio Naturalista vittima di quella
tisichezza, che da tanto tempo lo minacciava, e le
scienze lo perdettero in Padova adì 20. Agosto del-
l' anno 1795. ventesimo sesto dell'età sua. In Chioggia e in detta Città si eressero ben meritamente monumenti a perpetuarne la memoria, ed il Chiar. Abate Cesarotti ne compose l' elogio funebre (1). L'Olivi arrichì inoltre il compendio Italiano delle Tran-
sazioni filosofiche di Londra con osservazioni copiose sulle conferve infusorie, per sostenere che le Tre-
melle sono vegetabili contro il parere di Saussure, e sulla fabbrica e sul genere contrastato delle
Coralline, come pure trattò altri argomenti di storia naturale, ma particolarmente scrisse intorno alle lave del Vesuvio per spiegare il paradosso appa-
rente che la lava sia corsa liquida e fusa nei correnti del monte stesso, mentre raffreddata non offre
apparenza di vetrificazione.

XXVI.
Soldani Padre.
Don Ambrogio
Conchigliologo.

XXVI. Prato vecchio nella Provincia Casentinese
in Toscana vide nascere il Padre D. Ambrogio Soldani Abate generale dei Camaldolesi di cui ora debbo far parola. Un' ampia lacuna presentava la Con-
chigliologia nella lunga serie dei testacei microscopi-
ci, e non minore la Geologia nell' analisi delle terre submarine e in quella del tessuto delle varie pietre formate da antichissime Conchigliette. Un piccolo saggio di queste analisi microscopiche ne aveva
dato il Dottor Jano Planco (Giovanni Bianchi) e
varii oltramontani eransi occupati di questo bell' ar-

(1) Pozzetti Pompilio. Elogio dell' Olivi inserito nel Tomo IX. delle
Memorie della Società Italiana delle Scienze pag. LXXXXI.

gomento; ma i loro lavori non eguagliano in merito il Prodromo del Soldani nel 1780. pubblicato. Molte difficoltà egli dovette vincere nell' esaminare col microscopio una serie così grande di piccoli oggetti; queste invisibili conchigliette infatti trovansi confuse fra gli atomi delle piccole arene, fra terre, anzi polveri impalpabili, o rinchiuse nel tessuto delle pietre arenarie o calcari, ed ivi petrificate. Per entro ai laberinti di queste pietre di varie sostanze composte dovette il Soldani penetrare con l' occhio indagatore per scoprire i corpi da lui cercati, ideando metodi nuovi ed esatti per separarne le terre, per disgregare le molecole straniere nei massi induriti senza infrangerne le fragili spoglie onde spiarne le forme. Con gli artificii da lui ideati notomizzò queste pietre, scoprì nuovi generi e nuove specie, e additò ai successori di lui il cammino da compiersi ed i mezzi per far ciò con lusinga di un esito felice. Il Sovrano Leopoldo della Toscana pregiò il primo lavoro del Soldani, e lo nominò Professor di Matematiche a Siena, dove per 27. anni divise le sue cure fra l' esercizio della pubblica istruzione, e fra il compimento della sua grand'opera la quale gli meritò il nome di *Istorico delle Conchiglie microscopiche*. Il Sig. Denys de Montfort non approvò che Soldani avesse ommesso di formare un sistema ed una classificazione delle Conchiglie micoroscopiche, ma a questa difficoltà risponde concludentemente il Padre Ricca che ha dato le notizie del Soldani (1), facendo osservare che questo Autore non volle azzardarsi a ciò, perchè prevedeva l' esito infelice di un tal lavoro, stante le grandi varietà che si incontrano

---

(1) Ricca P. Massimiliano. Discorso sopra le opere del Padre D. Ambrogio Soldani 8.° Siena 1810.

in questi corpi marini, i quali perciò si ricusano ad una esatta classificazione, come si comprova osservando essere necessario di continuamente riformare quelle che finora si introdussero. Il suddetto Francese onorò però particolarmente il Soldani dando il nome di *Bitomo del Soldani* ad una specie di Conchiglia. Lasciò inoltre questo Religioso molti lavori geologici assai pregevoli intorno alle montagne della Toscana, e se avesse avuto più lunga vita e maggior salute, ci sarebbero rimasti altri monumenti tali del suo sapere, da sostenere il confronto con quelli di varii illustri Geologi Oltramontani, come lo sostiene la suindicata Storia.

XXVII.
Altri Naturalisti.

XXVII. Cosmo Alessandro Collini Fiorentino Segretario di Voltaire, e di cui si dirà fra gli storici, diresse il gabinetto di storia naturale di Manheim, e in breve divenne questo per sua cura uno dei più ricchi di Europa. Coltivò poi il Collini la scienza, e diede in luce varie produzioni che la risguardano; e qui rammenteremo primieramente il Giornale di un viaggio che contiene varie osservazioni mineralogiche sulle agate, e sul basalto ec. stampato a Manheim nel 1776. e stimato assai, perlocchè Schroter lo tradusse ben tosto in Tedesco. Nè meno interessanti riuscirono le sue *Osservazioni sulle montagne vulcaniche*, quelle sulla pietra elastica del Brasile e sui varii marmi flessibili del palazzo Borghese in Roma, come pure le sue *Lettere intorno ai Tedeschi* uscite alla luce nel 1784., ristampate a Vienna col titolo di Lettere sulla Germania, e tradotte poscia dal Barone di Risbek in Tedesco col titolo di *Lettere di un viaggiator Francese in Germania* (1). Molto giovarono alla pratica delle arti varie

(1) Biog Univ. T. XII. pag. 409. Dal testo Tedesco se ne ricavò una

scoperte fatte dal Padre Antonio Minasi Domenicano, di Scilla Città della Calabria ulteriore dove sortì i natali il dì 20. maggio del 1736. Passato a Napoli studiò presso l' Abate Genovesi, e nel 1772. ricevette in Roma la laurea teologica nel Convento della Minerva (1). Si distinse però sovratutto nella storia naturale, e trovò un metodo col mezzo di fossili di nuovo genere per render bianca e migliorare la carta da scrivere; scoprì il famoso Papiro nella pianta *Agave* del Linneo, e indicò i mezzi per lavorare con una certa pianta di Aloè che alligna nelle maremme della Calabria, le funi, le tele ed i merletti. Esteso così avendo il proprio nome venne il Padre Minasi dal gran Pontefice Benedetto XIV. nominato alla Cattedra di Botanica nella Università della Sapienza in Roma, e poscia incaricato a viaggiare nel Regno delle due Sicilie, per raccogliere produzioni naturali da collocare nel Museo Clementino. Illustrò egli in appresso le *Deliciae Tarentinae* di Tommaso Niccola d' Aquino, ed a lui devesi la maggior parte degli esperimenti riguardanti la Zoologia e la Fitologia del territorio Tarentino. Più noto però alla Repubblica letteraria lo rendettero le due Dissertazioni sulla *Fata Morgana* l' una, e sul *Granchio Paguro* l'altra. Celebre è il fenomeno che osservasi nel mare di Reggio in Calabria a certe ore del giorno, apparendo nell' aria vedute di oggetti di varia natura, come uomini, bestie, edifizii, ec. il che per lungo tempo diè luogo alle più strane dicerie, ed avvalorò molte favole. Quantunque avessero alcuni Dotti scritto su tale argomento, tuttavia

traduzione Francese in tre volumi col titolo di Viaggio di Risbeck in Germania; indi se ne fece una versione Inglese ed un' altra Francese.

(1) Biografia degli Uom. ill. del Regno di Napoli T. V. ivi 1818.

nessuno avevane indagata la vera natura, e ad-
ditate le cagioni così felicemente, come fece il
Padre Minasi, il quale con l'ajuto dell'Astronomia e della Fisica diede l'esatta spiegazione di
così sorprendente fenomeno; e spiegando il corredo delle scienze sacre da lui ben possedute, si fece strada a dimostrare con l'Autorità dei SS. Padri la stretta connessione che esiste tra le naturali cognizioni, e le dottrine della Religion rive-
lata, e ad inveire con ragionata critica contro l'a-
buso che i semidotti fanno pur troppo di queste
verità. Le osservazioni ittiologiche poi di Marc-Au-
relio Severino Calabrese rinomato Naturalista del
secolo XVII. continuate vennero dal Padre Minasi,
e nella seconda delle citate dissertazioni le espose, e tal credito gli procurarono queste ed altre
simili produzioni, che gli Italiani non solo ma gli
stranieri ancora lo stimarono e lo onorarono assai.
A questo Religioso mancato ai vivi nel 1806. congiungeremo Andrea Savaresi Napoletano nato il dì
1. Febbrajo del 1762., discepolo di Serao e di Cotugno illustri medici Napoletani. Coltivò egli in
modo particolare la chimica, la mineralogia e la
storia naturale, e nel 1789. fu nominato dal Governo del Regno Direttore della società mineralo-
gica destinata a recarsi in Germania per istruirsi in tutto ciò che riguarda lo scavamento delle
miniere. Dopo di avere il Savaresi viaggiato per
quasi tutta l'Europa settentrionale, acquistandosi
l'amicizia e la stima dei più rispettabili Fisici ritornò nel 1796. alla Patria, dove ricevette varie commissioni relative alla storia naturale del territorio
Napoletano, e specialmente poi si impiegò nell'eseguire l'analisi delle pietre e dei fossili, perlocchè il
Fourcroy, il De Bom si prevalsero dei lumi di lui nel-

le loro opere (1). Lasciò egli diverse produzioni di medicina e di chimica, e morì nel 1809. dopo di aver corso per ben due volte in Calabria pericolo della vita per le popolari sommosse colà avvenute.

XXVIII. Bologna che conta tanti egregi Fisici nel suo Istituto, uno ce ne offre il quale per l'importanza della scoperta da lui fatta ebbe la gloria, che fosse col suo proprio cognome intitolato un nuovo ramo di Fisica. Parlo di Luigi Galvani Professore di anotomia nel Bolognese Istituto scientifico, del quale colla scorta dell'elogio tessutogli dall'Alibert (2) debbo ora dare ai miei lettori distinte notizie, come esige la celebrità sua, e la entità delle osservazioni di lui, le quali somministrarono, e somministran tuttora ai Dotti un vasto campo di nuove ricerche e di congetture, dirette però tutte a dilatare il regno delle cognizioni naturali, ed a procurare vantaggiose applicazioni ai bisogni della civil società. Da famiglia distinta per aver dati diversi uomini di lettere sortì il Galvani venuto al mondo nel giorno 9. Settembre dell'anno 1737. Dedito sin da fanciullo alle opere di pietà mostrò qualche inclinazione per vestir l'abito religioso, ma poscia applicossi alla medicina sotto la direzione del Beccari e degli altri Professori Bolognesi. Scelse il Galvani a sua sposa Lucia Galeazzi figlia del Professor di questo nome e riuscì così ben assortito un tal nodo, che in Bologna citavasi ad esempio della felicità maritale. Reciproco e costante amore regnò fra questi due conjugi, e allorquando nell'an-

XXVIII.
Galvani Professor Luigi.

_____

(1) Biografia degli Uomini ill. del Regno di Napoli T. III. ivi 1815.
(2) Questo elogio tradotto in Italiano si stampò nel 1802. a Bologna a S. Tommaso d'Acquino.

no 1790. la morte privò il nostro Professore della
sua diletta compagna, visse oguor inconsolabile, e
ben sovente portavasi alla tomba di essa nel Monastero delle Monache di S. Catterina per bagnarla
delle sue lagrime, e pregar pace a quell' anima a
lui così cara (1). Dopo di aver giusta il lodevol costume di quella Università sostenuta una tesi sulla
natura e la formazione delle ossa, divenne lettor
pubblico di anatomia nell' Istituto delle scienze in
Patria, e corrispose ben presto alla espettazione di
quelli che lo avevano promosso a questa Cattedra,
poichè scorgevasi in lui facilità non ordinaria per
esprimere le proprie idee, e chiaro ed ordinato metodo seguiva nelle sue lezioni, perlocchè ebbe una
scuola fiorita ed ascoltavasi oguor con piacere a ragionar dalla Cattedra. Conobbe il Galvani a fondo
l'arte difficile di sperimentar bene, e la esercitò con
successo specialmente in una parte di notomia poco
allor conosciuta e perciò più ardua, voglio dire la
notomia comparata, al grande oggetto di meglio
conoscere le funzioni della nostra macchina, sce-
gliendo a scopo delle sue ricerche gli uccelli, che
somministrarono poscia abbondevol materia per nuove indagini all' altro celebre anatomista Italiano il
Professor Vincenzo Malacarne.

Depositò il Professor Bolognese negli Atti dell' I-
stituto le sue osservazioni sull' apparato urinario dei
volatili, e sull' ammirabile costruzione del loro organo dell' udito, ed emulo e compagno dell' esatto
sperimentatore Vicq d' Azyr divise con lui la gloria
di aver avanzato terreno in questa parte di scienza
naturale. Non fece egli parte al pubblico di tutti i
risultamenti ottenuti nell' esaminare l' organo sud-

---

(1) Elogio citato pag. 11. 12.

detto, perchè prevenuto si vide dall' illustre Professore Antonio Scarpa vivente (1), allorchè pubblicò
questi la sua bell' opera *De structura fenestrae ro-
tundae*; ma tanto maggior lode perciò merita il Galvani per avere abbandonata l'idea di dare in luce
il suo grande lavoro sullo stesso argomento, in quanto
che avrebbe a buon diritto potuto pretendere allo
stesso grado di celebrità, perchè le sue osservazioni
combinarono a maraviglia con quelle del Professor
di Pavia, sebben fatte senza reciproca comunicazione
delle loro idee. Ma la somma modestia del Galvani, e
fors'anche il suo carattere di ritenutezza lo distolsero
dal venire a confronto con lo Scarpa, e si contentò di
registrare in un breve scritto molte osservazioni che
nella citata opera non si rinvengono. Nè a queste parti
della macchina animale limitò il Galvani le sue indagini, ma ne istituì altre e copiose, che per gli indicati
motivi non divulgò, contento di averle comunicate ai
numerosi discepoli che frequentavano le sue lezioni.

XXIX. Queste fatiche del Professor Bolognese, seb- **XXIX.**
bene lo avessero fatto conoscere per un abile spe-   Scoperta del
rimentatore, e per un profondo Anatomista, non lo   Galvanismo.
avevano però sollevato a quel grado sublime che gli
procurarono le sperienze sulla elettricità animale, le
quali per onore di lui comunemente si dissero sperienze sul Galvanismo. Quantunque un accidente
desse, può dirsi, motivo al ritrovamento, pure il
Galvani ne ha tutto il merito per aver egli attentamente osservato, per aver in ogni modo possibile
variàto i tentativi onde assicurarsi del fenomeno, e
per averlo messo nella più chiara luce.

Stavano sopra una tavola alcune rane scorticate
in non molta distanza dal conduttore di una mac-

---

(1) 17. Novembre 1824.

china elettrica, con la quale attualmente il nostro fisico eseguiva alla presenza di varii amici e della sua sposa diverse sperienze. Volle il caso che uno degli sperimentatori accostasse senza avvedersene, la punta di uno scalpello ai nervi crurali di una di tali rane; ciò bastò perchè tutti i muscoli parvero agitati da forti convulsioni. Colpita dalla novità del fatto la sposa del Galvani, che credette di accorgersi avvenire un tal fenomeno allorquando estraevasi la scintilla elettrica, corse tosto ad avvisarne il marito, che si determinò immediatamente a verificare un fatto così straordinario, come fece replicando più volte l' esperienza, ed usando tutti i mezzi che si presentarono alla sagace sua mente per esplorare questa da lui creduta nuova specie di elettricità. Estese in appresso egli le sue osservazioni su gli animali a sangue caldo, ed ottenne gli stessi risultamenti che sulle rane aveva ottenuto, con l'avvertenza che le agitazioni convulsive comparsicono più forti negli animali più avanzati in età, e possono prolungarsi di più negli animali a sangue freddo che in quelli a sangue caldo. Nè di ciò pago il Profi Bolognese, volle anche cercare se l' elettricità atmosferica producesse su d'essi effetti simili a quelli della elettricità artificialmente eccitata; ebbe perciò il coraggio di fissare un conduttore atmosferico sul luogo più alto della sua casa, e di protraerlo sino alla propria camera, e quando il tempo era burrascoso, appendeva allo stesso o rane vive e morte, o coscie di animali a sangue caldo, e provò la soddisfazione di verificare che tutto procedeva come allorquando usava la macchina elettrica. Gittati così i fondamenti, direi quasi di una nuova scienza, proseguì il nostro Filosofo con ogni possibile attenzione le sue sperienze, che lungo sarebbe il voler quì descrivere, e le quali riscontrar si

possono nel suo Commentario (1), ed io perciò ristringerommi quì a far osservare ai miei lettori, che
in seguito di molte e reiterate sperienze, ma specialmente di quella di mettere in comunicazione per
mezzo di un arco conduttore il muscolo col nervo
dell' animale, Galvani credette di poter conchiu-
dere ,, Che esistesse una Elettricità animale divisa
,, in positiva e negativa risedente l' una ne' nervi,
,, l' altra nei muscoli a vicenda, e diversa dalla
,, Elettricità comune. ,, Giusta questo principio tutti gli animali goderebbero di una elettricità propria
alla loro economia inerente, che risiederebbe nei
nervi i quali al corpo intiero la comunicarebbero,
e verrebbe separata mediante il cervello. Diffusa per
l' Europa la scoperta del Galvani, svegliò ben tosto, come meritava l' importanza della cosa, l' attenzione dei Fisici più rinomati i quali si divisero
in due classi, una che sosteneva l' ipotesi del Professore Italiano, e l' altra che era la più numerosa,
e direm pur anche la più esercitata, mentre conveniva
nei fatti, lodava le scoperte del Galvani, e ne com-
prendeva a fondo la estensione, impugnava poi la
teoria da lui ideata per spiegare gli osservati fenomeni. Valli, Fowler, Humboldt, Pfaffi ed altri Fisiologi idearono dei sistemi loro particolari, e chi
seguì in parte le idee del Galvani, chi direttamen-
te vi si oppose e fra questi Humboldt e Pfaff (2).

(1) Ecco il titolo dell' Opera del Galvani, e degli Opuscoli ad essa
uniti ,, Aloysii Galvani De viribus Electricitatis in motu musculari Com-
,, mentarius etc. 4.ª Mutinae 1792. ap. Societ. Typog. ,, Questo commentario è preceduto da una Dissertazione latina del Professor Cav. Giovanni
Aldini ,, De animalis electricae theoriae ortu atque incrementis ,, e seguito da due lettere Ital. una del Professor Bassano Carminati di Pavia al
Galvani; in qua praesertim expenditur Cl. Voltae sentenza relate ad sedem
,, animalis electricitatis = e l' altra del Galvani al Carminati, nella quale espone la propria opinione sullo stesso argomento.
(2) Elogio citato pag. 143. Nota 31.

Ma come un Italiano ebbe il vanto di scuoprire un così interessante fenomeno, un Italiano, voglio dire il celebre Volta, con la invenzione della maravigliosa sua Pila porger doveva ai Fisici uno strumento cotanto utile a far progredire con passi giganteschi la scienza, e somministrare come un filo d' Arianna a guidarli in questo labirinto. Immortali perciò vivranno nei fasti della nostra letteratura i nomi di Luigi Galvani, siccome scuopritore ingegnoso di una serie numerosa di fatti in Fisica che hanno sommamente estese le nostre cognizioni, e quello del Cavaliere Alessandro Volta Professore a Pavia, che interrogando con mezzi affatto nuovi la natura, seppe render manifeste le principali leggi da essa tenute nel produrre gli effetti della elettricità, ed offrì con una mirabile semplicità la spiegazione più plausibile dei fenomeni di questo sottilissimo corpo senza aver duopo di immaginarne diverse specie. Lungamente si agitò fra questi due Professori ma sempre con tutta l' urbanità, la suddetta controversia, e il Galvani si difese ingegnosamente contro le obbiezioni del Volta all' opinione del quale inchinava, se non lo avesse rattenuto l' osservazione di alcuni fenomeni, la spiegazione dei quali nel sistema del Professore di Pavia presentava delle difficoltà. Tuttavia la maggior parte dei Fisiologi al presente ritenendo le sperienze del Galvani siccome certe, seguono le idee del Volta per spiegarle, ed ammettono una sola elettricità diffusa per tutto l'Universo, la quale col solo sbilancio produce effetti cotanto maravigliosi e non di rado così terribili.

XXX.
Si continua a parlare del Galvani.

XXX. Continuò il Galvani, finchè visse, ad esperimentare, e ci lasciò una bella serie di osservazioni sulla torpedine, le quali giovarono a rischiarar la teoria elettrica, e quantunque cercasse ognora di

comprovare la sua ipotesi, ciò nulla meno le sperienze che egli istituì sempre si pregeranno, e la Fisiologia e la Fisica da lui riconoscer dovettero insigni progressi. Suoi cooperatori ed amici più intimi
furono il Dottor Camillo Galvani suo Nipote, il
Dottor Giulio Cesare Cingari, e l'Astronomo Francesco Sacchetti, coi quali ben sovente trattenevasi
ad esperimentare, ed a discutere le varie questioni
fisiche le quali andavan sorgendo fra i Filosofi d'allora. Corretto e puro ma non eloquente egli comparve ragionando dalla Cattedra, ed alle sue lezioni
aveva numeroso concorso di uditori, specialmente
dopo la fama acquistata in tutta Europa; grande
era la sua modestia, e qualor parlava delle sue scoperte, lo faceva con riservatezza e dubbietà, sog-
giungendo ,, che toccava ai suoi successori di condurre a perfezione le sue prime fatiche ,, (1). Illibata
mantenne sempre la sua Religione le cui pratiche
con esemplare esattezza adempiva; e quantunque sa-
crificar dovesse tutti gli emolumenti del posto che
copriva, costantemente ricusò di prestare il giura-
mento civico richiesto dalla Repubblica Cisalpina.
Ridotto perciò quasi all'indigenza, si ritirò negli ultimi giorni del viver suo in casa del fratello Giacomo Galvani, dove poco appresso cadde in uno stato di marasmo e di languore, che fece con ragione
temere della sua vita. E allor quando il Governo
riparò il vergognoso spoglio fatto al Galvani, resti-
tuendogli la Cattedra e gli emolumenti perduti, allora appunto cessò di vivere in età d'anni 60. adì
4. Dicembre dell'anno 1798. (2) Semplici ma accom-

---

(1) Elogio cit p. 125.
(2) Il Galvani esercitò con molto credito la medicina pratica, e man-
cavagli spesso il tempo pei compiere tutte le visite degli infermi e fra que-

pagnati dal più intimo sentimento del pubblico cordoglio furono li suoi funerali, e se la infelicità dei tempi non permise che eretto gli venisse un monumento che ricordasse le sue virtù, la sua dottrina e le sue scoperte, ciò nullameno esse vivranno nella memoria dei posteri finchè saranno in pregio le scienze e le lettere (1).

XXXI. Nella Città di Oneglia del Genovesato nacque l'anno 1740. l'Abate Carlo Amoretti cugino della celebre Maria Pellegrina Amoretti laureata in Giurisprudenza all'Università di Pavia. Dopo di avere egli atteso agli studii sacri nella Religione Agostiniana in cui entrò giovinetto, e dopo di avere insegnato nella Università di Parma il diritto Canonico ottenne dal Pontefice il permesso di spogliar l'abito claustrale, abbandonò le scienze sacre, e si occupò intieramente della Fisica e della Storia naturale. Contrasse egli allora intima amicizia con l'Abate Fortis, col Padre Soave dei quali abbiam già parlato, e con il Professor abate Venini, e nel 1772. da Parma si trasferì a Milano nella casa Cusani come precettore di quel Cavaliere, dove restò sino alla morte sopravvenutagli il dì 25. Marzo del 1816., protetto sempre da quell'illustre famiglia, a cui prestò l'utile sua opera nella educazione dei figli. Tradusse l'Amoretti dal Tedesco in Italiano la storia delle arti del disegno presso gli antichi di Winkel-

XXXI.
Amoretti Abate Carlo.

sti i poveri sperimentavano la efficace sua carità, e in angustia di tempo. preferiva di visitar questi piuttosto che i ricchi.

(1) Il Sig Cav. Prof. Giovanni Aldini sunnominato intraprese un viaggio a Parigi ed a Londra, e ripetè le esperienze Galvaniche alla presenza dei Commissarii dell'Istituto di Francia non che in diversi amfiteatri anatomici di Londra, e descrisse poi tutte queste sperienze nella sua opera intitolata *Essai theorique et experimental sur le Galvanisme* 12° a Paris 1804. chez Fournier fils Tomi 2. ma sostenne sempre l'opinione del Galvani suo parente ⇉ cioè che la Elettricità animale fosse propria di questi esseri ⇉.

maun e gli elementi di agricoltura di Mitterpacher;
il che fatto cominciò nel 1775. in compagnia del
Canonico Fromond e dei PP. Soave e Campi la collezione intitolata *Scelta di Opuscoli interessanti
sulle scienze e sulle arti*, che egli poi ed il Soave
continuarono sotto il nome di *Opuscoli scelti sulle
scienze e sulle arti*, e sì l'una che l'altra ottennero
i pubblici suffragi, perchè contengono copiose notizie utili all' avanzamento della pratica nelle arti,
raccolte quà e là da tutte le Accademie e da tutti i
Giornali d' Europa. Nè meno interessante riuscì la
compilazione degli Atti della società patriotica di
Milano, della quale Amoretti fu Segretario dopo la
giubilazione di Francesco Griselini, e per la quale
faticò assai avendo avuto egli gran parte nelle osservazioni, sperienze ed altre operazioni dalla Società intraprese nei quindici anni nei quali la diresse. Ma fra i lavori più applauditi dell' Amoretti vien
collocato il suo *Viaggio ai tre laghi* del Milanese,
in cui spiegò oltre una vasta erudizione storica, un
esteso corredo di cognizioni geografiche, e di storia
naturale, per la qual cosa fecesi vantaggiosamente
conoscere l'Autore alla Repubblica letteraria, e venne quest' opera più volte ristampata. Ammesso egli
nell' anno 1797. fra i Dottori del Collegio Am-
brosiano seppe profittare di quella insigne Biblioteca, e diede in luce con illustrazioni sue alcuni codici dei Viaggi del Magalianes, del Pigafetta, del
Maldonado, come pure descrisse la vita dell' immortal Leonardo da Vinci, al che fare gli giovarono non
poco i manoscritti di questo grand' uomo che nell'
Ambrosiana conservansi. Varii viaggi intraprese egli
poi alle Alpi della Savoja, a Vienna e nell' Italia me-
ridionale, dove conobbe i più celebri Fisici e Naturalisti, e raccolse dovunque notizie relative ai di-

letti suoi studii, fra i quali teneva il primo luogo
quello della Elettricità. Ma a dir vero pochi appro-
veranno il sistema da lui addottato, quello cioè della divinazione per mezzo della bacchetta da tempi
più remoti praticata, e ritornata in vigore dal famoso Pennet. Un grosso volume di ben 490 pagine in
8.ª col titolo di ricerche fisiche e storiche sulla
Rabdomanzia consecrò l' Ab. Amoretti a questo argomento, sul quale scrisse anche varie memorie inserite fra quelle della Società Italiana alla quale apparteneva, diffondendosi intorno a molte particolari-
tà che egli giudicava di avere ultimamente scoperte.

XXXII.
Re Conte Fi-
lippo Agronomo.

XXXII. Pochi Scrittori distinti di agricoltura annoverar noi possiamo nell' epoca di cui scriviamo la
storia letteraria, ma fra quelli ne possediamo uno
che fra i primi Agronomi collocar si deve, poichè
le sue fatiche hanno nei nostri tempi giovato assai alla pratica di questa scienza così all' uomo
necessaria. Il Conte Filippo Re di nobile famiglia
di Reggio in Lombardia è il Soggetto di cui debbo
ora ragionare con la scorta dell' elogio di lui scritto dal Sig. Dottor Agostino Fappani (1). Il dì 20.
Marzo dell' anno 1763. sortì i natali il Conte Re, e
sin da giovinetto dimostrò una particolare inclinazione alla Botanica, al che giovogli il domestico
giardino, in cui cominciò egli a coltivar diverse
piante non comuni che richiedevano particolar coltura, e ad istituire esperimenti e confronti fra le
teorie dei più rinomati Agronomi e i risultamenti
che dalla pratica andava ottenendo. A questo esercizio accoppiò egli lo studio attento, ed a più anni
prolungato degli antichi Georgici, e così facendo si
fondò nella scienza per modo che ebbe la sodisfa-

---

(1) Stampato a Milano da Silvestri nel 1820.

zione di vedersi scelto a Professore nel patrio Liceo, e quantunque, allorchè scoppiò in Italia la
guerra nel 1796., dovesse con sommo suo rammarico
interrompere il corso delle sue lezioni, non desi-
stette egli però dall' intrapresa nobile carriera, e se
non potè allora giovar con la viva voce, si applicò
a farlo più vantaggiosamente con gli scritti. Li suoi
elementi di Agricoltura adattata al nostro suolo furono la prima di lui fatica, che lo fece ben presto
conoscere per insigne Agronomo: aveanvi fra noi
varii trattati agronomici di Autori Oltramontani tradotti e commentati, ma non offrivano questi che notizie in parte soltanto applicabili alla coltivazione
Italiana, e mancava assolutamente un complesso di
regole e di cognizioni che servir potessero di norma
ai nostri Agricoltori. A ciò soddisfece il Conte Filippo Re con gli elementi suddetti più volte da lui
stesso ristampati, e di nuovi lumi accresciuti: applicando egli le teoriche più ricevute della Fisica,
della Botanica e della Chimica alle pratiche agrarie in generale, discutendo queste per sceglierne le
migliori, e non perdonando a fatica per conoscere gli usi ed i metodi di coltivazione attualmente
praticati nei diversi paesi dell'Italia nostra, raccolse
un corpo di dottrine dedotte con ottimo metodo, e
sostenute dall' autorità dei più celebri Agronomi antichi e moderni, e formò direm così il codice della nostra agricoltura. Il credito sommo in cui salì il
Conte Re per questo lavoro classico, avidamente ricercato da tutti coloro che bramano di istruirsi in
così utile facoltà, determinò il Governo Italiano ad
adottare questi elementi per testo nelle scuole, e a
conferire all' Autore la Cattedra di Agraria nella
Università di Bologna il che avvenne nell' anno 1803.
Nè tardarono i due Corpi Accademici più illustri fra

noi stabiliti, cioè la Società Italiana delle Scienze, e l'Istituto Nazionale ad onorarlo della aggregazione al loro corpo da lui ben meritata con sempre e nuove ed utili produzioni agrarie, e con faticare per l'avanzamento della scienza al che egli contribuì in Bologna, anche con la fondazione di un orto agrario riuscito eccellente, a cui concorrevano i suoi discepoli, che dalla viva voce di così rinomato Professore molto felice spositor dalla Cattedra raccoglievano ognora cognizioni e lumi per la professione che esercitar dovevano.

Dopo di avere il nostro autore dettato i precetti dell'agricoltura in generale, ne illustrò varii rami, e scrisse sul miglior metodo di coltivare fra noi la canepa, di educar le pecore, e ci lasciò le regole per ben dirigere i giardini e gli orti, somministrando così ad ogni genere di persone nuovi mezzi per soddisfare agli innocenti piaceri che procura la coltivazione dei fiori, e per ritrarre maggior utile da quella degli erbaggi e delle altre piante che negli orti si coltivano. Ciò poi che rende veramente pregevoli le opere dell'Agronomo Reggiano, si è che non sono esse fondate sopra semplici teorie da altri autori ricavate e non più, ma le teorie sono ognora messe alla prova di lunghe sperienze da lui istituite e nel domestico giardino, e nei pubblici alla sua cura commessi, e nei suoi poderi, o in quelli degli amici che secondavano gli insegnamenti di così esimio ed indefesso osservatore e scrittore.

XXXIII.
Continuazione delle Opere e dei lavori del Conte Re.

XXXIII. Fin quì aveva il Conte Re soltanto giudiziosamente raccolto ed ordinato quanto altri autori insegnato avevano in agricoltura, aggiungendovi però i risultamenti delle proprie sperienze a convalidare dirette alcuni canoni della scienza, o istituite all'uopo di distruggere certe massime assurde comu-

nemente adottate; ma a tanto egli non si limitò, e
sì accinse ad estendere assai i confini di così nobile facoltà. Pochi scrittori antichi e moderni si occuparono delle malattie delle piante, e se fra i più
recenti, alcuni trattato avevano un tale argomento,
si erano contentati di conoscere i caratteri ed i rimedii di particolari infermità botaniche o a medicar
quelle di alcuna particolar classe di piante. Il *Saggio teorico* sulle indicate malattie dal nostro Autore
stampato raggiunse lo scopo di una nosologia universale di questi esseri inanimati, esaurì la materia
dai suoi antecessori in parte soltanto trattata, e aggiunse molto alle fatiche di *Plenk e di Adanson,* che
fra gli stranieri i primi proposero un sistema di patologia universale delle piante. Se questo lavoro riuscì favorevole non poco ai progressi dell'agricoltura,
non produsse minor effetto l'altro *sui letami* nel quale intraprese a far conoscere le diverse loro qualità,
a correggere gli abusi inveterati nell' usarli indiffe-
rentemente senza una giudiziosa scelta, insegnò le
varie loro misture a fecondare più atte le qualità diverse delle terre, e conoscer fece i metodi migliori
di adoperarli. Oltrepassò i confini d'Italia la celebrità dell'opera, e la società agraria di Parigi con raro esempio presentò di una medaglia d'oro il proprio Segretario Sig. Dupont che tradusse in lingua
Francese il suddetto *Saggio sui letami.* Migliorata
così dal Conte Re con queste produzioni, ed altre
che per brevità ommetto (1), la rustica nostra economia, assunse egli un' altra non men lodevole impresa, di rivendicar cioè all'Italia quella superiorità
dagli stranieri contrastatale riguardo a questa scien-

---

(1) Nel citato Elogio scritto dal Sig. Fappani può riscontrarsi il catalogo delle opere di cui parlo.

za, e di persuadere agli agricoltori che non abbiam
duopo di mendicare dagli oltramontani le cognizioni ed i lumi a ben coltivar le terre, e che lo studiar troppo le opere loro, produce assai volte il tri-
sto effetto che inutili riescono le riforme progettate
perchè non adattate al nostro suolo e al clima. A
questo importante scopo diresse egli il suo *Dizionario ragionato dei libri di Agricoltura e di Veterinaria*; e mentre con questo lavoro istruì la gioventù
sulla scelta da farsi fra le copiose opere antiche e
moderne di agricoltura, delle più adatte agli studii
agrarii, fece ad un tempo conoscere non poche invenzioni agli Italiani dovute e dagli oltramontani come cose loro spacciate, non ommettendo di tributa-
re i dovuti encomii a quelle opere di detti Autori
che realmente il meritavano. E per far vedere a questi quanto attualmente si operava in Italia a vantaggio della scienza, cominciò a pubblicare gli *Annali d'agricoltura del Regno d'Italia*; nel qual lavoro periodico raccolse da ogni angolo della nostra
Penisola le osservazioni e sperienze degli agricoltori
più esperti, dai quali venne con ogni zelo assecon-
dato in questa nuova fatica che fu applaudita assai,
e sarebbe stato a desiderarsi che il nostro compila-
tore avesse potuto proseguirla, al che si opposero le
luttuose circostanze dei tempi. Ristabilita la pace e
passato il Conte Re dalla Università di Bologna a
quella di Modena ridonata al primiero splendore dalla sapienza e munificenza del novello Sovrano Francesco IV., quì cominciò le sue lezioni di agricoltura
nell'anno 1815. e presiedette all'orto botanico che
sotto alle assidue sue cure risorse dallo squallore a
cui era ridotto; ma con grave danno di questa nostra patria, e della scienza agraria il Conte Re nel
successivo anno 1817. cadde vittima adì 26. di Mar-

zo del crudel morbo che infieriva allora in queste
contrade, e restarono troncate così da morte le con-
cepite speranze che un Soggetto così insigne e di
vaste cognizioni fornito in età ancor vegeta (1) potesse arricchire di nuove produzioni l'Agraria, e vieppiù
più diffonder fra noi l'amore della buona agricoltura, e concorrere così a sostener la gloria della Mo-
donese Università degli studii.

XXXIV. Scarso a dir vero è il numero di quelli *XXXIV.*
che nell'epoca di cui io scrivo, dedicaronsi fra noi *Chimica.*
alla Chimica, o almeno di quelli che ci lasciarono
monumenti tali del loro sapere in questo ramo di
Fisica, che meritino di venir specialmente da me ricordati; parmi però di poter assegnare il motivo principale di una tale penuria di scrittori; osservando
che sino alla metà circa dello scorso secolo questa
scienza non meritò, può dirsi, un tal nome, e limitata alle preparazioni farmaceutiche, nè purgata ancora intieramente dalle idee degli Alchimisti era ancor bambina. E se al presente ha vantaggiato d'assai nelle utili applicazioni alle arti ed al commercio, le sue teorie però incontrano ad ogni passo nuovi ostacoli, e la chimica oscilla più che mai nel fissare certi principii che alle medesime servir dovrebbero di solida base. Quantunque vivesse quasi pie- *Cestoni Gia-*
namente nel secolo XVII. Giacinto Cestoni di Santa *cinto.*
Maria in Giorgio luogo della Marca d'Ancona, poichè nacque il 13. Maggio dell'anno 1637. e morì
li 29. Gennajo del 1718. (2); tuttavia siccome il Cav.
Tiraboschi non ragionò di lui, darò io quì brevemen-

---

(1) Il Conte Re toccava appena l'anno 55.ª dell'età sua allor quando morì in Reggio dove erasi trasferito per le vacanze di Pasqua. Egli era
stato insignito dell'Ordine della Corona di Ferro.

(2) Vecchietti Biblioteca Picena T. III. pag. 203. Niceron Memoires
pour servir à l'histoires des hommes illustres T. XV. pag. 13.

te le sue notizie, siccome di un soggetto a suoi tempi molto distinto. Dopo di aver passato li suoi primi anni nelle botteghe dei Farmacisti, e specialmente in Roma, nel 1656. per un capriccio giovanile sⁱ imbarcò, e senza saper il dove, giunse a Livorno, e colà entrò in una officina simile a quelle da lui abbandonate, il padrone della quale cortesemente lo accolse; ma il Cestoni presto si annojò e partì da Livorno per visitar come fece, Marsiglia, Lione, e Ginevra, dopo di che si ricondusse al suo albergatore, e ne sposò la figlia. Varii Dotti e fra questi il Vallisnieri ed il Redi ebbero carteggio con lui, che diresse al primo un suo opuscolo sulla preparazione della China-China, e pubblicò in appresso altre due Memorie una sulle vere condizioni della Salsapariglia, e l'altra intitolata „Istoria della grana del Ker-„ mes e di un' altra vera grana che si trova negli „ Elici delle campagne di Livorno „ storia inserita nelle opere del Vallisnieri. Nè figurò il Cestoni soltanto come Chimico, ma ben anche come Naturalista, e sono molto pregevoli le sue *Osservazioni intorno ai Pellicelli del corpo umano con altre nuove osservazioni* (1), quelle *sulla origine di molti insetti dentro gli insetti* dirette al sullodato Vallisnieri, e finalmente un altro opuscolo dell' *origine delle pulci dell' uovo, e del seme dell' alga marina* illustrate dallo stesso medico e stampate fra le sue opere. Al Cestoni congiungeremo un altro Farmacista Milanese, cioè Carlo Giuseppe Gerenzani di cui ci ha lasciato memoria l'Argelati (2), il quale ci dice che nacque in Milano l'anno 1644., e riuscì ec-

---

(1) Queste uscirono in luce sotto il finto nome di Gio. Cosimo Bonomi.

(2) Biblioth. Script. Mediol. T. I. par. II. pag. 577.

cellente preparatore di rimedii, e buon medico il quale diede alle stampe una Farmacopea ed alcune operette sulla vipera considerata come rimedio.

XXXV. Se il Cestoni ed il Gerenzani rigorosamente dir non si possono Chimici, ben merita questo nome il Dottor Giuseppe Baldassarri nato l'anno 1705. in un villaggio della Toscana detto la Tomba in vicinanza di Sarsina da onorati genitori (1). Andato a Siena presso de'suoi parenti si applicò alla medicina, alla storia naturale ed alla botanica. La sua assiduità allo studio e i suoi progressi nella scienza fecero che ancora prima di essere laureato, fosse eletto medico astante dello spedale di S. Maria della Scala in Siena, e poscia passò medico del primo monastero dei Monaci Olivetani detto *Monte Oliveto Maggiore*, secondando così il suo amore per la solitudine e per lo studio della botanica e della storia naturale, nel che meritò egli special lode, per esser stato uno dei primi a conoscere l'importanza di studiar queste scienze, osservando la natura come egli fece, e non nei libri degli antichi dove le notizie relative sono confuse e imperfette. Coltivò la medicina Ippocratica e gli studii geometrici, così che potè insegnare ai Religiosi di quel monastero l'una e l'altra geometria, ed istruirli delle più belle scoperte di cui il nostro secolo si gloria. La prima delle sue scoperte chimiche comunicata al pubblico l'anno 1750. in una lettera diretta al Sig. Saverio Manetti Segretario della Società botanica di Firenze, consiste nelle osservazioni sul sale cretaceo, di cui scoprì le varie proprietà con una esatta analisi, e contemporaneamente si mostrò dotto naturalista con la descrizione del Gabinetto de' Signori Fratelli Venturi Gallerani in

(1) Fabbroni Vitae ec. T. II. pag. 283.

cui sparse molti semi della scienza, che allora era ben lontana dagli odierni progressi. La Chimica però fu quella di cui più si dilettò; ed egli uno dei primi in Italia la considerò in aspetto ben diverso da quello in cui fin allora era stata considerata, ne comprese i legami col sistema generale delle nostre cognizioni, e l'utilità grande nei bisogni diversi della società. Senza altra guida che quella del proprio genio cominciò ad esercitarla, sottopose all'esame di essa molti corpi, e quel che riuscì del tutto nuovo in que' tempi, sì fu l'analisi dell' acque di Chianciano, adoperando nuovi metodi per non lasciar sfuggire alcuno dei prodotti, per separarli con maggior esattezza, e per determinarne le quantità relative colla più scrupolosa precisione. In quest'opera sostenne e provò con una serie di belle sperienze contro l'Offmanno, il Boerhaave ed altri Fisici che il sale contenuto in quest' acque fosse acido, e non alcalino come pretendevano quelli; così questo lavoro giudicato secondo le cognizioni dei tempi di allora e non secondo le nuove scoperte chimiche, merita ogni riguardo, e il suo Autore si cita tutt' ora come uno dei primi che insegnasse all' Italia la retta via per conoscere le acque minerali.

XXXVI.
Continuazione.
delle notizie del
Baldassarri.

XXXVI. Giunta la fama del suo nome a penetrare al Principe di Toscana allora sedente sul trono dei Cesari, lo ricompensò col nominarlo nel 1759. Professore di storia naturale nella Università di Siena. Assunto questo incarico vi soddisfece con molto plauso il Baldassarri: esponeva egli fatti nuovi, osservazioni rare, riflessioni teoriche, considerazioni pratiche con uno stile semplice e conciso di cui tutte le parole significavano, e che non aveva altro fine che quello di istruire. Umile nel suo contegno, ringraziava il Signore Dio di essersi di lui servito per ma-

nifestare agli altri alcune utili verità. Conoscendo
inoltre egli la vastità della scienza, e il concatena-
mento delle varie parti della Fisica fra se, cercava
di istruire li suoi alunni in tutti questi diversi rami con uno zelo che ai meno diligenti poteva sem-
brar soverchio, quasi fosse l'effetto di severità e di
durezza contratta nella solitudine. Fece poi molte
osservazioni di mineralogia e di geologia nel territorio Sanese, e diede le spiegazioni più probabili per
quei tempi di molte cristallizzazioni e della composizione di varii minerali. Egli pure procurò lo stabilimento di un laboratorio chimico nella Sanese Università, al quale presiedette, e che riuscì tale da
poter gareggiare con quelli delle altre Università
d'Italia. Varie dissertazioni di storia naturale e di
chimica lesse il Baldassarri nell'Accademia de' Fisiocritici, la quale conoscendo i particolari di lui
meriti lo scelse a suo Presidente, ed egli gareggian-
do co' sentimenti di questo rispettabile corpo gli
offrì in dono il suo Museo di prodotti naturali. Fra
le osservazioni chimiche più rinomate del Baldassarri si annovera quella da lui pretesa nuova scoperta dell'acido vitriolico, che disse di aver trovato *puro, concreto in figura di piccoli minuti cristalli e non
combinato*. Ma le osservazioni dei Chimici posteriori
e fra gli altri del Murray si opposero a questa teoria del nostro Autore, il quale riuscì più felice nella esatta analisi delle acque di Montalceto da lui
pubblicata nell'anno 1779., in cui mostrò quanta
fosse la sua penetrazione nello scoprire quali principii contenessero queste acque, e qual ne fosse l'efficacia, avendo sempre avuto in vista di applicare
agli usi pratici le scoperte che tentava. Una lunga
malattia senile lo portò al sepolcro l'anno 1785. alli
5. Settembre. Formò il suo elogio il pubblico dolo-

re e l'.universale testimonianza, che al merito del
sapere unì il Professor Baldassarri .quello di dolci
e religiosi costumi.

XXXVII.
Parenti Paolo
Andrea ed altri
Chimici.

XXXVII. Sebbene non frequentasse l'Università di
Bologna sua Patria Paolo Andrea Parenti, tuttavia
lo istruirono così bene suo Padre Biagio speziale in
Castelfranco e un suo zio medico, che questo giovane
in età d'anni 22. circa sebbene non laureato, godeva di tanto credito, che nel 1723. scelto venne a
Chirurgo farmacista dello spedale della Vita in detta Città, si rendette rispettabile presso il Collegio
medico Bolognese, e pubblicò varie opere farmaceutiche molto applaudite, l'indice delle quali può vedersi presso il Conte Fantuzzi (1) che ne segna la
morte adì 13. Agosto dell'anno 1771., mentre ne
contava il Parenti 72 di età, e aggiunge che avidamente ricercavansi le cose di lui manoscritte da chi.
ne conosceva il merito. In Cefalonìa sortì i natali nel
1731. il Conte Marco Carburi morto Professore di
Chimica a Padova nel 1808. adì 4. di Dicembre : allievo della Università di Bologna passò nel 1759. a Padova nella suddetta qualità, e visitò a spese del Governo Veneto la Germania, l'Ungheria e la Svezia,
dove conobbe e strinse amicizia con l'immortale
Linneo; restituitosi a Padova dopo di aver aperta
corrispondenza coi più rinomati Chimici Europei,
eresse in quell'Archiginnasio l'anno 1764. il chimico laboratorio, intraprese il corso delle sue lezioni, e soddisfece contemporaneamente a tutte le ricerche del Governo sulle miniere, le arti e le manifatture. Arricchì egli la Chimica di varie scoperte,
come quella di fondere il ferro dolce nei crogiuoli,
e ne fece una utile applicazione all'artiglieria fouden-

(1) Scrittori Bolognesi T. VI. pag. 284.

do dei mortai da bomba, e l'altra di una carta incombustibile per uso degli artiglieri, per la quale invenzione gelosamente tenuta dal Governo secreta, la Veneta Signoria lo onorò con una medaglia espressamente coniata per attestare a lui la pubblica riconoscenza. Gli Atti dell'Accademia di Padova contengono alcuni suoi scritti pregevoli, fra i quali meritano di essere specialmente ricordati quelli in cui descrive gli esperimenti sull'acido solforico glaciale e stellato, e sul polverino dei Colli Euganei, nel quale riscontrò un'abbondante miniera di ferro (1). La Chimica moderna deve al Chierico Regolare Don Alessandro Barca Bergamasco (2) una Memoria *sulla scomposizione dell' Alcali flogisticato* inserita negli opuscoli scelti di Milano, nella quale prevenne il Chimico Francese Berthollet, che gli accordò questo onore in un suo scritto sull'acido prussico; e le idee poi del Barca sulle supersaturazioni chimiche sono pur esse contemporanee a quelle di Morveau sullo stesso argomento (3). Le più lusinghiere speranze aveva di se dato il Dottor Giovanni Fontana Torinese discepolo per qualche tempo dei Chimici Francesi Macquer, Beaumé e Lesage, ma restarono queste deluse essendo egli mancato di vita nel 1791. in età di soli 28. anni. Segretario perpetuo dell'Accademia agraria di quella Città e membro di altre Accademie Italiane, pubblicò varie dissertazioni di chimico argomento stampate in varie raccolte, un discorso su *gli effetti prodotti nell'animale economia dai vapori e sostanze aeriformi delle materie escrementizie*, e la descrizione di un viaggio da

---

(1) Nuovi saggi dell'Accademia di Padova T. I. 1817. pag. XXXIII.
(2) Nato li 26. Novembre 1741. e morto li 13. Giugno 1814.
(3) Nuovi saggi ec. T. I. pag. XXXIX.

lui ˙fatto alle valli di Lanzo in compagnia del Conte Ponsilio viaggio che nel 1790. vide la luce in lingua francese (1).

XXXVIII. Un altro Piemontese, cioè il Conte Carlo Lodovico Morozzo di famiglia Torinese, illustre
per nobiltà e per sapere, dedicossi con successo particolare alla Fisica ed alla Chimica. Suo Padre il
Conte Giuseppe letterato, protettore dei Dotti e ri-
formatore della Università di Torino, destinò il figlio
alla carriera dell' armi e nell'anno 1759. sedicesimo
dell'età sua, entrò questi nella scuola d' artiglieria,
dove ebbe la sorte di udir le lezioni di meccanica del-
l'immortale La-Grange. Quantunque però non trascu-
rasse il Morozzo questo genere di studii, si applicò
egli più specialmente alla Fisica, col Sig. Carena
lavorò lenti, specchii e microscopii, ed avendo con-
tratto amicizia coi celebri Saluzzo e Cigna si aprì ˙
l' adito alla Reale Accademia di Torino. Frutto delle sue indagini chimiche furono diverse Memorie sui
colori animali e vegetabili, sull' assorbimento prodotto dal carbone nell' aria ed in altri˙fluidi, e sul-
l' importante argomento della costituzione dell' aria
che respiriamo, nel quale si occupò non poco. Fece
inoltre scopo delle attente sue osservazioni le nuove
teorie chimiche dei Francesi, e alcuna volta le combattè, non con animo di contraddire, ma per esaminar a fondo il sistema prima di addottarlo. Nè
si limitò il Conte Morozzo alla Chimica; ma conobbe molti altri rami della Fisica da lui con varii scritti illustrati, come veder puossi nell' elogio fattogli
dal Conte Prospero Balbo, ed inserito nelle Memorie della Società Italiana (2) alla quale il Cavalier

---

(1) Novelle letter. di Firenze T. XXII. an. 1791. pag 553.
(2) T. XV. pagina LXV.

Lorgna fondatore ascrisse fra i primi quaranta il
Conte Morozzo . La Geografia fisica del Piemonte
poi può dirsi da lui creata, giacchè pubblicò le misure delle altezze di molti paesi di quel Principato,
e ne fece conoscere vieppiù la mineralogia, specialmente con le sue osservazioni sulla *Variolite* pietra
fuori di Piemonte oltre modo rara. La zoologia, l'arte
della lana e della seta, e la fabbricazione dei nitri
vennero mercè le cure di lui a maggior perfezionamento ; e mentre egli accudiva a maneggiare questi
varii argomenti, si occupava pur anche dell' aritmetica politica, ed i registri sulla mortalità dei soldati e
dei carcerati per più anni da lui tenuti con esattezza furono assai graditi a S. M. il Re Vittorio Amedeo. L'Accademia delle scienze di Torino a lui deve assai, e dopo il Saluzzo, La-Grange e Cigna che
la fondarono, il Conte Morozzo più d' ogni altro
promosse così utile istituzione, e col procurargli dal
Re i convenienti assegni, e compiendo la fabbrica
del suo Osservatorio, e regalandola più volte di libri e di oggetti di storia naturale. Ne sostenne egli
con onore la Presidenza sino al 1800., ed essendo
nel successivo anno 1802. ritornato a Torino, donde
per le vicende politiche era partito , rientrò nell'
Accademia allora rinnuovata; ma allorchè speravansi
da lui nuovi frutti de' suoi studii, mancò improvvisamente di vita alli 12. di Luglio di detto anno, lasciando molte sue produzioni parte stampate e parte inedite, il catalogo delle quali leggesi in fine del-
l' elogio citato.

XXXIX. Allorchè io parlai della fondazione dell'
Accademia di Torino, ricordai il Conte Giuseppe
Angelo Saluzzo di Menusiglio, come quegli che accolse in casa propria e coadjuvò alcuni dotti Tori-
nesi a gettare i primi fondamenti dell' Accademia

XXXIX.
Saluzzo di Me-
nusiglio Conte
Giuseppe Ange-
lo.

sunnominata; ora con la scorta dell' elogio· scritto-
ne dal Sig. Giuseppe Grassi (1) parlerò di lùi e come Mecenate fondatore di questo insigne stabilimento, e come fisico e chimico distinto. Dagli antichi
Marchesi di Saluzzo discese il Conte Giuseppe figlio
di Luigi Tommaso e di Rosa Oporti di Cervasca dai
quali nacque il giorno 2. del mese di Ottobre dell'
anno 1734.: consecratosi per disposizione dei genitori alla carriera militare, seppe il Conte Giuseppe ben
presto meritarsi la stima dell' egregio D'Antoni
scrittor militare di vaglia, ed ottenuto il grado di
Tenente d'artiglieria ebbe l' incombenza di presiedere agli studii de' suoi compagni d' armi. Istruito
nella Fisica dal celebre Padre Beccaria, cominciò di
buon' ora a dubitar di varie delle dottrine fisiche di
que' tempi, alle quali non sottoscriveva se prima in-
terrogato non avesse con sensate sperienze la natura; ma più d' ogni altro ramo della Fisica chiamò a
se l'attenzione di questo giovin signore la Chimica,
che a tempi suoi cominciava a dar qualche avanzamento, e con le sue indagini si rendette benemerito assai
di questa scienza. Chiamò egli ad esame la dottrina
dell'Hales sulla teoria dei gas, rifece le sperienze con
esattezza maggiore, dimostrò la fallacia delle asserzio-
ni di quel Chimico, e ne trasse utili conseguenze. Fra
queste ricorderò io quì la sua scoperta dell' esistenza
del fluido elastico nella polvere da cannone di cui
ne fece egli conoscere le qualità, e ne svelò il secreto dell' accensione spianando così la strada al
D'Antoni , onde perfezionare il suo scritto intitolato *Esame della polvere di guerra*, che giovò non
poco all' istruzione nelle scuole militari d' Europa;

___

(1) Stampato a Torino in 8.º da Domenico Pane 1813.

altre utili verità poi riuscì il Saluzzo a scoprire intorno ai gas, e col suo apparato pneumatico chimico
aperse la via a molti altri Fisici per nuovi utili ritrovamenti, fra i quali ultimo certamente non è
quello di filare la seta col vapore dell'acqua bollen-
te (1). Quàntunque il Woulffe allorchè propose la
sua maniera di eseguir questa operazione, ottenesse il
vanto dell'invenzione, surse però poco dopo l'illustre
Lavoisier il quale descrisse esattamente le sperienze del
Saluzzo, e dichiarandolo primo fra i contemporanei a
tentarle, lo risarcì dell'ingiustizia sofferta ,, e collo-
,, collo tra' primi promotori ed accrescitori della mo-
,, derna chimica nella storia dei fluidi aeriformi, e
,, dell' unione dell'aria ne' corpi, ed in quella prin-
,, cipale della loro combustione e decombustione,
,, fondamento di quella scienza, potente ajuto del-
,, la medicina e delle arti ,, (2). A questa gloria come
Autore associò il nostro Cavaliere quella di fondator
principale dell'Accademia di Torino; poichè in casa
sua si unirono, come già si disse, l'immortale Luigi
Lagrangia e Carlo Cigna, e cominciarono ivi a tentar le sperienze ed a fare dei calcoli, ad esaminar
le altrui scoperte, e il primo di essi andò di molto
debitore al Saluzzo per li generosi ajuti a lui ac-
cordati, onde pervenir potè a quell'apice di grandezza a tutti ben noto. Procurò il sullodato Cavaliere inoltre la pubblicazione dei cinque volumi delle Miscellanee di Torino, nelle quali racchiudonsi
tante e così preziose Memorie di Fisica e di Matematica, e sprezzando animosamente l'invidia che
ben presto risvegliossi contro la nascente Società,

(1) Elogio cit. pag. 16.
(2) Elogio cit pag. 17. Quasi tutte le Memorie scritte dal Saluzzo sono stese in lingua Francese.

riuscì a metterla sotto l'egida reale, mentre egli con
ogni diritto ne venne salutato Presidente, e continuò
a soccorrerla come Mecenate, finchè il Re Vittorio
Emanuele rassodò il nascente edifizio, e l'Accademia di Torino ebbe con tanto vantaggio delle scienze ferma sede e ricchi assegnamenti. Mentre egli in-
coraggiava così le scienze naturali, proseguiva a col-
tivarle con sommo profitto, e scrisse dotte Memorie
sulla purificazione del nitro, avanzando così la dottrina di Stahl (1) sulla decomposizione del sale am-
moniaco, sull'azzurro detto di Prussia, e intorno ad
altri consimili argomenti. Fra gli scritti poi che uscì-
rono dalla sua penna merita particolar attenzione
quello che ha per titolo ,, Saggio di Chimica comparata ,, (2) nel quale intraprese a dilucidare varie opinioni del celebre Macquer intorno alla disso-
luzione dei corpi animali e vegetabili, e specialmente intorno agli acidi ed ai gas che se ne sviluppano,
applicando ognora a vantaggio delle arti e della tintoria in modo particolare le utili conseguenze e le
nuove invenzioni, che come ingegnoso esperimenta-
tore e dotto chimico riuscì ad ottenere. Queste son
le cose principali a pro delle scienze operate dal
Conte Saluzzo che nel 1768. fu nominato dal Re
Scudiere del Principe ereditario del Piemonte, con
l'obbligo di ammaestrarlo nelle scienze fisiche, ed
appresso poi sortito di Corte sostenne il grado di
Colonnello d'artiglieria, indi promosso a quello di
Generale dovette esser spettatore sventurato dei mali
estremi, che soffrì quel Regno e che gli penetraro-
no sino al fondo il cuore; nè racconsolossi alcun

---

(1) Ritornò poi su questo argomento più tardi, e nelle Memorie del
1808 e 1809 dell'Accademia di Torino leggesi un'accurata descrizione di
nuove sperienze da lui fatte sulla purificazione del nitro.

(2) Trovasi nel T. V. delle Miscellanee succitate.

poco, se non quando ricomposte alquanto le cose, potè nuovamente giovare a far risorgere la quasi spenta Università degli studii e l'Accademia sempre a lui cara. Visse egli sino all'età d'anni 76., ed allorchè venne meno nel 1810. alli 16. di Giugno, le sue virtù morali e la sua dottrina gli meritarono l'universale compianto, ma specialmente della egregia sua consorte Jeronima Cassotti di Casalgrasso, valorosa donna di virtù singolari e di alto ingegno fornita; e non fu meno sensibile la sua perdita ai superstiti figli, fra i quali ricorderem quì la Signora Contessa Diodata Saluzzo Roero che sostiene tuttora l'onor del Parnaso Italiano.

XL. Ognuno avrà facilmente veduto che i Chimici Italiani di cui si è finora ragionato, si occuparono più delle applicazioni alla pratica anzichè nelle teorie della scienza oguor variabili ed incerte; e lo stesso pur fece il Conte Vincenzo Dandolo oltremodo perciò benemerito della Chimica applicata, per averne promosso i progressi a pubblico vantaggio scopo principale a cui diriger si dovrebbero dai Dotti le letterarie loro fatiche; ma non dimenticò egli però contemporaneamente di studiare a fondo i principii della scienza e di appoggiarne le teorie allora ricevute. In Venezia vide egli la luce del giorno il dì 26. di Ottobre dell'anno 1758., e andato poi alla Università di Padova, dedicossi in modo particolare alla Chimica ed alla Farmacia, nelle quali avendo in breve tempo fatto mirabili avanzamenti, meritò l'onore del grado con dispensa dell'età. Privo di beni di fortuna, restituitosi alla Patria si procurò ben presto col suo credito in Farmacia mezzi di vivere agiatamente, e alcuni rimedii della sua officina ebbero uno spaccio straordinario. Avendo poscia attentamente studiata la nuova Chimica Francese si

XL.
Dandolo Conte
Vincenzo.

sollecitò a farla fra noi conoscere con la traduzione
Italiana (1), a cui aggiunse gli opportuni schiarimenti, onde potessero meglio comprendersi le dottrine
del Lavoisier. Animato dall'incontro che ebbero queste sue prime fatiche, e dagli elogi tributatigli dal
Lavoisier stesso, da Fourcroy, e da Van-Mons, si accinse il Dandolo ad un interessante lavoro che intitolò *Fondamenti della Fisica chimica applicati alla
formazione dei corpi, ed ai fenomeni della natura*. Mentre gli altri suoi contemporanei trattato avevano parzialmente la scienza, e ne avevano illustrato ora un ramo or l' altro, egli abbracciò in un sol
corpo di dottrina, quanto doveva a quei giorni sapersi nella Chimica-fisica, e presentò così agli studiosi un quadro ben specificato e una sicura guida
per istruirsi e per ben dirigersi nelle operazioni. Accolsero gli Italiani con molto plauso quest' opera del
Conte Dandolo, del che una prova ben chiara ne
ebbe l'Autore nelle replicate edizioni di essa in pochi anni fattesi (2); nè furono verso di lui meno
giusti gli Oltramontani che diedero vantaggiosi giudizii della medesima, e fra questi il Van-Mons asse-
rì avere il Dandolo dilatati i confini della scienza.
Giovò non poco alle scuole Italiane poi l'illustrazione fatta dal Conte Dandolo con note copiosissime del
corso di Fisica del Professor Giuseppe Poli Napoletano, e venne in parecchie nostre Università adottata come testo l'edizione del Conte Dandolo (3), il
quale distruggendo gli errori delle antecedenti stam-

---

(1) Le opere da lui tradotte dal Francese furono *Il trattato elemen
tare di Chimica del Lavoisier*, quello *delle affinità di Morveau, la nuova nomenclatura chimica e la filosofia chimica di Fourcroy*

(2) Dal 1793 al 1802 se ne fecero sei edizioni

(3) In tre anni si fecero a Venezia tre edizioni ciascheduna di seimila
esemplari di questo libro.

pc, e abbracciando i principii della nuova chimica
presentò in aspetto migliore le teorie, ed offrì spiegazioni più plausibili di molti fra i fenomeni naturali.

XLI. Trasportato nel vortice della rivoluzione, allorchè le armate Francesi nel 1796. vennero a ro-
vesciar l'ordine e a scomporre la nostra penisola,
soggiacque il nostro Chimico a varie vicende, e per
lungo tempo ebbe parte attiva in mezzo allo scom-
piglio degli avvenimenti che cagionarono l'ultimo
eccidio della Veneta Repubblica (1), ma alla perfine
si ridusse a Varese nella Provincia di Milano, e colà dopo di aver dato un nuovo saggio de' suoi studii chimici con la versione della Statica-chimica di
Berthollet arrichita di annotazioni, si occupò intieramente d'agricoltura, a migliorar la quale giovarongli non poco le idee e le cognizioni in detta sta-
tica rinvenute. Sopra varii oggetti alla scienza relativi versò il Dandolo, ma specialmente promosse
l'educazione delle pecore dette *Merinos* di Spagna,
la coltivazione delle patate, la miglior direzione nel-
l'allevare i bachi da seta, e finalmente compilò le
istruzioni necessarie per formare con le nostre uve
buoni vini da poter reggere al confronto di quelli
d'Oltremonte. E quantunque dopo essersi stabilito
a Varese, dovesse abbandonarlo per andar Provve-
ditore in Dalmazia, dove lo destinò il Governo Italiano, che ben conosceva qual fosse per ogni riguardo la intima cognizione che possedeva il nostro Conte di quelle provincie, tuttavia dopo qualche tempo
si restituì di nuovo, decorato della carica di Sena-

XLI.
Continuazione
dei lavori del
Dandolo.

(1) Chi desiderasse di aver notizia delle varie incombenze avute dal
Dandolo in quest'epoca della sua vita, legga le memorie storiche di lui
pubblicate dal Cavalier Compagnoni. 8.ª Milano 1820.

tore del Regno Italiano a Varese, soggiorno che più
non abbandonò. Gli scritti da lui pubblicati su gli
argomenti accennati hanno il pregio, che alle viste
del miglioramento dell' agricoltura vanno congiunte
quelle della pubblica economia, e ricco siccome egli
era, tutto ciò che di nuovo proponeva, appoggiato
veniva a reiterate sperienze e da lui eseguite in grande. Numerosi ovili di pecore Spagnuole manteneva ne' suoi latifondi, ed istruendo egli con li suoi
scritti gli Italiani sul modo di mantenerle, e di incro-
ciare quelle razze colle nostre, dilatò in Italia le
prime, e migliorò le pecore indigene, il che certamente non è piccolo vantaggio. La sua Enologia giovò anch' essa non poco per migliorar la fabbricazione dei vini che si commercian fra noi, e se l'Autore avesse avuto più lunga vita, prodotto avrebbe
quest' opera probabilmente maggiori frutti, perchè
egli raccolto aveva materiali per amplificarla e ren-
derla così più compita. Il ramo però di economia
civile e di agricoltura insieme al quale il Dandolo
più d' ogni altro giovò, quello sì fu ,, Dell' arte di
governare i bachi da seta ,,. Affidata questa per l' addietro ad una cieca pratica, sebbene varii scrittori
se ne fossero occupati, commettevansi gravi errori,
e danni incalcolabili ne derivavano attribuiti a tutt'
altre cause, fuori che a quelle della ignoranza in
cui erasi del miglior metodo di educare un verme
così nobile. L' Autor nostro si propose la soluzione
dell' importante problema *di ottenere*, cioè, sono parole di Compagnoni (1), *costantemente*, *per quanto
avverse possono essere le vicende della stagione e le
posizioni particolari*, *da una data quantità di foglia*

---

(1) Nelle citate memorie pag. 46.

di gelso la maggior copia di bozzoli, e nello stesso
tempo, bozzoli della miglior qualità.

Le regole suggerite dal Conte Dandolo nell'opera su questo argomento stampata corrisposero assai
bene allo scopo propostosi, e nei luoghi dove adot-
taronsi, hanno risparmiata forse una metà e più della foglia, e dalla stessa quantità di semente si è ottenuto un prodotto alcuna volta triplo dell'ordinario. Molti ricchi possidenti si fecero ben tosto solleciti di praticare i metodi insegnati dal Senator
Dandolo nella direzione delle loro bigattiere, ed è
a sperarsi che ognor più si diffonda un metodo così
vantaggioso e che onora sommamente il suo inventore. L'Augusto Imperator d'Austria Francesco I. fece significargli la Sovrana sua soddisfazione per questo lavoro, e il Re di Sardegna lo decorò dell'Ordine dei SS. Maurizio e Lazzaro.

XLII. Le sagge viste di pubblica economia da lui
sviluppate nelle varie sue produzioni di cui ho ricordato soltanto le principali, furono poi in piena
luce esposte nella sua opera postuma che ha per oggetto il *dimostrare la necessità di creare nuove in-*
dustrie per l'Italia, dappoichè la pace di Vienna ha
aperto il concorso dei grani del Levante ai nostri
porti di mare. Il tempo e le circostanze faranno vedere se i timori concepiti dal nostro Autore rapporto al ristagno del commercio Italiano fossero giusti,
e quanto sieno da apprezzarsi i rimedii da lui proposti onde sovvenire ai pericoli dai quali siamo a
suo parere minacciati; intanto gli sapremo buon
grado di avere in quanto da lui dipendeva, con i lumi dati, con le sperienze instituite, e con le instan-
cabili sue fatiche e con le idee sparse in quest'opera procurato un riparo alla comune sciagura. Mentre egli dava a questo suo lavoro l'ultima mano, un

XLII.
Continuazione
di ciò che riguar-
da il Senator Dan-
dolo.

colpo di apoplessia lo portò di volo al sepolcro nel
dì 12. Dicembre dell' anno 1819., lasciando l' amata sposa e l' unico figlio nella estrema desolazione.
Varie idee aveva egli per la mente dirette, ed a
perfezionar le sue opere già pubblicate, e a migliorar
il lavoro delle filande da seta, ed a meglio coltivar gli
alveari, e sostituire voleva una macchina migliore
di quella di Christian meccanico Francese per il lavoro della canepa; aveva inoltre concepito il disegno
di continuare il Giornale di agricoltura interrotto
dal Conte Re, ma la morte svanir fece tutte queste belle e filantropiche idee. Chi poi bramasse di
conoscere qual fosse il carattere morale del Senator
Dandolo, e specialmente quale lo zelo per promuovere il pubblico bene, quale e quanta fosse la sua
carità, può riscontrarlo nelle ultime pagine delle
memorie storiche del Cavalier Compagnoni sopraci-
tate, che mi hanno servito di guida nel parlare di
così illustre Soggetto (1).

XLIII.
Botanica.

XLIII. Dopo che fu riordinata l'Università di Torino
si eresse ivi nel 1729. una Cattedra di Botanica che
venne affidata al Professor Giuseppe Bartolommeo Cac_
cia, e si stabilì un orto botanico alla Villa Reale
del Valentino, in cui da prima coltivaronsi ottocen-
to piante. Il Professor Donati, l'Allioni ed altri Botanici che di mano in mano lo ebbero in cura, ac-
crebbero la sua suppellettile e lo estesero per modo,
che attualmente può gareggiare coi migliori giardini
botanici che si conoscano in Italia. La Biblioteca poi
di quella R. Università possiede una collezione magnifica di piante composta di circa 50. volumi in
gran foglio, ciascuno dei quali contiene più di cen-

---

(1) Il Dandolo era Membro dell'Istituto Italiano e della Società Italiana delle scienze

to tavole colorite. L' artista Giambattista Morandi la
cominciò nel 1732. e ne dipinse i tre primi volumi
sotto la direzione del Professor Caccia; continuarono poi questa collezione altri disegnatori, e nel
1802. la Signora Angelica figlia di Giovanni Bottio-
ne disegnatore successe in quest'uffizio al Padre, e
continua col suo delicato pennello a render celebre
l' *Iconografia Taurinensis* (1).

Se numerosa non è la serie dei Botanici Italiani nell'epoca che questa mia storia percorre, trovansi però fra essi alcuni nomi che valgono per
molti. Darò qui luogo prima d' ogni altro all' Autore della storia dei funghi dell' Agro Riminese. Giovanni Antonio Batarra di Rimini Professore colà di
Filosofia la compilò, ed avendo egli inciso le tavole,
la diede in luce nel 1755., e convien dire che ot-
tennesse credito, perchè tre anni appresso ristampar
dovevasi con giunte risguardanti l' Insettologia, essendo già esitata tutta la edizione; tanto più merita stima poi questa istoria botanica, in quanto che
il Batarra trattò un argomento allora assai poco conosciuto, e nemmeno al presente dopo le fatiche di
tanti Botanici, illustrato come lo furono le altre parti di questa amenissima scienza (2). Celebrità maggiore però acquistossi Michel-Angelo Tillio Pisano figlio di Desiderio e di Lucrezia Salvatori dai quali nacque nell'anno 1655. adì 29. di Marzo. Il Dottor del Papa, il Marchetti, e Lorenzo Bellini lo am-
maestrarono in Pisa, e all' ultimo di questi, sebben
uomo austero anzichè nò, riuscì il Tillio carissimo,
e lo accompagnò sempre al passeggio. Dopo di aver
ricevuto nel 1677. la laurea medica, Cosimo III. lo

(nota a margine) Batarra Gio. Antonio e Tillio Michel Angelo.

---

(1) Donino Biografia Medica Piemontese pag. 108. del T. II.
(2) Mazzucchelli Scrittori d' Italia T. II. par. I. pag. 546.

nominò nel 1681. medico della marina Toscana, nel quale impiego avendo avuto occasione di fare alcuni viaggi per mare, descrisse con grande esattezza le Isole Majorica e Minorica, ed altri luoghi, perlocchè fece vedere quanta brama aveva di viaggiare per istruirsi. Presentatasegli l'occasione propizia di andare a Costantinopoli per medicare un genero del Sultano, si portò colà accompagnato dal Chirurgo Pier-Francesco Pasquali, e riuscì a curare felicemente l'infermo, che non avrebbe voluto lasciarlo più partire; ma il Tillio dopo 3o. mesi ritornar volle in Toscana. Mentre egli dimorò in Turchìa, spediva ad Apollonio Bassetti ed a Francesco Redi che lo aveva proposto per un tal viaggio, le relazioni dei luoghi e dei costumi dei varii popoli che visitava, la qual cosa tanto piacque al Gran Duca, che destinò di conferirgli la presidenza dell'orto botanico di Pisa, del che avvertito dal Redi, procurò il Tillio di raccogliere molti oggetti onde arrichir l'orto suddetto; e fra gli altri portò seco alcuni semi di piante Persiane in allora fra noi sconosciute, e in Tunisi dove andò per curare quel Bey, raccolse varie piante, e specialmente la *Cinera acaules* che ha un fiore odorosissimo. L'Accademia di Pisa poi va a lui debitrice delle sperienze, direm quasi, le prime ivi fatte con buon metodo, e giusta i principii della vera Fisica, che allor cominciava a sorgere in onore presso gli Italiani la mercè dell'Accademia del Cimento. Copiosi esperimenti, e sopra varii oggetti egli fece con la macchina pneumatica in compagnia del Zambeccari, del Grandi e dell'Averani, ed i risultamenti che otteneva sopra varie sostanze esaminate nel vuoto, e le variazioni del Termometro, e dell'Idrometro tanto nell'aria che nel vacuo, erano da lui comunicate al Tedesco Reislerio, al Francese Vail-

Iant, al Fossi Olandese, e al Derham della Real Società di Londra, alla quale venne nel 1708. aggregato il Tillio, dopo di aver per consiglio del suddetto Inglese costruito l'anno avanti in Pisa l'Udometro (1), e di aver pure eseguito altre commissioni nelle quali spiegò il suo ingegno e la sua dottrina. Ma siccome la Botanica formava lo scopo precipuo de' suoi studii, così procurò cd ottenne dal Granduca che fosse spedito in Amsterdam una persona che si istruisse sulla coltivazione delle piante esotiche, delle quali ne furono da quello colà spedito trasportate assaissime a Pisa già descritte dal dottissimo Commelino, e la coltivazione delle quali riuscì felicemente nell'orto Pisano, in cui fiorir si vide il Caffè e l'Aloè ivi trasportati per la prima volta nel 1715. Il Tillio pubblicò poi nel 1723. il catalogo di dette piante esotiche, il che gli acquistò molta fama anche per la buona riuscita della loro coltivazione; e sebbene egli non seguisse il sistema di Tournefort, e fosse alquanto trascurato nella classificazione delle piante, tuttavia questo suo lavoro in Italia ed oltremonti ottenne credito straordinario. Mancò egli ai vivi in patria il giorno 13. Marzo dell'anno 1740. più che ottuagenario dopo una vita morigerata e religiosa; i placidi suoi costumi caro il rendettero agli amici ed ai Principi, e provò la consolazione di aver per Successore il Nipote Angelo Tillio da lui alle virtù ed alla scienza educato (2). Li Botanici più accreditati del suo tempo lo stimarono assai, ed il Micheli, di cui fra poco ragioneremo, in modo speciale lo onorò denominando *Tillia* una pianta col fior di rosa.

XLIV. Fecondo fu il suolo Toscano di Soggetti che alle scienze naturali si consacrarono, e dopo il Tillio ci si presenta D. Bruno Tozzi Abbate Vallombrosano, che lo superò in valore ed in cognizioni botaniche. Suo Padre Francesco di Simone Tozzi fece educar civilmente questo suo figlio natogli nel dì 27. Novembre del 1656., ed entrato nel 1676. fra i Monaci di Vallombrosa, dove si dedicò intieramente alla Botanica ed alla Storia naturale. Più viaggi egli intraprese per valli e monti scoscesi, onde raccoglier piante ed oggetti di mineralogia come fece, ed a tutto ciò aggiunse una vasta e scelta Biblioteca di libri a questa scienza appartenenti. Istruitosi nell' arte del disegno dipinse le figure di quelle piante, delle quali non potè con altro mezzo ottenere lo scheletro, e con ciò si condusse, ajutato poi anche dai più rinomati Botanici, a scuoprir nuove piante e ad illustrar con critico esame quelle, che negli scritti di pochi trovavansi oscuramente registrate, onde ne formò quelle mirabili sceltissime raccolte di scheletri, di miniature e di osservazioni, che oltre al servire di raro e nobile ornamento alla sua insigne Biblioteca, mentovate si vedono ancora nelle opere di tanti valentuomini, ai quali egli graziosamente comunicava le sue osservazioni e le sue fatiche (1). Fu il Tozzi maestro ed amico del celebre Pietro Antonio Micheli, il quale per riconoscenza ben dovuta al suo precettore e compagno di molti viaggi, inserì una delle erbe scoperte dall' Abbate Tozzi nella sua opera immortale intitolata ,, Nuovi generi di Piante ,, dandole il nome di *Tozzia*. I Bo-

---

(1) Veggasi nel T. IV. degli elogi degli illustri Toscani (pag. DCXXV) il lungo catalogo delle opere manoscritte di Storia naturale, e di Botanica del Tozzi.

tanici più stimati de'suoi tempi lo onorarono della
loro amicizia, come Angelo Tillio, Gaetano Monti, e
nella sua storia dei funghi dell'Agro Riminese lo ricor-
dò pur con onore il Batarra che andò a bella posta a Vallombrosa per conoscere il Tozzi; e lo stimarono egual-
mente il Cirillo, il Sherardo, e Boerhaave. Chiamato egli
a Londra come Professore di Botanica con l'assegno
di 2 mila scudi, non accettò così onorevole e lucro-
so posto attesa la sua avanzata età, e molto più per
la diversità di credenza, essendo egli fornito di soda
pietà, e d'amor vero per la Cattolica nostra Santissima Religione, e si contentò di essere ascritto alla
Reale Società, come lo fu pure a quella di Botanica
istituita in Firenze. ,, Tale in somma sì fu il Toz-
,, zi che per aver ampliato colle sue scoperte e con
,, li suoi ajuti il sapere botanico, e per la pratica
delle cristiane virtù ,, si è reso benemerito della sua
·patria Firenze, ed ornamento cospicuo della sua mo-
. nastica Religione. Così conchiudesi l' elogio dell' A-
bate Tozzi che cessò di vivere il giorno 29. di Gennajo dell' anno 1743. nell' avanzata età di anni
87. (1).

XLV. Fra i Botanici Toscani nel secolo XVIII.
fioriti occupa il primo posto Pietro Antonio Micheli Fiorentino, il quale può a giusta ragione chiamarsi uno dei fondatori della scienza nella nostra penisola (2). Pietro Francesco Micheli e Maria Salvucci
poveri artigiani dieder la luce nel 1669. a questo
Soggetto, ed appena egli ebbe imparato a leggere,
andò alla bottega di un librajo per imparare a legare
e pulire i libri. Portandosi egli alla pesca desiderò di
conoscere una certa pianta detta *Tithymalus cha-*

XLV.
Micheli Pietro
Antonio.

---

(1) Elogi di illustri Toscani T. IV. Lucca 1771. pag. DCLXXII.
(2) Fabbroni Vitae ec. T. IV. pag. 111.

racius la quale dicesi che incanta i pesci che si la-
sciano in allora prendere; ma inutili essendo riuscite le ricerche da lui fatte nei contorni di Fireu-
ze (non nascendo essa che in alcuni colli del Pisano) non si scoraggiò, anzi abbandonata la pesca
cominciò ad occuparsi della Botanica, e tutte le ore
che gli rimanevano libere dal suo negozio, erano da
lui impiegate nel leggere l'opera del Mattioli; nell'
andare in traccia delle piante ivi disegnate, nel dis-
seccarle sulla carta, e nel chiedere il nome di essè
ai Botanici. Dicesi che una volta essendo anehe giovinetto, dovè dopo un viaggio di tre giorni all'alpi
Apuane per cercare un certo genere di *Astrantia*
rimanere in una osteria sfinito, il locandiere della
quale mosso a compassione lo ristorò, e non lo lasciò
partire se non dopo che lo vide ristabilito. Tre Religiosi
Vallombrosani Virgilio Falugi, Biagio Biagi e Bruno
Tozzi da noi sopramentovato vedendo l'inclinazione grande del Micheli per questi studii, lo esortaro-
no, e lo ajutarono a proseguirli somministrandogli
libri, sussidii, ed istruendolo nei principii della scienza. Primo frutto de' suoi studii furono due opúscoli,
uno dedicato al Conte Cosmo Castiglioni, che contiene i nomi delle erbe umbellifere che nascono
sul monte Morillo in un fondo di detto Cavaliere;
l'altro contiene le piante più rare e la descrizione
delle produzioni naturali più riguardevoli della Toscana, e questo era da lui destinato in dono al Gran
Duca Cosmo amantissimo della Botanica, il quale
poco mancò che alcuni anni dopo non spedisse
il Micheli in Egitto per acqnistare le cognizoni necessarie ad illustrare gli scritti di Teofrasto; ma
l'ignoranza del Micheli nella lingua latina e nella
cognizione delle umane lettere pose a ciò un osta-
colo insuperabile. In appresso però appoggiato alla

protezione di sommi uomini, del Magalotti del Bo-
narotti, e del Medico Giuseppe del Papa, si fece conoscere alla Corte, e cominciò ad acquistar qualche
fama, che poi si accrebbe d'assai, allorchè avendo egli
mandato a chiedere a Tournefort il nome di una
pianta da lui trovata sopra li più erti gioghi delle alpi Apuane, quegli nell'assegnarne il nome soggiunse. *Questo genere di piante non suol nascere che
nei luoghi li più scoscesi, dove niuno può essersi ar-
rampicato che non sia studiosissimo della nostra scienza.* Il Gran Duca Cosimo in conseguenza di tale risposta ricolmò di grazie e poscia di denari il Micheli, il quale nel 1707. in età d'anni 27. destinato
venne ad ajutante di Michel-Angelo Tillio Prefetto dell'orto botanico di Pisa, e gli si commise di accrescere tanto quest'orto quanto quello di Firenze
con le più scelte piante. Primo il Micheli si conta
che adottasse il sistema di Tournefort per la classificazione delle piante, e non risparmiò viaggi e fatiche per emendare ed accrescere il metodo dello
Svedese, il che egli fece con la pubblicazione dell'opera
intitolata *Nova Plantarum genera* seguita nel 1729.
Viaggiò poi tutta l'Italia e visitò tutti gli orti più
celebri e li più illustri Botanici; indi percorse tutto
il Tirolo, l'Austria, la Prussia, la Slesia e la Turin-
gia, ma non potè andare in Francia; si procurò però da quei luoghi che egli non potè visitare, i semi o
gli scheletri delle piante, e tenne un esteso carteggio con li più celebri Dotti, carteggio che si conserva
presso il Sig. Pre. Ottaviano Targioni Tozzetti. Con
questi mezzi arricchì mirabilmente l'orto di Pisa, e
specialmente quello di Firenze in cui egli non trovò che 84. piante. Istruiva il Micheli nell'orto botanico ed alla campagna, essendo egli di massima
che non v'era miglior mezzo per imparare questa

vasta scienza quanto quello di veder le cose in natura; aveva letto tutti gli scrittori di queste materie, e dotato come era, di prodigiosa memoria, descriveva le piante ed accennava per sino la pagina dei libri dove ne aveva letta la descrizione; procurò egli inoltre di visitare que' luoghi dai quali gli Autori che lo avevano preceduto raccolsero già le piante ed erbe da essi descritte, all' oggetto di confutare o di approvare le loro descrizioni. E non solo si fece ad esaminare gli erbarii degli Autori Italiani, ma quelli degli oltramontani e procurò di esaminare o le piante verdi da essi descritte, o almeno seccate, perlocchè formò quell' orto secco il quale in più volumi conservasi presso il Sig. Targioni sullodato, e contiene piante Francesi, Elvetiche, Britanniche, Tedesche e Siciliane. Ebbe il coraggio il nostro Botanico di dirigersi al Principe Eugenio di Savoja per ottenere le piante secche dell' Ungheria, Boemia ed Austria pubblicate dal Clusio, al che quel magnanimo Principe ben volontieri corrispose, e il Micheli volle iu contrassegno di tanta benignità denominare Eugenia un' erba, il che poi fece con altri, imitando così l' esempio degli antichi. Usava di tutta l' attenzione nell' esperimentare, aspettava il tempo della maturazione delle piante e ne esaminava diverse dello stesso genere, impiegava lenti acute assai onde ingrandirne le parti, e non proferiva giudizio che non fosse fondato sopra molte sperienze.

XLVI.
Continuazione
delle notizie del
Micheli.

XLVI. L'opera *De novis plantarum generibus juxta Tournefortii methodum dispositis* tardò ad uscire, ed alcuni invidiosi lo accusarono siccome in capace di tale lavoro; ma quando essa vide la luce, sembrò agli intelligenti che il Micheli l'avesse composta in breve tempo, avuto riguardo alla quantità di co-

se eccellenti che contiene; e il Maffei scrisse (1)
che quest'opera per consenso di 'tutti gli Eruditi fu
giudicata imcomparabile. Uno dei motivi del ritar-
do sì fu che l'Autore non aveva molta franchezza
nello scriver bene latino, e si prevaleva dell' opera
del Salvini, e di Carlo Bindi egregii scrittori e persone cortesissime. Ecco l' idea che Fabbroni dà di
quest' opera.

,, Itaque ad hanc methodum (di Tournefort) vel
perficiendam vel amplificandam Micheli opus . . . .
pertinebat, et quaedam ut ipse loquitur, veluti ap-
pendix institutionum illius viri fuit. Plantas autem
eo libro complexus est omnino 1900. Harum 500.
temere antea collocatas suis quasque sedibus repo-
nit; reliquas 1400. nemini usquam observatas primus
describit. Etenim cum Tournefortius plantas eas quae
audiunt graminifoliae, inter apetalas censuisset, ipse
vero earum florem binis foliis constantem quae antea stamina putabantur, optimo consilio novam ex
eis classem constituit et quintae decimae Tournefor-
tianac subjecit. Contra ea juncos omnemque stirpem
congenerem apetalis, unde male disjunctae fuerant,
aggregavit. Multis praeterea in rebus consuluit ordini. Quod quidem alii fortasse quiddam leve puta-
verint, nos vero magna in laude ponimus. Recta
enim distributione nihil est prius tum in ceteris,
tum in hoc praesertim genere doctrinae; quae ita
hodie comparata est ut cum quinque et viginti plantarum millia comprehendat (2), eum tantum nume-
rum agnoscere quis possit, si modo ideam animo in-
fixerit plantarum saltem mille generalem, sive ut
philosophi malunt, abstractam, quod quidem recta

---

(1) Osservaz. letter. T. III. p. 102.
(2) Il Fabbroni pubblicò questa vita nel 1779.

distributione remota fieri non posset. Sed illud non
tam ordinis renovatio, quam praeclarum philosophi
inventum fuit, quod sextam decimam classem (que-
madmodum paulo ante innuimus) cum sequenti con-
junxit. Nam illa disjunctio eo potissimum fundamen-
to nitebatur, quod plantae classis XVI. floribus ca-
rerent, classis vero XVII. tum florum tum etiam
fructuum ac seminum expertes viderentur; quare
olim ex putri satae vulgo credebantur. Hic vero et
flores earum et semina primus vidit si minus omnium,
certe multarum: ita constantem naturae ordinem in
gignendis propagandisque foetibus docuit, reliquias
barbaricae sapientiae veluti a stirpe sustulit. Hisce rebus nomen *Repertoris* quod tantopere homines affe-
ctant, eo jure consecutus est qua qui optimo; nemo
enim plantas imperfectas quae mysterium quoddam rei
herbariae dici poterant, sagacius vestigavit, nemo de
muscorum natura , de fungis, deque mucoribus scrip-
sit probabilius (1). Neque in his modo ejus reperta
constitere. Nam et nova plantarum genera invenit ad
quatuor millia, quae partim eodem opere leguntur,
partim vero in libris Michaelis Angeli Tillii, Her-
manni , Boerhaavii , Sebastiani, Vaillantii, Jacobi
Petiverii edita sunt, eique adtributa nominatim, partim etiam inedita in commentariis reliquit. ,, Accrebbe il Micheli inoltre del triplo i generi delle piante marine , e trattò profondamente del luogo dei loro frutti e fiori, e della fecondità dei loro
semi. Rimane inedita un'altra parte di quest' opera
quanto la prima importante, ma difficile da compiere. Essa dovrebbe esser divisa in quattro libri che
conterrebbero il 1.º le piante che nascono in fondo al
mare, il 2.º le graminacee ; il 3.º i muschi terrestri,

---

(1) Adanson lodò sommamente il Micheli, e dice esser egli stato il
primo a vedere i semi dei funghi.

e il 4.° le stirpi che si chiaman *dorsifere*; e se vi
fosse questa parte, la Botanica non potrebbe, dice
il Fabbroni, vantar opera più perfetta. Il Boerhaave
disse di lui che era ,, mortalium omnium in per-
vestigandis stirpibus [sagacissimus P. Antonius Mi-
chelius, in quo uno illustrem Fabium Columnam,
nobilem Cortusum, acutissimum Anguillaram rena-
tos sibi jure Italia gloriatnr ,, Il Linneo e l' Inglese
Sherard erano in carteggio con lui, e il Linneo nel
suo libro dei caratteri delle piante non volle parlare delle gramigne lasciando questa messe intieramente all' occulatissimo Micheli; il Sherard poi lo an-
teponeva a tutti li Botanici da lui conosciuti. Tutti
può dirsi i naturalisti del suo tempo lo ebbero in
sommo pregio, e fra gli altri lo Schewchzero, il
Vaillant, il Burmanno, il Morgagni, il Vallisnieri per tacere di tanti altri. Con l' uso di conversare cogli uomini dotti si rendette il Micheli fisico
e medico non ignobile, e conobbe le altre parti
della storia naturale di cui raccolse in propria casa
un Museo: L'amor della patria poi gli fece rinunziare
le offerte di lucrosi impieghi altrove; istituì in Firenze un' Accademia di Botanica nel 1716. per la quale ottenne dal G. Duca Cosimo III. l' uso dell' orto
regio; questa alcuni anni dopo si estese a coltivare tutta la storia naturale, e nel 1734. furongli
date nuove leggi e si fece la solenne apertura di
essa con una elegantissima orazione del Cocchi; ed
allora cominciò a trattare tutti gli argomenti della
Fisica. Quest' Accademia riconobbe per suo fondatore il Micheli che onorò vivo, e non dimenticò
la sua memoria dopo morte. Intraprese egli un viaggio a monte Baldo ed alle spiaggie Venete per fare
diverse osservazioni botaniche, onde rispondere alle
accuse dategli da Gio. Giacomo Zannichelli nell' o-

pera delle piante Venete compilata da Girolamo suo Padre e da lui pubblicata; ma di ritorno a Firenze il Micheli attaccato da una pleuritide dovè soccombere in età d'anni 57. adì 2. Gennajo del 1737. La sua morte fu compianta pubblicamente, e le Società Colombaria e Botanica lo onorarono di solenni esequie con l'orazione funebre recitata dal Cocchi suo carissimo discepolo, il quale fece l'iscrizione che leggesi sul monumento innalzatogli nella gran Chiesa di S. Croce di Firenze a spese di alcuni amici. Ottimo fu il carattere del Micheli, umile, non invidioso, e facile a comunicare a tutti le proprie cose ed a somministrare i semi le piante ec. a chi gliene chiedeva. Il celebre Targioni fu suo allievo; il catalogo delle sue opere manoscritte supera d'assai quello delle stampate; e fra le prime sonovi molte cose risguardanti la Litologia e la Zoologia.

XLVII.
Pontedera Giulio.

XLVII. Distinto nome, quantunque però inferiore a quello del Micheli, si acquistò Giulio Pontedera oriondo Pisano ma nato a Vicenza nel 1688. adì 5. di Maggio, filosofo, naturalista, e celebre antiquario. Lorenzo Pontedera suo zio egregio agricoltore, non avendo figli, chiamò presso di se Giulio, lo educò e lo invogliò dello studio botanico, lasciandogli poi alla sua morte un fondo rustico ed un orto ben corredato di ogni genere di piante. Dopo di essersi Giulio preparato da giovanetto un orto secco di 500. piante circa ben disposte e descritte, studiò in Padova la Medicina e la Botanica, avendogli molto giovato a far progressi rapidi la compagnia del Morgagni e del Marchese Poleni, di cui sposò una figlia. Intraprese egli poi alcuni viaggi, nei quali formò una raccolta di piante, il che lo mise a portata di dar saggio al Pubblico del suo sapere con l'opera da lui intitolata *Compendium tabularum botanica-*

rum, in cui raccolse 272. piante sfuggite agli occhi
dei Naturalisti; e sebbene in questo lavoro prendes-
se egli come suol dirsi alcuni granchii; tuttavia incontrò esso l'approvazione degli Italiani e degli esteri, perlocchè venne il Pontedera nominato Professore di Botanica e Custode dell'orto in Padova con
lo stipendio di Fiorini 200. che in appresso gli fu
accresciuto sino alli 1400. Frequentata assai era la
scuola che egli sosteneva con tutta la dignità e la
premura, e le sue dissertazioni, e l'Antologia nel
1720. stampata dimostrano quanto pregevol metodo
egli seguitasse nell'istruire i giovani. Scostatosi però egli da Tournefort nella classificazione delle piante, avendo in alcuna parte variato, ed avendo aggiunto del proprio, dove il Tournefort aveva lasciato qualche imperfezione per la morte sopraggiunta-
gli, non ebbe gran voga il metodo di Pontedera presso i sommi Botanici, il che però almeno in parte
attribuir conviene alla varietà delle piante conosciute ed alla loro grande quantità, per il che difficil-
mente si può incontrar il genio di tutti, allorchè si
intraprende una sistematica disposizione delle medesime. L'Antologia poi del nostro Autore, della quale l'Hallero diede un estratto (1), è diretta a spiegare la natura dei fiori, materia lasciata da Tournefort imperfetta, a classificarli, e a darci un'idea
del modo con cui fecondansi le piante (2). Riserban-
domi a parlare degli studii di Antiquaria del nostro
Professore a suo luogo, qui avvertirò, che oltre le
succitate opere ci lasciò la storia dell'orto botanico di
Padova la quale meriterebbe di essere stampata, il che
non potè l'Autore mandare ad effetto perchè morì

---

(1) Biblioth. Botan. T. II.
(2) Fabbroni Vitae ec. T. XII. pag. 205.

di apoplessia il dì 5. di Settembre dell'anno 1757.
consunto dalle grandi fatiche sostenute specialmente
nei viaggi fatti appiedi nelle più aspre montagne (1).

XLVIII. Bologna ebbe in Ferdinando Bassi un eccellente Botanico e Naturalista allievo del Dottor
Gaetano Monti, ed Accademico Benedettino nel 1760.
Dopo di aver egli per commissione del Senator Girolamo Ranuzzi riordinato i bagni della Porretta ai
quali ricondusse una parte delle acque già disperse,
ne fece una diligente analisi vantaggiosa alla umanità per la scoperta di un sale equivalente a quello d'Inghilterra, e diede la descrizione di queste
terme. Versato essendo egli a fondo nella Botanica,
a lui affidossi l'orto situato nella contrada di S.
Stefano, orto a cui donò nuova vita, e che con l'
ajuto della estesa corrispondenza che manteneva con
li principali Naturalisti Europei, fu da lui corredato
di piante in modo che non ebbero i Bolognesi a invi-
diar gli orti di Pisa e di Padova. Pubblicò poi il Bassi il suo viaggio botanico alle Alpi, ed inserì diverse
sue memorie dello stesso argomento negli Atti del-
l'Istituto di Bologna, a cui lasciò all'epoca della
sua morte accaduta il 9. Maggio dell'anno 1774. e
libri, e oggetti di storia naturale, e gioje per com-
pletare le serie del museo, e finalmente il suo commercio epistolare pregevole per ogni riguardo (2).
Allievo del celebre Antonio Cocchi fu Giovanni La-
pi Fiorentino, nato li 5. Marzo del 1720. nel borgo
di S. Lorenzo in Mugello e morto il 13 di Novembre del 1788. Coprì egli la cattedra di primo Professor di Botanica nel giardino semplicista annesso
allo spedale di S. Maria nuova in Firenze, impegno

---

(1) Fabbroni vita citata.
(2) Fantuzzi Scrittori Bolognesi T. I. p. 380.

da lui per 36. anni sostenuto; nel qual tempo diede ancora alle stampe alcuni suoi opuscoli, ma di
non molto conto, sull' applicazione pratica delle cognizioni botaniche e fisiche (1). Insegnò Botanica in
Padova l'anno 1760. Giovanni Marsili di famiglia
Veneta, il quale visitò la Francia e l'Inghilterra, e
ritornato alla Patria ricco di notizie scientifiche contribuì all'ingrandimento dell' orto Padovano, intro-
ducendovi nuove piante in copia, ed ergendo ivi il
prezioso boschetto degli alberi esotici. Allorchè in
quella illustre Città si fondò l' Accademia, vi ebbe
il Marsili una piazza di membro pensionario, e negli Atti di essa leggonsi alcuni suoi scritti, oltre de'
quali stampò nell'anno 1766. la storia di un fungo
Carrarese, e lasciò componimenti poetici in buon
numero poichè amò anche la bella letteratura (2). Insegnò medicina nella Università della Sapienza in Roma il Dottor Giorgio Bonelli di Vico presso Mondo-
vì, il quale poi più specialmente occupossi nella
Botanica, ed aveva cominciata la descrizione dell'orto Romano giusta il sistema di Tournefort stampato
a Roma nel 1772., ma prevenuto dalla morte non
potè pubblicare che il solo primo volume degli otto che compongono l' intiera opera in foglio. Contiene esso cento tavole diligentemente intagliate e
colorite con naturalezza grande dal Sabbati Professore di Chirurgia e conservatore dell' orto botanico
in quella Città; gli altri sette volumi uscirono alla
luce per opera di Nicola Martelli, il quale nella disposizione delle piante segue il sistema di Linneo (3)

---

(1) Novelle Letter. di Firenze T. XX. an. 1789. pag 49.
(2) Morì il giorno 9. di Maggio del 1795. V. Nuovi Saggi scientifici
dell' Accad. di Padova T. I. 1817. pag. XXI.
(3) Donino. Biografia Medica Piemontese T. II. pag. 238.

Il Bonelli poi esercitò la sua professione in Roma con molto grido, ed alle ricchezze acquistate aggiunse anche gli onori dai Sommi Pontefici ricevuti e dall' Accademia della Sapienza.

XLIX. Allorchè abbiamo ragionato dello Spallanzani, abbiam descritto brevemente le aspre di lui contese letterarie col Professore Gio. Antonio Scopoli, di cui passiamo adesso a dar notizia, nel che fare ommetteremo, per non replicare inutilmente le cose, di parlar più oltre delle suddette questioni. Francesco Antonio Scopoli Commissario militare, e Claudia Caterina Gramola di famiglia patrizia Trentina ebbero a figlio lo Scopoli nato nel 1723. in Cavalese luogo del Principato di Trento. Nell' Università d' Inspruck studiò questo giovane la medicina, ed avendo ivi ricevuto la laurea medica, fece in Venezia la pratica sotto la direzione del valente medico Lotario Lotti, ed applicossi con fervore alla Botanica, approfittando del comodo a lui prestato da due Nobili Veneti Morosini e Selleriano. Visitò egli in appresso le Alpi del Tirolo e della Carniola, ne esaminò il primo le piante e gli animali, delle quali cose diede la descrizione nella *Entomologia* e nella *Flora Carniolica,* opere assai stimate nel loro genere e che procurarono allo Scopoli la stima del Linneo, dell' Hallero e di altri Dotti. Il Baron Van Swieten lo protesse, e gli fece aver l' impiego di Fisico nel Magistrato delle miniere d' Idria nel Friuli, dove soggiornò dieci anni, dopo i quali ottenne la Cattedra di metallurgia a Schemnitz in Ungheria, nel qual tempo si applicò a scrivere varie opere sui fossili, sulla fabbricazione del carbone e sui metalli, come pure visitò attentamente tutta la Pannonia inferiore, onde trarre dalla oscurità i tesori della natura colà sepolti. Passato poi nell'anno 1776. alla Cattedra di Botanica nella Università di Pavia, si occupò a formare colà un laboratorio chimico, a ridurre in miglior stato l' orto botanico, ed a far conoscere all'Italia la Chimica del Macquer da lui con copiose giunte tradotta, per cui il Senebier gli scrisse, che di un libro eccellente ne aveva formato lo Scopoli uno perfetto. Le varie opere da lui in questo frattempo pubblicate, delle quali può vedersi il catalogo nelle Novelle letterarie di Firenze (1), e fra queste quella intitolata „ Deliciae Florae et Faunae Insubricae „ costarongli dispiaceri non pochi (2), ai quali in parte almeno si attribuì la causa della morte dello Scopoli avvenuta in seguito di varii colpi apopletici li 7. Maggio dell' anno 1788. Quantunque negar non si possa che questo Autore avesse molte cognizioni di storia naturale, confessar però gli è duopo che prese nelle scienze naturali degli abbagli, e che conviene esser cauti nel leggere le opere di lui e specialmente quelle che la storia naturale risguardano, e nel prestar fede alli suoi ritrovamenti (3).

L. Il celebre Seguier Botanico di Nimes allorchè visitava il Monte Baldo per raccogliere le piante descritte nella sua *Flora Veronensis*, conobbe Pietro Arduino allora giovane nato nel 1728. nella terra di Caprino situata nella Provincia Veronese, discepolo del Pontedera in Padova, e nominato nell'anno 1753. custode di quel giardino botanico. Pubblicò egli allora due libri che intitolò *Animadversionum botanicarum specimen* e questi gli assicurarono tosto una tale rinomanza, che il Linneo volle onorare col nome del nostro Accademico un nuovo genere di pian-

L. Arduino Pietro ed altri Botanici.

---

(1) T. XIX. an. 1788. pag. 641.
(2) Tre parti sole abbiamo di quest' opera rimasta per la suddetta causa imperfetta, e della quale si è parlato nell'articolo di Spallanzani.
(3) Novelle lett. sudd. pag. 612. e segg

te chiamandolo *Arduinia*. Nel 1765. si istituì in Pa_
dova per Decreto del Senato in data 3o. Maggio la
Cattedra di Agricoltura sperimentale con un orto a
questo oggetto, e si nominò Professore l'Arduino al
quale ben molto dovette la scienza, poichè con li
suoi insegnamenti migliorò efficacemente l'agricoltura degli stati Veneti, come si raccoglie dalle molte sue
dissertazioni, e riformò i metodi della comune agricoltura, introdusse nuove utili specie di biade, moltiplicò e perfezionò i prati artifiziali, e le arti appro-
fittarono la sua mercè di molte piante che prima di
lui non conoscevansi in Italia. Morì l'Arduino alli
13. Aprile del 1805. compianto dagli studenti e dagli amatori della campestre economia, che in lui per-
derono un ottima guida (1). Il Principe di Kaunitz
Ministro plenipotenziario della Corte di Vienna a
Napoli prese seco nel 1770. il medico Vincenzo Pe_
tagna Napoletano giovine allora di 36. anni, in occasione che quegli viaggiò per l'Austria, del che approfittando il Petagna, visitò più paesi della Germania, e conobbe molti di quei dotti Naturalisti. In
appresso egli visitò la Sicilia, e restituitosi alla Patria ottenne interinalmente la nomina di Professor
di Botanica nella Regia Università degli studii, della
qual' Cattedra dopo varii concorsi ne ebbe la proprietà. Le sue istituzioni botaniche ed entomologi-
che, come pure il trattato delle virtù delle piante
rapidamente si diffusero, riuscirono utili ai giovani
amanti di questi studii, e procurarongli l'onore di
essere aggregato a varie Società scientifiche fra le
quali a quella di Londra. Il dì 6. di Ottobre dell'anno 1810. fu l'ultimo di sua vita condotta fino al 77.º

----

(1) Nuovi Saggi scientifici dell' Accademia Cesareo-Regia di Padova
T. I. pag. XXVIII.

anno e divisa fra lo studio e l'esercizio delle più belle virtù (1). L'orto botanico di Palermo ebbe a suo custode nel 1788. il Padre Bernardino Aurifici da Ucria in Sicilia, Religioso della Riforma di S. Antonino di Palermo, nel qual Convento entrò nel 1766. ventesimoterzo anno di sua età. Seguì egli il sistema di Linneo nella descrizione del suddetto orto, con l'avvertenza di aggiungere ai nomi latini delle piante non solo gli Italiani, ma benanche i Siciliani, e di arricchire l'opera di quattro indici, cosa in tali lavori utilissima. Altra sua fatica ci lasciò egli nella descrizione delle piante Siciliane da aggiungersi al novero di quelle del Linneo, e così smentì la taccia data alla Sicilia di essere la Botanica di quel Regno nella infanzia, descrizione che accrebbe la stima degli stranieri verso questo Religioso che cessò di vivere il dì 29. di Gennajo del 1796. in florida età (2).

LI. Fra li diversi rami della scienza medica occupa un posto principale l'Anatomia, nè possono i Medici prescindere dal conoscerla a fondo, ma tali doti si richiedono in coloro, i quali ad essa si dedicano, che non è a maravigliarsi se a discreto numero riduconsi quelli che in tale facoltà particolarmente si distinsero, e meritarono perciò una special menzione nei fasti letterarii. Fra questi ricorderò prima di ogni altro il Dottor Antonio Pacchioni di Reggio in Lombardia (3) nato li 24. di Giugno nel 1664. da Gio. Battista e da Leonora Dugoni, e laureato in Patria l'anno 1688. nella facoltà medica e filosofica. Cominciò egli il suo esercizio anatomico sotto il celebre Vallisnieri; indi trasferitosi a Roma se-

LI.
Anatomia.

---

(1) Biografia degli Uom. ill. del Regno di Napoli T. VIII. 1822.
(2) Biografia citata T. IV. Napoli 1822.
(3) Tiraboschi Bibl. Moden. T. III. pag. 415.

guitò a studiar la scienza frequentando l'ospitale di S.
Spirito, ed unendo una privata Accademia di giovani
nella quale discutevansi le principali questioni di me_
dicina. Avendo in seguito contratta amicizia con l'immortale Malpighi, trovò così nuovi mezzi per vieppiù avanzarsi nelle cognizioni di anatomia, al quale
studio congiunse il Pacchioni quelli della Matematica, della Botanica e Storia naturale, e dopo aver
esercitato con molto credito la professione di medico in varii luoghi dei contorni di Roma, ritornò allo
spedale suddetto per attendere con più agio all'A-
natomia, e in quella Città poi morì nel 1726. La
fama di ingegnoso Anatomista gli ottenne l'onore
d'essere ascritto alle Accademie di Siena, di Bologna e de' Curiosi della Natura, e una bella medaglia fu in onor d'esso coniata in Norimberga, che
vedesi incisa innanzi alla vita scrittane dal Chiapelli.
Le sue dissertazioni anatomiche le quali risguardano per lo più il cervello, e particolarmeute la
membrana chiamata *dura meninge,* furono in diversi anni da lui pubblicate in latino, e poscia ristamparonsi in un volume in 4.° a Roma dal Pa-
gliarini nel 1741. Di queste parla a lungo M. Portal (1) il quale nella dissertazione diretta allo Scroeckio
vi ha scoperte diverse osservazioui degne di lode.
„ Ma a lui (v. Tiraboschi p. 419.) è gloriosa singo-
„ larmente la frequente menzione che ne fa colla
„ dovuta lode il grande Haller, il cui giudizio in
„ tali materie è troppo autorevole, perchè non deb-
„ basi riputar glorioso al Pacchioni l'averlo avuto in
„ favore,,. Si applicò anche alla Notomia Francesco
Maria Lorenzini (di cui si dirà fra i poeti) Fiorentino in compagnia di Gaetano Petrioli, e furono co-

---

(1) Portal Hist. de l'Anatomie T. IV. p. 275.

sì felici le loro indagini ed i loro studii, che riuscì-
rono a scoprire alcune cose non avvertite da altri:
ecco come il Fabbroni descrive la storia della questione insorta tra il Lorenzini e il Cocchi velato sotto il nome di *Chermesio di Fulget* rapporto agli studii anatomici ,, Eligebant (il Lorenzini e il Petrio-
,, li) ea quae notatione et laude digna erant , ea-
,, que librario transcribenda dabant ea mente ut
,, postea in vulgus ederetur . Sed fuit qui suo no-
,, mini ex horum laboribus libare laudem voluit.
,, Nam turpi largitione corrupto librario scripta ab
,, eo abstulit, iisque opus suum quoddam ornavit,
,, quod inscripsit ,, *In Tabulas anatomicas Bartolo-*
,, *maei Eustachii Chermesii de Fulget* Commenta-
,, *rii.* Tantum crimen non ferendum putavit Loren-
,, zinius. Itaque Dialogum (1) composuit vulgavitque,
,, in quo et furti reus ille convincitur, et errata
,, quaedam ipsius salsissime exagitantur. Quare ille
,, vehementer offensus toto ferebatur animo ad in-
,, sectandum Lorenzinium. Sed ne statim faceret,
,, continuit gratia qua ille plurimum apud Falcone-
,, rium pollebat. Itaque hoc vita functo in vulgus
,, emisit sermonem quemdam latinum , in quo pla-
,, ne evomuit virus acerbitatis suae. Sed forte non
,, intellexit quo cum sibi certamen institueret. Nam
,, Lorenzinius non solum pari a paribus retulit, edi-
,, to nomine Quinti Attilii Serrani sermone, quem
,, non dubito laude latinitatis , Q. Scctani satyris
,, anteponere, quemque ipse Italicis versibus reddi-
,, dit, sed etiam epigrammata in eum fecit eo sapore
,, latino condita, ut cum antiquitate certare videantur.
,, In his praeter plagiarium illum, alii quoque qui
,, illius se fore acerrimos defensores palam ferebant,

---

(1) *Il Cardo ,* questo è il titolo del Dialogo.

„ omnibus contumeliis lacerantur. Quibus veluti ful-
„ mine illi percussi ne hiscere quidem amplius ausi
„ sunt (1). Dal Dottor Gio. Battista Fantoni Torinese ebbe vita alli 22. di Marzo dell' anno 1675.
Giovanni Fantoni, il quale dedicandosi alla Medicina
ebbe suo padre a primo maestro, e di anni 19. era
già egli ascritto al Collegio medico di Torino, e di
27. anni cominciò a pubblicar le opere delle quali
dirassi più sotto. Come il Ricca così il Fantoni provò gli effetti della munificenza di Vittorio Amedeo
II., che gli somministrò i mezzi per istruirsi, come
fece, viaggiando l'Europa e visitando le più rinomate Università (2), ed a Parigi ascoltò per un anno le lezioni di Duverney e di Mery. Nominato egli
nel 1697. Professore di anatomia, e venti anni appresso consigliere e medico del Duca Carlo Emanuele, tal credito si acquistò nel soddisfare a queste incombenze, che all' occasione della ristaurata
Università di Torino gli si destinò la Cattedra di
Professor primario di medicina pratica, e la facoltà
medica lo ebbe nel 1729. per Presidente, carica che
venne nel 1738. soppressa, ma si conservarono le
pensioni al nostro Professore in retribuzione dei lun-
ghi e fedeli servigi da lui prestati al Re ed alla Casa Reale. Il Lancisi, il Morgagni, il Mangeti ed altri fra i più dotti suoi contemporanei tennero con
lui corrispondenza letteraria, alcuni fra essi dedica_
rongli qualche loro opera, e la sua casa era frequentata dagli uomini più distinti per sapere abitanti a Torino. Questo medico di costumi integerrimi, quanto mai prudente, pronto a giovare a' suoi

---

(1) Il titolo degli epigrammi è *Analecta variorum Pastorum Arcadum*.
(2) A motivo della guerra il Fantoni non ‡potè visitar le Università
dell' Inghilterra.

simili e coll'opere e col consiglio, mancò ai vivi nel
1758. alli 25. di Giugno nella rispettabile età di anni 83. Varie opere mediche egli pnbblicò scritte con
aurea latinità, e nelle quali spicca molta dottrina
ed estesa erudizione, cosicchè il Chiar. Sig. Conte
Prospero Balbo non dubitò di asserire che il Fantoni fece risorger in Piemonte la medicina (1). Fra li
più accreditati lavori del Fantoni registrar si deve
la sua notomia del corpo umano stampata nel 1711.,
dopo che aveva già scritto varie dissertazioni sullo
stesso argomento; considerar questa si deve come una
delle più compiute notomie per l'epoca in cui l'Autore la scrisse, e il Lancisi in una lettera posta in
fronte alla medesima ne tesse i ben dovuti elogi,
sia per le copiose giunte fattevi dall'Autore a quanto prima conoscevasi in questo proposito, sia per il
nuovo ordine e la saggia disposizione che egli seppe
dare alle materie da lui trattate. Due sue interessanti dissertazioni sulla struttura e sul moto della
dura madre la prima, e la seconda sui vasi linfatici della meninge ec. devonsi quì rammentar specialmente, perchè giovarono a rettificar alcune idee allora in voga, ed a fissar meglio l'uffizio delle dette parti del cervello. Il celebre medico Pacchioni
promesso aveva la teoria del moto della *dura me-*
ninge, e della influenza di essa sulle sensazioni e
sui movimenti delle altre parti del capo, riputando-
la dotata di fibre muscolari, alla qual teoria fecer
eco, può dirsi, tutti i medici più rinomati. Ma il
Fantoni impugnò validamente la sentenza del Pacchioni, dimostrando con le osservazioni anatomiche
non sussistere le indicate fibre muscolari, il che poi

---

(1) Suo discorso intorno alla Storia delle Università inserito nelle
Mem. dell' Accademia di Torino.

produsse la conseguenza di doversi restringere alquanto ciò che il sullodato Pacchioni esposto aveva in una dissertazione a Luca Schroekio diretta sopra i linfatici, e le glandule della *dura madre*, e non avendo il Pacchioni taciuto, il Fantoni discese nuovamente in campo, e difese valorosamente la sua tesi che le osservazioni più recenti poi non hanno smentito (1).

Altre sette dissertazioni anatomiche del nostro Professor Torinese vider la luce nel 1745., nelle quali s'incontra non poca dottrina dell' inallora nascente anatomia comparata, e si riferiscono più esattamente le antiche e le recenti scoperte, cosicchè nulla al dir del Chiar. Sig. Dottor Donino lascia l'Autore a desiderare nell'argomento che tratta. Non coltivò poi il Fantoni la sola anatomia, ma ci lasciò anche alcuni opuscoli sulle acque medicinali e sulle febbri miliari, dei quali possono presso il citato Biografo leggersi gli estratti e vederne il giudizio.

LII.
Valsalva Antonio Maria.

LII. L' illustre Morgagni ci lasciò la vita di Antonio Maria Valsalva Anatomista preclaro Imolese inserita fra quelle di Monsig. Fabbroni (2), e da questa trarremo le notizie più importanti di così distinto Soggetto. Cominciò il Valsalva fin da ragazzo a tagliare uccelletti ed altri piccoli animali, cosicchè si previde quali scienze avrebbe poscia amato. Pompeo Valsalva e Catterina Tosi nobili Imolesi ebbe egli a genitori dai quali sortì i natali il giorno 18. di Gennajo dell' anno 1666., e dopo di aver studiato alle scuole dei PP. Gesuiti da lui sempre amati, passò a Bologna dove fece il corso regolare de' suoi studii, e l'immortale Marcello Malpighi lo diresse nell' apprendere la medicina e l' anatomia,

(1) Donino Biografia Medica Piemontese T. II. pag. 83. 96.
(2) T. V pag. 65.

nelle quali facoltà ricevette l'anno 1687. la laurea.
Dedicatosi egli poi con tutto il fervore all'anatomia
cominciò a far delle sezioni di cadaveri umani e di
animali anche vivi, e spinse la sua assiduità in questi lavori tant'oltre, che ne contrasse gravi malattie; e la smania di istruirsi in lui giunse al segno
una volta di far dissotterrare un cadavere dopo tredi-
ci giorni di sepoltura, onde osservare il nervo femo-
rale il che certo non tentarono nè il Vesalio nè il
Ruischio. A quella di eccellente anatomista congiunse il nostro Imolese la qualità di buon medico ed
ottimo chirurgo, essendo stato diretto nella pratica
dai rinomatissimi Pietro Molinelli ed Ippolito Albertini.

Al Valsalva devesi il nuovo metodo di fermare
nella amputazione dei membri il sangue colle legature
delle arterie sostituito a quello tormentosissimo del
fuoco, a lui l'invenzione di non pochi istrumenti chirurgici più semplici e a minor numero ridotti di
quelli che prima usavansi, e suo è il metodo in varii casi utile per curare la sordità. Esercitò egli la
terapeutica con esito così felice, che chiamato veniva
in molti luoghi e ricercatissimi erano li suoi consulti;
Bologna in modo speciale lo onorò nominandolo per
tre volte Presidente dell'Istituto, Consultore del
Magistrato di sanità, e affidando a lui la Cattedra
di anatomiche istituzioni con l'obbligo di far le sezioni anatomiche, e di istruire sovr'esse gli scolari in
luogo a bella posta assegnato, cose per l'addietro
non usate. I dotti Medici Europei lo conoscevano
di fama e lo stimavano; quelli che per Bologna pas-
savano, desideravano di vederlo e di far la sua co-
noscenza, e la Società Reale di Londra lo ascrisse
fra i suoi Cooperatori. Educò egli nell'esercizio della
profession sua più giovani, e fra questi due de' suoi

domestici riuscirono non ispregevoli chirurghi; ma
attaccato essendo anche in buona età (1),da lunga malattia, andò questa a terminare in una apoplessia che
lo portò alla tomba nell'anno 1723. il dì 1. Febbrajo, e così restò l' arte privata di uno dei più abili
Professori che vantar potesse. Sepolto questi in S.
Giovanni del Monte in Bologna, vennergli nello spazio
di poco più d' un anno eretti quattro monumenti
sepolcrali, e fra questi uno per ordine del Senato
nell' Istituto con il busto in marmo; gli Imolesi
poi, suoi Cancittadini emularono i Bolognesi conse-
crando anch' essi un Mausoleo alla memoria del Valsalva, che vivendo procacciossi tanta stima, non solo come medico ed anatomista, e come esperto e
coraggioso chirurgo, ma ben anche come uomo virtuoso, e pieno di carità verso i poveri-che soccorreva e senza alcun interesse medicava. Egli lasciò tutti li suoi istrumenti chirurgici all' Ospitale degli incurabili, e il Museo anatomico (in cui è mirabile la preparazione da lui il primo fatta dell' organo
dell' udito la quale gli costò sedici anni di fatica)
all' Accademia dell' Istituto. Il trattato sull' orecchia
umana da lui pubblicato in Bologna nel 1704. fu
applauditissimo, e venne ristampato oltremonti in
varii luoghi. Tre dissertazioni da lui lette all' Istituto furono dopo la sua morte stampate; in esse
parlò dei nervi, della spinal midolla, degli intestini,
dei condotti escretorii, di alcune affezioni degli
occhi e di varie altre parti dell' anatomia. „ Gratia
„ erat (così si esprime l' Autor della vita) in ple-
„ risque his rebus cum novitatis, tum vero etiam
„ utilitatis. Itaque magno assensu et laude ab iis qui
„ aderant auditae, mox fama apud ceteras Acade-

---

(1) Non aveva che 57. anni allorchè morì.

„ mias pervulgatae summam omnibus editionis ex-
„ pectationem commoverunt „ .

LIII. Discepolo del Malpighi e del Bellini fu Gio.
Domenico Santorini che insegnò filosofia e medicina in Venezia, e che dedicò a Francesco Delfini uno
de' suoi precettori li opuscoli da lui composti prima di
25. anni (1). Esercitò egli in detta Città la professione di incisore anatomico e in seguito la carica di
Protomedico di sanità, ma la medicina non potè a
lungo sentire i vantaggi di questo suo esimio coltivatore, poichè morì di soli 56. anni nel 1737. (2). Pubblicò egli le sue osservazioni anatomiche le quali gli
hanno meritato un posto distinto fra i più celebri
anatomisti, ed esercitò con buon esito la medicina
pratica. Fra le di lui opere stimansi assai le due seguenti *Opuscula medica de structura et motu fibrae,
nutritione animali, haemorroidibus et catameniis* nel
1705. pubblicati e poscia più volte ristampati in Italia ed oltremonti. L' altro ha per titolo *Observationes anatomicae Venetiis* 1714. Il Sig. Portal ci presenta un estratto di quanto incontrasi di più interessante in ambedue questi lavori; nel primo dei
quali il Santorini esamina e descrive le fibre da lui dette elastiche ripiene di un fluido, che scorrendovi per
entro è a suo parere la causa delle nostre sensazioni. Allorchè poi l'Autore parla della nutrizione, segue il sistema Malpighiano sulle glandole adipose, e
si impegna nella sottile indagine della struttura dei
nervi, appoggiando le sue teorie con le sperienze sui
cadaveri da lui istituite. Nelle osservazioni anatomiche poi ci presenta il Santorini una breve esposizione delle sue riflessioni sulla struttura delle parti dagli

---

(1) Portal, storia dell'anatomia e della chirurgia T. IV. pag. 337.
(2) Dizion· degli Uom. ill. T. XVIII. p. 140.

altri Anatomisti osservate, o che ha egli scoperto. E siccome congiungeva al talento di osservare la più profonda erudizione, così ha il nostro Filosofo potuto giudicar bene dei proprii lavori e di quelli degli altri. Lungo sarebbe il voler quì riferire tutte le nuove osservazioni di lui, o le correzioni fatte a quelle degli altri; basti il dire che il Sig. Portal nel terminare il diffuso estratto dell'opera anatomica del Santorini dice, che se gli altri Anatomisti lo imitassero, avremmo più cognizioni e minor quantità di libri, poichè ha egli saputo riunire in un solo volume le più importanti cognizioni della scienza, e tutto ha l'impronta d'originale; la sola taccia che dar gli si potrebbe si è di aver minutamente descritti gli oggetti anche di non gran rilievo. Il Professor Michele Girardi di cui altrove si parlerà, diede in luce l'anno 1775. un'opera inedita del Santorini corredata di diecisette tavole di anatomia, opera che gli intelligenti favorevolmente accolsero, e di cui i Giornali diedero vantaggiose relazioni (1).

LIV. Bonnazzoli ed altri Anatomisti.

LIV. Esaminò diligentemente la natura degli intestini e dei reni il Bonnazzoli Anatomista dell'Istituto di Bologna, e ci lasciò in una Memoria le osserva_ zioni fatte su questa parte del corpo umano, Memoria, al dire del Sig. Portal, che ha fatto avanzare la scienza (2). Molto credito acquistossi pure Andrea Massimini nato in Roma nel 1727. e morto li 22. di Aprile dell'anno 1792. per le estese sue cognizioni nella indicata facoltà e nella ehirurgia; perlocchè eletto venne nel 1777. Chirurgo primario sopranumerario nello spedale della consolazione in Roma dove aveva studiato, e la sacra Congregazione dei

(1) Dizionario citato.
(2) Storia dell' anatomia T. V. pag 351.

Riti si prevalse più volte nelle cause davanti ad essa trattate della penna del Massimini, che nel 1785. il Pontefice Pio VI. annoverò fra lì Chirurghi Pontificii. L' amenità del suo tratto, la soavità de' suoi costumi, e la carità con cui assisteva gli infermi più miserabili, lo rendettero caro ad⁻ ogni ceto di persone, e le sue cognizioni scientifiche gli procurarono l' onore di essere ascritto a molte Accademie fra le quali contasi la Cesarea Medico-chirurgica di Vienna. Pubblicò egli un commentario sul libro *De fracturis* di Ippocrate, encomiato dall' Accademia chirurgica di Parigi, e un altro sulle tavole anatomiche di Eustachio da lui dedicato al Cardinal Gerdil (1). Insegnò filosofia e Medicina a Torino il Dottor Lorenzo Terraneo morto d'anni 36. nel 1714., il quale è Autore di un'opera interessante intitolata *De glandulis universim et speciatim ad uretram virilem novis Taurini* 1709. e poscia *Lugduni ˖Batav.* 1721. e 1729. Terraneo descrive fra le altre cose le due glandole scoperte da Mery e da Cowper, o piuttosto da Colombo senza citarli, oltre di che tratta a lungo e con profondità il presente argomento esponendo le proprie osservazioni sulle glandule umane, e su quelle di alcuni animali, e descrivendo più esattamente quelle scoperte dal suddetto Cowper. Morgagni condanna il Terraneo di negligenza per non aver conosciuto quanto avevan scritto gli altri sulle glandole stesse, e trova molte imperfezioni nelle tavole annesse all' opera, ciò nulla ostante Portal dice che a lui sembrano ben rappresentati i canali dell' uretra detti secretorii (2). La Città di Bologna che in ogni tempo ma special-

---

(1) Dizion. degli Uomini ill. T. XI. pag. 120.
(2) Portal, storia dell' anatomia ec. T. IV. pag. 427.

mente nel secolo XVIII. si distinse per tanti riguar-
di nelle scienze e nella amena letteratura, vanta
ancora nell' epoca stessa alcune donne rendutesi per
il loro sapere rinomate, e fra queste dobbiamo adesso parlare di Anna Morandi Manzolini fabbricatrice
di pezzi anatomici. Vide essa la luce l' anno 1716.
nata essendo da Carlo Morandi e da Rosa Giovanni, i quali nel 1740. la maritarono a Giovanni Manzolini che ajutò il Lelli a lavorare in cera i pezzi della nuova camera di anatomia ordinata dal gran
Pontefice Benedetto XIV. Ma disgustatosi il Manzolini non si sa per qual cagione, col Lelli, separossi da
lui, comiuciò a lavorare in propria casa, e mescolan-
do alla cera altre materie più consistenti superò per
questo conto i lavori anatomici stessi del Lelli, e
divenne unitamente alla consorte celebre quanto
quello, come scrive il Zanotti (1), il quale chiama
la moglie *Anatomicam et humanarium partium fictri-
cem praestantissimam,* e ce la rappresenta ancora come eccellente nella ostensione anatomica. Mortogli
il marito alli 7. Aprile del 1755. venne essa aggre-
gata all' Istituto delle scienze, ed in seguito a varie
altre Accademie d' Italia, e nell' anno 1758. ottenne una Cattedra di anatomia col permesso di dar
lezioni o nel pubblico studio, o nella propria casa.
„ La fama di questa Donna si sparse per tutta l'Eu-
„ ropa, ed oltre la nobilissima Città di Milano,
„ Londra ed ancora Pietroburgo invitaronla con of-
„ ferte amplissime a voler prendere stanza tra loro.
„ Ricusò ella di abbandonare la Patria, e corrispose
„ agli inviti così onorevoli e così generosi inviando
„ varie casse di preparazioni anatomiche e accompa-
„ gnandole dice il Crespi, *de' suoi libri corrispondenti*

---

(1) Comment. dell' Istituto T. III. pag. 88.

,, cioè delle spiegazioni di ognuna delle suddette preparazioni; queste sono parole di Fantuzzi (1). Concor-
sero sempre in gran numero i forestieri a visitarla e
ad ammirare i suoi lavori, e l' Imperator Giuseppe
II. allorchè passò per Bologna, lodò le preparazioni
di questa Donna insigne che morì nel 1774., e due
anni dopo il Senato acquistò per l' Istituto tutta la
suppellettile anatomica della defunta.

LV. L' amicizia del celebre medico Leprotti Romano di cui parleremo più avanti, giovò non poco
al Dottor Pietro Tabarrani nato nel 1702. a Lam-
brico terra del Lucchese, poichè fece la pratica sotto la sua direzione, e poscia il Leprotti gli ottenne
dai Prefetti dell' ospitale di S. Spirito in Roma tutti i mezzi per eseguire le sezioni anatomiche tanto
in casa che nel suddetto luogo. A far ciò erasi già
avvezzo il Tabarrani esercitato avendo il coltello in
molti cadaveri tanto a Firenze quanto a Bologna,
allor quando il Cardinal Alamanno Salviati lo chiamò
a Roma come suo medico. Qual frutto delle sue ricerche pubblicò nel 1742. e poscia nel 1753. le sue
osservazioni anatomiche, nelle quali corresse varii
errori degli antecedenti scrittori e specialmente del
Santorini e del Winslow, offrì nuove scoperte utili alla chirurgia e confermò varie cognizioni che prima
eran dubbie. E per dire alcuna cosa più in particolare sulle fatiche del Tabarrani, farò sapere ai miei
lettori che egli scoprì molti seni del cervello, la con-
giunzione della vena oftalmica e del suo arco, come
pur quella del seno jugulare con il seno inferiore
petroso. A lui pur debbonsi insigni schiarimenti sulla effusione del sangue intorno alla carotide, sul
muscolo semispinato del dorso, sulla valvola Eusta-

LV.
Tabarrani Pietro,
Caramelli Fran-
cesco.

chiana e sulle parti sessuali della femmina (1). La
fama che gli acquistò quest' opera, ottener gli fece
la Cattedra di anatomia a Siena, allorchè l' abbandonò il Dottor Giovanni Bianchi, e in questo nuovo
impegno egli si distinse assai, e rendette celebre e
fiorente più di qualunque altra la sua scuola anatomica, e vantar può fra li suoi discepoli l' immortal
Mascagni di cui altrove si parlerà. Gli atti dei Fisiocritici di Siena contengono le più interessanti di
lui scoperte, fra le quali meritano special menzione le memorie *De acetabulo femoris et ligamento*
terete, de teste et tenui membrana quae ab albuginea
separari potest, de nervo quinti paris utique septo
proprio a sanguine receptaculi distincto, de ossibus
triquetris etc. le quali tutte giudicate furono molto
importanti dall' Haller, che seco si congratulò di opi-
nar come lui intorno ad una certa ombra sulla figura della valvola Eustachiana imaginata da Albi-
no. Il Professor Tabarrani fece parte dell' Istituto di
Bologna, fra le memorie del quale se ne legge una
da lui composta sulla correzione dei termometri,
che aveva già per lo avanti immaginata e che Mus-
schenbrœck lodò. La troppa libertà tuttavia di questo Anatomista nel difender le proprie opinioni incontrar gli fece l' odio di molti; e trovò quindi acerbi contraddittori, ai quali però seppe render la pariglia. Sul finir della vita divenne cieco, ma soffrì con
animo paziente la sua disgrazia; e due anni prima
di morire ritornò a casa, dove quantunque ridotto
n così deplorabile stato, si ammogliò con Anna Maria Bertagni di Camaggiore giovane colta specialmente nelle lettere latine, dalla quale non ebbe figlii,

---

(1) Fabbroni, Vitae ec. T. XIX. pag. 108. Portal, storia citata T. V.
pag. 276.

e cessò di vivere poscia alli 5. di Aprile dell' anno
1779. a Siena, dove aveva fatto ritorno per istruire a viva voce gli scolari, giacchè farlo non poteva in altra maniera. Se avesse più lungamente vissuto il Dottor Francesco Caramelli di Martiniana in Piemonte, avrebbe sicuramente giovato ai progressi della fisiologia e dell'anatomia. Discepolo e compagno
del celebre Ambrogio Bertrandi diè in luce una ingegnosa dissertazione ignota all'Hallero ed al Portal
sull'uso della milza, che come si sa è tuttora un
problema fisiologico insoluto, ed aveva preparata
un'opera intitolata *Nuova teoria dell' ottica*, alla
quale preceder doveva una dissertazione analoga all'
argomento del sullodato Bertrandi; ma la morte del
Caramelli impedì la pubblicazione di questo suo lavoro (1).

LVI. La Società Italiana delle Scienze annoverò
fra li suoi più illustri Cooperatori il Professor Leopoldo Marc-Antonio Caldani di cui il nipote Chiar.
Sig. Professor Floriano scrisse le notizie inserite nel
T.º XIX. degli Atti sociali, e da queste io quì trarrò
quanto di più importante risguarda questo medico
ed anatomista insigne. Da antica famiglia Bolognese
originaria però di Modena sortì il Caldani i natali nel 1725. alli 21. di Novembre, e li suoi genitori furono Domenico Caldani e Maddalena Pa-
sti. Inclinato per natura agli studii filosofici compiè
in anni sei il corso di medicina in Bologna, ed essendosi distinto specialmente nelle incisioni anatomiche venne destinato in età d'anni 22. *Assistente*
nello spedale Bolognese detto di *S. Maria della morte*, il che consideravasi come un premio riserbato a

LVI.
Caldani Leo-
poldo Marc-An-
tonio.

---

(1) Donino Biografia medica Piemontese pag. 180.

quei giovani che avevan dato saggio di talento e di
buona volontà nello studio. Non era però a' suoi giorni molto avanzata nella scuola Bolognese la scienza medica, nè conoscevansi colà le istituzioni mediche
del Boerhaave (1), le quali essendo venute alle mani
del nostro giovane tutto in esse gli parve nuovo, e
volle comprendere a fondo il libro. Perlocchè con
l'ajuto di un amoroso maestro si diede a meditarlo,
e contemporaneamente a maneggiare il coltello anatomico per istituire quelle osservazioni che indispen-
sabili egli vedeva all'intelligenza della nuova dottrina non fondata sulle ipotesi e sulle immaginazio-
ni Aristoteliche, ma sulle leggi fisiche e sui principii stabiliti dalla natura. Bene istruito così il Caldani ricevette nel 1750. la laurea in detta facoltà, e
fin d'allora cominciò ad acquistarsi fama, poichè ritenevasi che egli conoscesse meglio di qualche ve-
terano (2) l'arte sua, e il famoso medico chirurgo
Pietro Paolo Molinelli lo stimava assai, gli affidava
i proprii clienti, e procurava ognora a lui i mezzi
di continuare le sezioni anatomiche, e indirizzava-
gli i giovani studenti, perchè in questa essenzial parte della scienza li istruisce. Cinque anni appresso
cioè nel 1755. il Senato di Bologna gli conferì la
cattedra di medicina pratica con l'obbligo di insegnare l'anatomia nel 1760. cioè cinque anni più tardi: e ciò a motivo della somma importanza che da-
vasi e meritamente a queste lezioni, alle quali in-
terveniva il Senato, il Legato Pontificio, i Professori cc., ed era in facoltà di chiunque l'obiettare a
quanto esponeva l'Anatomista che insegnava. Per dis-
porsi a sostener con riputazione questo arduo cimen-

<hr>

(1) Notizie citate pag. VI.
(2) Notizie ec. pag. VII.

to, il Caldani si determinò di andar, come fece nel
1758. a Padova onde assistere colà alle lezioni del-
l'illustre Morgagni, e conferir seco intorno ad alcune questioni dell'arte, e il Conte Algarotti che era
stato in Bologna discepolo del Caldani, gli offrì graziosamente l'alloggio nella sua casa di Padova. Restituitosi egli poi a Bologna diede nell'anno stabilito le pubbliche lezioni di anatomia in lingua latina
che a fondo conosceva, con straordinario concorso,
e con esito più che felice, quantunque combatter
dovesse con due vecchi Professori voglio dire il Dottor Balbi ed il Dottor Gusmano Galeazzi, che acre-
mente oppugnavano la dottrina della irritabilità Halleriana validamente dal giovane Professor Caldani
difesa: e avvenne in tal circostanza un fatto che a
onore di lui deve la storia tramandare alla posterità. Disputava ogni giorno il Galeazzi col nuovo Professor per sostener le dottrine del celebre Malpighi
(1) contro quelle dell'Haller ma sempre invano ;
giunto finalmente il giorno in cui dovevasi trattar
dal Caldani del mistero della generazione, mentre
il Galeazzi attento stava per udir su questo argomento come la pensasse il giovine anatomista, con
somma sua sorpresa sentì che egli confermava colle
osservazioni dell'Haller quelle del Malpighi all'argomento relative. Alzatosi allora il vecchio Galeazzi
dal suo seggio con forte batter di mani applaudì, e
tal rumore levò l'intero teatro coi replicati *Evviva*,
che non potè il Caldani proseguir più oltre la lezione. Ma più ammirar si fece egli allora, perchè succe-
duta la calma rivolse d'improvviso il discorso alla
statua del Malpighi in quel luogo con altre d'uomini celebri collocata, e il pregò di perdonargli se

_____

(1) Il Galeazzi era l'unico uditor superstite del Malpighi.

parlando dei visceri scostato erasi da suoi insegnamenti, *protestando di risarcire l'offesa col difende*re
*quanto egli aveva scritto sulla preformazione dei ger-
mi* ciò facendo con la scorta del grande Hallero.
Non si rattenne allora il Galeazzi e proruppe in queste rimarchevoli espressioni. ,, Decrepito come io so-
,, no, ho udito molti e poi molti parlare e disputa-
,, re da quella Cattedra, ma questi solo è quegli
,, che la natura ha fatto per sostenerla con onore (1).

LVII. Non ostante questi così felici successi provava il Professor nostro in Patria molte contrarietà,
per la qual cosa avendo già acquistato credito nello
stato Veneto si determinò di abbandonar Bologna, e
invitato all'Università di Padova nel 1760., vi si recò, e dopo di aver soddisfatto all'incombenza avuta
di proporre il metodo con cui insegnar dovevasi la
Clinica medica, gli fu offerta questa Cattedra che
andava ad istituirsi nell'ospitale di quella grande
Città. Ricusò egli da prima questo impegno come alle sue forze superiore, il che gli fece maggior credito, e nell'anno susseguente venne destinato a coprire la Cattedra di medicina teorica allora renduta
vacante, con la condizione di succedere al Morgagni
già vecchio nell'altra primaria Cattedra di Anatomia. Io non mi tratterrò qui per amor di brevità, a
descrivere le varie vicende che prolungarono l'epoca in cui potè il Caldani salir queste Cattedre (2),
la prima delle quali ottenne soltanto dopo di avere
per qualche tempo insegnato la cura *De morbis mu-
lierum, puerorum et artificum;* e l'altra egli coprì
nel 1771., allorchè venne meno il Morgagni, e piuttosto dirò alcuna cosa del suo metodo di insegnare.
A lui deve l'Archiginnasio di Padova l'obbligazione

---

(1) Notizie cit pagina XVII. XVIII.
(2) Notizie cit. pag. XXIII. e segg.

di aver fatto conoscere ai giovani le teorie mediche
del sommo Boerhaave, appoggiate alle osservazioni del
Ruischio ed alle proprie cognizioni in anatomia specialmente acquistate. Egli usava poi di convalidare
con le ostensioni anatomiche quanto insegnava in teoria, e quantunque dai suoi emuli contradetto gli fosse di far le esperienze necessarie sulla macchina umana, egli non si scoraggiò e dopo di aver mostrato
tutto ciò che potè negli animali vivi, per cui egli
annoverar devesi fra i primi promotori dell'anatomia comparata, si procurò dall'amico Azzoguidi di
Bologna tutte quelle parti del corpo umano che gli
abbisognavano, e ne fece a' suoi uditori la descrizione in conferma delle nuove dottrine, perlocchè
trionfò de' suoi avversarii i quali speravano che privo del soccorso suddetto, avrebbe dovuto cedere il
campo (1). Pubblicò egli poi le sue istituzioni di patologia e fisiologia, le quali ebbero un gran spaccio
in Italia e fuori, più volte si ristamparono, servirono di testo in molte Università, e ottennero il voto fra gli altri dell'illustre Borsieri. Allorchè il Caldani intraprese l'insegnamento dell'anatomia, non
poche utili novità introdusse nella scuola, e specialmente corresse il difetto de' suoi antecessori, i quali preparando così all'ingrosso le parti, accadeva per
l'ordinario che la descrizione anatomica non corrispondeva quasi mai al pezzo esposto nella scuola. Estese inoltre il Caldani il numero delle sue lezioni di-
videndone il corso in tre anni, per cui potè istruir
a fondo la gioventù in tutti i rami dell'anatomia, e
non avendo potuto ottenere i mezzi di formare un
gabinetto di preparazioni anatomiche, diede sempre
le sue lezioni sul cadavere, esposte con aurea latini-

---

(1) Notizie ec. pag. XXX.

tà, con una chiarezza tutta sua propria e condite della più scelta ed opportuna erudizione.

LVIII. I meriti del nostro Caldani non si restringon a quanto abbiam finora ricordato; ma l'anatomia pratica a lui deve molto e per i nuovi metodi, che introdusse nel trattarla e per varie belle scoperte che fece. E per dir soltanto delle cose principali, esaminò egli attentamente la composizione dell'orecchio, e avendo veduto in esso delle parti fino allora da altri non osservate, fece con la dovuta esattezza le preparazioni necessarie e i disegni opportuni, i quali egli spedì al suo intimo amico l'Hallero che si incaricò della spesa per la loro esatta incisione, e successiva pubblicazione (1); ma prevenuto dall'altro celebre medico Cav. D. Domenico Cotugno Napoletano, il Caldani non stampò le sue osservazioni, nè cercò di darsi alcun vanto, cedendo ben volentieri la palma a chi più sollecito di lui aveva veduto ciò che egli vide di poi, e si limitò a suggerire soltanto una correzione adottata poi nelle scuole relativa al movimento del fluido nell'ammirabile organo dell'udito (2). L'occhio altra non meno mirabile parte della nostra macchina ricevette dal Professor Bolognese pregevoli illustrazioni, e lo stesso dicasi di altre parti le più delicate dell'anatomia. Oltre le suindicate opere scolastiche scrisse e stampò una dissertazione epistolare diretta al più volte nominato Haller, nella quale difese con forti ragioni, ed appoggiato a reiterate sperienze il sistema della insensività ed irritabilità Halleriana, e quest'opuscolo fece a quei dì gran rumore, ristampossi e fu tra-

_____

(1) Lettera di Haller 7. Luglio 1760.
(2) Il Cotugno avrebbe desiderato che il Caldani pubblicasse queste sue osservazioni (Notizie ec. pag. XLV.).

dotto anche in Francese; nè a questa difesa si limitò il nostro Professore, poichè avendo il Le-Cat, il
De Haen, e il Professor With di Edimburgo attac-
cate nuovamente le esperienze e le deduzioni del-
l'Haller, ritornò in campo il Caldani e replicando le
esperienze del Professor Scozzese, ne scuoprì l'ingan-
no, e sostenne la spiegazione data dall'amico ai fenomeni osservati nel taglio dei muscoli animali (1).

LIX. Dopo di averè il nostro Professore per il corso di circa quarant' anni insegnato con plauso straordinario nella Padovana Università le due primarie
Cattedre di medicina, videsi nel 1805. benchè con
suo dispiacere accordato un assoluto riposo, nel quale però la natural sua attività non gli permise di
rimanere a lungo, e propose ed ottenne di continuare ad istruire i discepoli vicini ad ottenner la
laurea con alcune lezioni di semiotica (2) che
nel 1808. poi videro in Padova la luce. Visse egli
una lunga vita dotata di sanità e robustezza non
comune, ajutata poi anche dalla regolarità del vitto e dalla sua morale condotta, per cui toccò l'anno ottantanovesimo essendo mancato ai vivi nel giorno 30. di Dicembre dell'anno 1813. dopo di essersi
già da alcuni mesi preparato con cristiana esemplarità alla morte, ed avendo voluto sei dì prima di morire, rileggere *quel lungo tratto della Fisiologia del-
l'amico Haller, ove dell'anima si favella* (così nelle cit. notizie) facendo gustare le espressioni all'af-
flitto nipote Professor Floriano (3). Copioso è il numero delle Accademie alle quali ascritto venne il

LIX.
Continuazione
di ciò che ris-
guarda il Profes-
sor Caldani.

(1) L'irritabilità Halleriana al presente non è più ammessa dopo che
si è scoperto il Galvanismo.

(2) Ramo della patologia.

(3) pag. LXXIX. delle citate notizie.

nostro Anatomista Leopoldo Caldani, e fra queste
contansi le Accademie di Parigi e di Berlino, la
Reale Società di Londra e quella di Gottinga; estesa quanto mai fu la sua letteraria corrispondenza,
e il Sandifort di Leida, e Blumenbac di Gottinga,
il Van-Swieten, il Frank, il Portal e molti altri illustri
Europei ebbero carteggio col Caldani, e a lui comu-
nicarono o da lui ricevettero notizie letterarie e scientifiche. La fama di cui meritamente godeva, mosse
il Pontefice Clemente XIV. a invitarlo all'Università di Ferrara con generoso stipendio, ma la gratitudine sua verso l'eccelso Governo Veneto gli fece ricusar questa offerta, come pur quella di subentrare
al Chiar. Borsieri nella Università di Pavia nel 1778.,
e nel 1785. tenne lo stesso contegno allor che gli si
propose di venir nominato Archiatro dei Reali Arci-
duchi di Milano Ferdinando d'Austria e Maria Beatrice d'Este sua Consorte. L'Imperator Giuseppe II.
particolarmente lo distinse trattenendosi con lui a lungo colloquio, allorchè nel 1785. fermossi a Padova; il Gran Duca di Toscana Ferdinando III. lo invitò nel 1797. a Pisa, e i colti forestieri che pas-
savano per Padova, si facevano premura di conoscere e di trattare questo celebre medico. Costante osservatore dei doveri di Religione, lo spirito di
questa regolò sempre le azioni del Caldani, ed esercitar gli fece le cristiane virtù ma specialmente la
carità al segno, che sebben dotato di ricco patrimonio morì povero, perchè al sollievo della mendici-
tà e della Chiesa impiegava ciò che al frugale man-
tenimento della famiglia sua sopravanzava (1).

LX.
Cotugno Cav.
Don Domenico.
　　LX. Contemporaneo al Caldani visse come abbiam
già osservato Don Domenico Cotugno, di cui per-

---

(1) Notizie cit. p. LXXV. e seg.

ciò adesso daremo le dovute notizie (1). Un modello di virtù e di sapere riscontrasi in questo medico che ebbe a suoi genitori Michele Cotugno e Chiara Assalemme conjugi poveri ma onorati e religiosi, dalli quali nacque in Ruvo Città della Puglia il dì 29. Gennajo dell'anno 1736. Studiò in Molfetta e si impossessò bene della lingua latina che parlava speditamente, dopo di che ritornò a Ruvo dove fece il corso delle scuole superiori, ed ebbe a maestro in medicina facoltà alla quale specialmente si dedicò, Gio. Battista Guerna le cui lezioni egli ripeteva compiutamente, mostrando così fin d'allora di dover riuscire un eccellente Professore. Ma per compiere il corso medico li suoi genitori, benchè con loro incomodo, il mandarono sul finir dell'anno 1753. a Napoli raccomandato alla protezione del Duca d'Andria loro Feudetario, nella qual Città compiè sotto la direzione del Dottor D. Pasquale Pisciottana il corso di medicina, e fra molti concorrenti fu scelto come assistente agli infermi nello spedale; frequentando poi l'Oratorio dei Padri Gesuiti si confermò vieppiù nella Religione e nell'acquisto della divozione. Mentre egli in detto luogo si esercitava nella pratica medica, gli accadde quel fatto che cominciò a far parlare di lui nella storia letteraria; e che lo deve far in qualche modo riconoscere come precursore dell'illustre Galvani nelle scoperte sull'Elettricità animale. Riescì al Cotugno di prendere un topo che avvicinandoglisi lo aveva disturbato dallo studio, e volle aprirlo con un coltello, ma puntolo appena nel diaframma gli diede quello con la coda, colà dove si divide il dito mignolo dall' anulare un colpo tale, che gli intorpidì tutta la mano. Non conobbe il giovane studente allora la via con cui spiegar questo singolare fenomeno, ma avendolo registrato tra le sue osservazioni,

(1) Scotti Angelo Antonio Elogio del Cotugno. Napoli 1823.

ne diede poi anni dopo relazione in una lettera *sulla Elettricità del Sorcio* al Cavalier D. Giovanni Vi-
venzio (1). Lo spirito di osservazione e l' autopsia
dei cadaveri regolarono ognora gli studii medici del
nostro Cotugno, il quale non mancò contemporaneamente di istruirsi nell' amena letteratura, di apprendere le lingue greca e latina, in somma di for-
nirsi di tutte quelle cognizioni che rendono un uomo veramente dotto e colto. Prima ancora di ricevere la laurea in medicina, il che avvenne nel 1756.,
cominciò ad insegnare queste scienze, e compose le
sue Istituzioni mediche da lui a copiosa gioventù
dettate con grande loro frutto, e nel 1755. vollero i
Governatori dello spedale che facesse da sostituto nella
Cattedra di chirurgia, il Professor della qual facoltà trovavasi allora infermo. La prima importante scoperta che di lui conosciamo, quella si è degli acquidotti della linfa nell' orecchio dal suo nome poscia
denominati Cotuniani; acquidotti da lui descritti in
una dissertazione nel 1761. pubblicata, e che poi
si riprodusse in Vienna, in Olanda, ed a Bologna,
nella quale descrive l'organo sempre mirabile del-
l'orecchio. Non mancò l'invidia e la critica di trovar da ridire contro questa scoperta, o contro il
modo con cui si enunziava dal suo Autore, ma alla
fine la verità trionfò, e l'anatomia umana vantar
potè una più esatta ed estesa descrizione dell' organo dell'udito, e del modo con cui noi sentiamo, descrizione di gran lunga migliore delle antecedenti.
Altra scoperta del nostro Cotugno abbiamo nel nervo da lui chiamato *parabolico incisivo*, che disegnò
soltanto e ad alcuni amici comunicò; ma si diffuse
così poco questa novità che 22. anni dopo il Chia-

---

(1) Stampata a Napoli nel 1784.

rissimo Pr. Scarpa scuoprì lo stesso nervo, e gli diede il nome di *Naso-Palatino* perchè appartenente a
queste due parti del corpo umano; avvisato egli però
dal Professor Girardi Anatomista di Parma, riconobbe l'anteriorità al Cotugno dovuta per questa scoperta (1). Siccome aperta la via più facilmente si inol-
tra, così il nostro Anatomista dopo aver trovato questo nervo, si avanzò a scuoprirne gli usi e le relazioni fisiologiche, dando nell'anno 1764. una spiegazione da tutti applaudita dell'origine dello starnu-
to, ed insegnando il modo di prevenirlo. Più utile
poi riuscì alla umanità il suo commentario pubblicato contemporaneamente ai suddetti lavori, sulla
sciatica nervosa che insegnò a curar felicemente, dopo di aver data la spiegazione più plausibile della
causa di questo male. Sebbene non gli mancassero
oppositori, tuttavia i medici più rispettabili pregia-
rono assai questa produzione del Cotugno, e il Van-
swieten la fece ristampare a Vienna, altri in Olanda, e in Londra se ne vide una traduzione Inglese.

LXI. A maggiormente istruirsi il Cotugno intraprese nel 1765. un viaggio per l'Italia nostra, conobbe i più rispettabili medici e letterati, e ad essi conoscer a vicenda si fece, e ritornato alla Patria
ricco di nuove cognizioni estese per modo la sua fama, che l'Augusta Imperatrice Maria Teresa desiderò di averlo Professor di Anatomia nella Università
di Pavia; al quale invito egli per varii motivi non
si piegò, e continuò ad insegnare chirurgia e ad
esercitare con sommo credito l'arte salutare, finchè
nell'anno 1768. ottenne per concorso la Cattedra di
Anatomia in Napoli, che coprì con plauso straordinario; tanto più che non potendosi per ubbidire ai

LXI.
Continuazione
di ciò che riguar-
da il medico Co-
tugno.

---

(1) Scarpa, Anatomia. Lib. II.

regolamenti della Università, far la sezione dei cadaveri, doveva supplire a viva voce alla mancanza di
un tanto ajuto; il che egli praticò sempre con piacere e profitto insieme non comune della numerosa
sua udienza, la quale oltre la profondità delle cognizioni anatomiche ammirava in lui una singolare
facondia nel dire, ed una maniera la più lusinghie-
ra di esprimersi che invitavano ad udirlo. Aumen-
tandosi le faccende e le cure mediche dovette il Cotugno abbandonare la Cattedra di chirurgia, lasciando però un monumento della sua abilità in questa
professione, col dare nel 1772. una nuova edizione
delle osservazioni e dei trattati medico-chirurgici di
Pietro De Marchettis, a cui fece delle giunte proprie
e di altri Autori, e li rendette così più utili all'insegnamento della gioventù. Queste sono le principali sue fatiche letterarie ma non le sole, poichè scrisse e bene sul terribile male del vajuolo, ed una sua
prolusione sul vero spirito della medicina, in cui spiegò in tutta l'estensione il vero carattere della scienza, incontrò la sorte delle altre, cioè di venir ben presto in più luoghi ristampata (1). Altra sua scoperta
io quì per ultimo rammenterò sul *Meccanismo del
moto reciproco del sangue per le vene interne del
corpo ,,* poichè trovò che alcune interne vene del
,, capo fanno le veci delle arterie per lo reciproco
,, movimento del sangue che per esse va dal cuore
,, al capo ,,; e col suffragio dell'Accademia Napole-
tana allora istituita pubblicò nel 1782. una Memoria sopra questo bell'argomento e ne lasciò un'altra inedita (2). Si può dir poi che non avvi parte
della medicina sopra cui non lasciasse qualche scritto, e sarebbe stato a desiderarsi che egli non si fosse

---

(1) Pag. 35. 37. dell'elogio citato.
(2) Ivi pag. 38. 53.

mostrato così difficile a stampare le dotte sue produzioni, alcune delle quali però a motivo delle tante sue
occupazioni restarono incomplete (1). Finchè fu giovine il Cotugno, non pensò ad ammogliarsi; ma il fece
allorchè giunse all'età d'anni 58., e scelse a sua sposa
la vedova Donna Ippolita Ruffo Marchesa di Bagnara
virtuosissima Signora, con cui passò gli ultimi anni
del viver suo nell'esercizio reciproco di una distinta pietà e di una carità profusa verso gli indigenti.
Il credito grande acquistatosi dal Cotugno nella pratica della medicina determinò il Re a sceglierlo per
medico della Reale famiglia, e con esso lui viaggiò
in qualità di *Medico di Camera*; e dovunque andò
tanto in Italia che fuori, si fece conoscere per uomo insigne nella sua facoltà e meritevole della Sovrana confidenza di cui era onorato. Allorchè cadde
il Trono Napoletano per l'invasione dei Francesi, il
Cotugno si regolò con molta prudenza, si meritò la
stima di tutti, e nel 1807. fu nominato Cavaliere
del Real Ordine delle due Sicilie, invigilò al miglioramento della Reale Biblioteca, ed ebbe altre onorifiche commissioni, fra le quali non è a tacersi quella di far parte della Giunta per la riforma dell'Istru-
zion pubblica, nel 1815. istituita da S. M. il Re Ferdinando allorchè riacquistò li suoi dominii. Assalito
nel Dicembre dell'anno 1818. il nostro Decano della facoltà medica da un principio di emiplegia, mentre assisteva alla S. Messa, domandò il SS.^{mo} Viati-
co, che gli venne amministrato; ma in appresso si
riebbe alquanto e visse però sempre in istato morboso sino al 6. di Ottobre del 1819., in cui passò agli
eterni riposi, e il suo cadavere con solenne pompa

(1) Pag. 53. e seg. Alla pag. 56. il Sig. Scotti descrive una Memoria
di Cotugno sulla corrispondenza fra i tuoni musicali e le affezioni dell'
animo, che contiene delle viste singolari.

funebre si trasportò nella Chiesa de' PP. della Mis-
sione in Napoli. Benefico al sommo ma per principio di Religione, i poveri in lui perdettero un vero
padre che amorosamente gli assisteva nelle loro malattie ed era con essi largo di soccorsi (1); esercitò
egli poi tutte le altre morali virtù, perlocchè si rendette caro ad ogni ordine di persone, ed a tutto ciò
unendo una profonda dottrina ed una straordinaria
coltura in ogni genere di letteratura, può il Cotugno considerarsi come un vero modello dello scienziato e del cristiano (2).

LXII.
Malacarne Vin-
cenzo Maria.

LXII. Emulo della gloria del Caldani e del Cotugno ci si offre ora Michele Vincenzo Maria Malacarne di cui io già scrissi l'elogio storico nel Tomo XIX. degli Atti della Società Italiana stampato,
e del quale darò qui un compendio, rimettendo i
lettori desiderosi di più estese notizie sul soggetto
al citato elogio. Ebbe egli a patria Saluzzo dove al
rimbombo del cannone vide la luce nel dì 28.
Settembre dell'anno 1744., mentre l'angosciata sua
madre Fortunata Garetti aveva lo sposo Giuseppe
Malacarne rinchiuso nell'assediata Fortezza di Cu-
neo (3). Dotato di vivace temperamento il giovinetto Michele Vincenzo mostrò inclinazione alla Poesia,
ma li suoi maestri dolcemente il piegarono a più utili studii, e il chiar. Ambrogio Bertrandi rinomato
chirurgo ben scorgendo di quali talenti fosse forni-

---

(1) Una volta diede fino a due mila ducati allo spedale degli Incurabili.

(2) Lasciò egli un ricchissimo patrimonio di cui in gran parte istituì
erede lo Spedale degli incurabili e si dilettò nel raccogliere quadri, libri,
monete e pezzi patologici.

(3) Allorchè sua madre lo allattava corse egli pericolo di vita, essendo
per la sbadataggine di una fantesca caduto in culla tra le zampe di una
Vacca, che gli strappò dal capo la cuffia, mentre stava ridente e tranquillo
in uno stato così pericoloso.

to il Malacarne, gli giovò non poco per ammaestrarlo tanto nella Chirurgia quanto nell'Anatomia. Cominciò egli ben presto a maneggiare il coltello anatomico, ed esaminò attentamente i visceri umani
sulla struttura dei quali sparse molta luce e specialmente su quella del cuore; ma dove si segnalò poi,
sì fu nelle osservazioni del cervello, e la *Nuova esposizione della vera struttura del Cervelletto umano*,
opera stampata nel 1776. e l'Encefalotomia universale nel 1780. pubblicata fissarono la sua fama.
L'Hallero più volte giovossi dei lavori del nostro Italiano ora per convalidar le proprie osservazioni, ora
desiderando che l'Autore desse maggior sviluppo alle sue idee. Con uguale sentimento di stima parlò
delle osservazioni del Malacarne il Vicq d'Azyr, e
il Soemmering addottar volle la nomenclatura di lui
circa la divisione dei lobi, lobetti ec. del cervello,
e con le tavole opportune illustrò le osservazioni
dell'Anatomista Italiano. Splendidi tratti della Reale munificenza del suo Sovrano Vittorio Amedeo provò
egli all'occasione, che avendo nello spedale Pammatone
di Genova eseguita la sezione dell'Encefalo umano,
ottenne le pubbliche acclamazioni, e allorquando diè
in luce l'Encefalotomia gli venne assegnata un'annua pensione, cosicchè può dirsi che il suddito ed
il Sovrano gareggiavano fra loro per far avanzare la
Notomia (1). Fra i meriti di questo infaticabile osservatore annoverar dobbiamo quello di essere stato
uno dei primi a far conoscere la Notomia comparata.
Cominciò egli poco oltre i 20. anni, mentre viveva
ritirato in Saluzzo, a notomizzare con l'ajuto del Professor di veterinaria Giovanni Brugnoni alcuni uccelli ed insetti, e nel 1771. aveva inoltrato molto le

(1) Elogio cit. pag. 10. 11. 26. e seg.

ezioni delle faine, delle testuggini, e dei vermi, ed avendo poscia negli uccelli alquanto voluminosi osservato minutamente il cervello, il centro dei nervi, gli occhi, e gli organi della generazione, istituì il dovuto confronto di queste parti con le corrispondenti della macchina umana, e comunicò i risultamenti ottenuti alli Signori Eandi, Prof. Beccaria e Verna suoi amici e corrispondenti (1); e fra le varie scoperte da lui fatte deve ricordarsi quella del metodo anatomico più adatto per rinvenire la glandola pineale negli uccelli, nel cerebro dei quali Haller opinava che non esistesse.

LXIII.
Continuazione
di ciò che riguarda il Malacarne.

LXIII. Nell'anno 1775. andò il Malacarne Professore di Anatomia ad Acqui, dove sposò Giovanna Petronilla de' Magliani che gli fu oguor fedele compagna e contribuì alla sua gloria letteraria, ajutandolo nelle sperienze e nell'esteso carteggio che aveva con i letterati Europei, perlocchè il Sig. Abate Vassalli Eandi collocò questa Signora fra le illustri Donne Piemontesi (2). Continuò allora il nostro Autore ad attendere con più fervore ai diletti suoi studii di anatomia umana e comparata, sul qual argomento leggonsi molte di lui dissertazioni inserite fra quelle della Società Italiaua delle Scienze, alla quale il fondatore Cav. Lorgna fra i primi quaranta Socii lo ascrisse, ed un suo scritto *sui sistemi*, inviato alla Società di emulazione di Parigi, sebben giunto troppo tardi ottenne, al suo Autore la proposta corona. E mentre alle teorie mediche ed anatomiche consecrava egli le sue vigilie, vi univa l'esercizio pra-

(1) Elogio cit. pag. 11. e 12. dove ho fatto osservare che gli oltramontani non hanno renduto al Malacarne la dovuta giustizia nell'assegnargli il posto a lui dovuto fra i primi coltivatori dell'Anatomia comparata.
(2) Elogio cit pag. 18. Nota.

tico della terapeutica e della chirurgia con molto
grido, poichè fu chirurgo delle Regie armate, osservò e descrisse non poche malattie singolari, esaminò nella valle del Pò l'infelice razza dei Cretini, e
pubblicò un trattato di flebotòmia e di ostetricia. Il
progetto da lui umiliato alla Maestà del Re Vittorio Amedeo sui miglioramenti che propose alle antiche terme d'Acqui felicemente riescì dando a quei
bagni novella vita, cosicchè nel 1780. si ristabilì il
concorso dei numerosi forestieri che restarono pienamente soddisfatti di questo salutar loro viaggio; e
la prefata M. Sua con nuove e larghe rimunerazio-
ni dimostrò al Professor Malacarne il Sovrano suo
aggradimento per queste operazioni. Dopo otto anni
di soggiorno in Acqui passò il Professor nostro a Torino in qualità di Chirurgo maggiore della Città e
Fortezza, ed accolto da quei Dotti con molta cortesia lusingavasi di ascendere in quella primaria Università del Regno una Cattedra di medicina, ma la
sua sorte avversa glie lo impedì; e quantunque ot-
tennesse poi nel 1789. la Cattedra di chirurgia e di
ostetricia nella Università di Pavia, pure sempre sfor-
tunato, pochi anni colà si trattenne, e nel 1793.
si restituì a Torino, ma per poco, poichè finalmente il Senato Veneto lo chiamò nell' anno successivo
alla Università di Padova per insegnare ivi la chirurgia teorica e pratica. Giustificò il Professor Malacarne la buona opinione che di lui concepita avevano i Veneziani, e con istruire premurosamente la
gioventù, che in copia a quel celebre archiginnasio
ognora concorre, e col pubblicare di quando in quando opere utili all' avanzamento della scienza e specialmente dell' anatomia tanto comparata che umana, il lungo catalogo ragionato delle quali può vedersi inserito alla fine dell' Elogio più sopra cita-

to (1); e quì ricorderò soltanto i suoi dialoghi per
le levatrici, le lezioni sui mostri umani e il trattato delle osservazioni chirurgiche stampato nel 1784.
a Torino, e di cui il Chiar. Sig. Cav. Gio. Battista
Palletta molto vantaggiosamente parlò (2). Fissato che
ebbe il Prof. Malcarne la sua dimora in Padova più non
la abbandonò, e mostrossi sempre grato a quei Cittadini che lo stimavano e lo amavano, e che ne piansero la
perdita accaduta nel 4. di Settembre dell'anno 1816.
per una paralisi che lo tenne inchiodato nel letto per
giorni 34. e poi lo portò al sepolcro (3). Dotato siccome fu il nostro Professor di vasto ingegno e di
molta attività di spirito, faceto quanto mai in con-
versazione e nello stile epistolare, oltre la medicina
si occupò utilmente nella storia, nella erudizione
e nella amena letteratura. Se però la poesia lo dilettò, non lo distrasse dai migliori studii, e fra questi occuparono l'attenzion sua quelli della patria storia; e ciò che più in lui fa meraviglia si è, che mentre era ancor giovine a tutte queste varie facoltà si
rivolse. L'anno 1770. infatti 26.° di sua età, cominciò a raccogliere monumenti e notizie storiche, cercò ed ottenne l'amicizia e la corrispondenza di erudite persone, e fra queste contansi il Barone Ver-
nazza, il Padre Agostino Verani, e in appresso l'Abate Denina, i quali si diedero premura di soddisfare
alle inchieste del Malacarne. Varii furono gli scritti
alla storia del Piemonte appartenenti che egli diede
in luce, diretti o a rischiarare alcuni punti di antica erudizione, o a raccogliere le più sicure noti-

---

(1) Questo catalogo mi fu gentilmente trasmesso dal Sig. Prof. Gaetano Malacarne figlio del Prof. Vincenzo.

(2) Elog. cit. p. 29.

(3) A ben trenta Accademie fu ascritto il Professor nostro fra le quali
contansi quelle di Parigi e di Pietroburgo, e tutte le più cospicue d'Italia.

zie dei vetusti medici e chirurghi Piemontesi, le quali mercè le Sovrane largizioni egli potè ordinare, (1) ed il catalogo delle produzioni sue che trovasi in fine dell'Elogio citato, dimostra quanto estese furono anche nella erudizione e nella storia le sue cognizioni.

LXIV. Fra gli Anatomisti celebri nel secolo XVIII. primeggia .il Professor Paolo Mascagni, che può dirsi, impiegò tutta la sua vita nelle preparazioni anatomiche, e nel comporre due opere in questo genere con le quali assicurò l'immortalità del suo nome. Castelletto villaggio della Comunità di Chius-dino nella provincia superiore dello stato Sanese fu il luogo' della sua nascita avvenuta nel dì 25. di Gennajo dell' anno 1755. Li suoi genitori Aurelio Mascagni ed Elisabetta Burroni delle Pomarance persone oneste e comode lo mandarono a Siena, dove ben presto si sviluppò in lui l'inclinazione decisa per l'anatomia che imparò alla scuola del Dottor Pietro Tabarrani, di cui già si parlò, nella ristaurata Università di detta Città. Rapidi progressi sotto tanto maestro fece il giovine Mascagni, così che in età di soli anni 22. cioè nel 1777. ebbe l'incombenza di dissettore'anatomico, e due anni appresso avendo il suo precettore ed intimo amico perduta la vista, gli fece coraggio ad accettare come seguì, la sua Cattedra che alla morte del Tabarrani accaduta poi nel 1782. venne a lui liberamente conferita. Passato indi da Siena all'Università di Pisa per disposizione di S. M. Lodovico I. Re d'Etruria, ed accrescendosi ognora per le opere di cui parlerassi, la sua fama, i Bolognesi desiderarono di possederlo, ma egli ricusò l'invito, ed essendo mancato nel R. Arcispedale di S. Maria Nuova in Firenze il Giannet-

---

(1) S. Maestà ordinò che gli venisse pagata un'annua somma per un amanuense che lo ajutasse nello stendere queste notizie.

ti Professore di anatomia, la Regina d'Etruria Sposa
del defunto Re Lodovico nominò il Mascagni a questa Cattedra, gli assegnò cospicui emolumenti, ed ordinò che dal suddetto spedale fossegli somministrato
tutto ciò che occorreva per le sue preparazioni anatomiche, le quali incessantemente andava facendo,
e che formarono il. materiale della grande anatomia che egli non potè pubblicare, perchè rapito da
una febbre perniciosa che il condusse a morte nel
1816. il dì 19. di Ottobre mentre villeggiava alla

Sue opere. sua patria. Mancava all'anatomia la cognizione del
tessuto dei vasi linfatici che tanto influsso pur
hanno nella animale economia, e l'Accademia di
Parigi aveva per la terza volta proposto il Problema
*di determinare, e dimostrare il sistema dei vasi lin-
fatici* entro il periodo dell'anno 1784. Contava a
quell'epoca l'anno 29.° il Mascagni, e pure aveva già
egli di tanto avanzato le sue indagini in questo ramo di anatomia, che potè spedire a Parigi il prodromo di un'opera di maggior estensione, il quale
conteneva ventiquattro tavole in foglio su tali vasi
da lui poscia fatti eseguire in cera, disegnate su gli
originali esistenti nel Museo Fiorentino, e che in seguito si depositarono nella scuola del nominato arcispedale di S. Maria Nuova. Tale ammirazione risvegliò nei dotti Parigini questo Prodromo che sebbene fosse spirato il termine del proposto concorso,
tuttavia l'Accademia decretò una straordinaria onorifica ricompensa all'Autore, il quale nel 1787. pubblicò la sua grand'opera sullo stesso argomento col
nome in fronte del Gran Duca Leopoldo, che aveva
con reale munificenza incoraggiato l'Autore a intra-
prendere un così nuovo ed arduo lavoro (1). Per

---

(1) Il Gran Duca fece in questa circostanza un regalo di Zecc. 200. al
Mascagni e gli aumentò di cento scudi l'onorario.

scoprire l'andamento di questi vasi, e per poterli esattamente descrivere come fece, inventò il nostro giovane Professore nuovi strnmenti e nuovi mezzi, e riuscì a conoscere *Essere la cuticola (* mi servirò delle espressioni dei suo encomiatore*)* (1) *un composto mirabile di vasi linfatici additandone l'andamento, nè dissimile essere l'orditura della membrana interna o mucosa, come pure la faccia esterna delle membrane sierose.* Nè quì si arrestò il diligente ed acuto osservatore, ma mise in chiara luce la situazione di altri simili vasi, che scorrono lungo i sauguigni, diede una esatta cognizione della struttura e della organizzazione delle glandule linfatiche, ed assegnò a queste parti dell'organismo animale le corrispondenti denominazioni. Dopo di aver tutto ciò mirabilmente eseguito come rilevar si può dalle tavole che accompagnano l'opera suenunziata, si occupò il Mascagni nell'assegnare le funzioni di questi organi, nel determinarne l'importanza per l'animale economia, nello stabilirne le perturbazioni e le malattie, per provvedere alle quali egli non mancò di suggerire i mezzi da lui creduti più acconci, e così rendette la sua opera utile alla fisiologia ed alla medicina pratica.

LXV. Eletto egli a Prof. di anatomia pittorica (2) pensò di sistemare lo studio anatomico di cui abbisognano i pittori e gli scultori. A quest'oggetto così utile alle belle arti considerando ancora le difficoltà di aver sempre dei modelli di membra ben fatti e proporzionati, disegnò e pubblicò un'anatomia per gli studenti delle arti belle, impiegando tutte le forme più perfette e più proporzionate che aveva in ogni tempo potuto raccogliere; e questo suo lavoro che può

ƒLXV.
Continuazione di ciò che ha relazione alle opere del Mascagni.

(1) Lippi Regolo, Elogio di Paolo Mascagni 8.° Firenze 1823. pag. 16.
(2) Elogio cit. p. 22. e seg.

tanto giovar al perfezionamento della pittura e della scoltura, vide la luce poco prima che l'Autor suo morisse. Ma più grandi idee per la mente di quest' uomo insigne aggiravansi, e l'indefesso suo maneggio dell' anatomico scalpello lo pose in istato di presentare al mondo un' opera unica nel suo genere. Doveva questa essere un' *Anatomia nell' altezza naturale dell'uomo in cui riunir dovevansi tutti gli organi ed i visceri con insieme gli elementi che li compongono* (1). Due anni dopo la morte del Mascagni si stampò in Firenze il primo quaderno del Prodromo di così grandioso lavoro diviso in dodici fascicoli con le tavole da lui ordinate e preparate prima di morire. Mentre però aspettavasi dall'Europa intera il proseguimento dell' opera, che fu annunziata con manifesti da persone a bella posta spedite portati in giro in tutte le colte Città, si frapposero diversi intralci all'esecuzione, dei quali non è mio scopo di qui ragionare; ma avendo in appresso una società di Signori Professori Pisani acquistato dagli eredi del Mascagni tutti li rami e gli scritti di lui, si è posto di nuovo mano al lavoro, ed è a desiderarsi ed a sperarsi che i dotti intraprenditori vorranno provvedere alla fama dell' illustre Autore, e al vantaggio grande che alle scienze naturali ne ridonderà, proseguendo coraggiosamente in Pisa l' edizione di un' opera così vasta e così interessante (2). E tale sicuramente esser deve questo lavoro, al quale per tutta la sua vita faticò il Mascagni: non

---

(1) Elogio cit. pag. 20.

(2) Anche a Parigi si sta attualmente stampando (cioè nel 1824) un' Anatomia che si dice del Mascagni, ma li Sigg. Professori Pisani non riconoscono per tale se non quella che uscirà a Fascicoli dai torchi Pisani, (Su questo proposito leggansi due note poste in fine del citato Elogio. Nel 1825. sortirono in Pisa li primi tre Fascicoli dell' opera a colori e in nero).

perdonò egli a spese per preparare a dovere i pezzi,
e per disegnarli al vero, non solo, ma volle allivel-
larsi alle cognizioni del giorno nel vasto campo
della comparata anatomia; per il quale oggetto portavasi egli sovente all'Imperial R. Museo per assistere ed osservare le preparazioni degli animali che colà si fanno per le lezioni onde modellarle in cera,
e ritraeva così quei lumi che necessarii giudicava affine di annunziare le verità con più certezza, ban-
dire le ipotesi, e fissare i limiti entro i quali è permesso all'uomo di indagar la natura. Nè la sola anatomia occupò il Mascagni, ma ci lasciò egli altri scritti inseriti o in alcuni giornali, o negli Atti di varie
Accademie; e in queste sue produzioni secondarie, direm così, egli ci presenta non poche interessanti osservazioni sui Lagoni del Senese e del Volterrano,
alcuni casi di morbosa anatomia o di mostri, le analisi delle acque minerali della Toscana; e non deve ommettersi che avendo nell'anno 1805. intrapreso a replicar le sperienze della decomposizione dell'
acqua col mezzo della colonna elettrica, cominciò a
dubitare egli il primo sulle conseguenze che se ne
traevano in chimica relativamente alla formazione
dell'acido muriatico, dubbii confermati dai Signori
Thenard e Biot in una nota presentata all'Istituto
nazionale di Parigi (1). Per dir finalmente alcuna
cosa del suo carattere, soggiungeremo quì che egli
ebbe temperamento allegro e vivace, tenero il cuore per cui somma in lui splendeva la commisera-
zione verso i suoi simili infelici ed oppressi, co-
sichè li sollevava con generose limosine; disprezzò la gloria, e in mezzo agli applausi che riscuoteva

---

(1) Elogio cit. p. 26. 27.

non si esaltò, stimò i Dotti e la dottrina, nè si mostrò invidioso dell' altrui nome; sebbene fosse egli
abbondevolmente provveduto di vistosi appuntamen-
ti, non volle arricchire; e impiegò le sue rendite in
quegli stessi oggetti scientifici dai quali le ritraeva.
Amò i suoi scolari qual padre, e godeva di poterli
metterli a parte delle cognizioni copiose che possedeva; con somma urbanità e cortesia accolse ognora i Letterati e i Dotti che da ogni luogo recavansi
a Firenze per osservare le scoperte di lui, e per apprendere alla sua scuola la Notomia (1).

LXVI.
Comparetti An-
drea.

    LXVI. Occupò in Padova la Cattedra di medi-
cina teorico-pratica Andrea Comparetti del Friuli
dove sortì alla luce del giorno nel 1746. e poscia
mancò ai vivi in detta Città l'anno 1801. Dopo di
aver pubblicato l'opera intitolata *Occursus medici*
che gli procurò fama, e varie altre dissertazioni, stampò a Padova suddetta nel 1787. le sue *Observationes de luce inflexa et coloribus*, in cui estendendo
le cognizioni già date da Grimaldi e Newton sulla
luce fece avanzare la scienza della visione. E mentre egli attendeva a questi lavori, dettava la clinica la quale a lui andò debitrice di un importante
miglioramento in quella Università; poichè egli fu
che propose di tener doppia scuola cioè di teorica,
e di pratica al letto degli ammalati, e usò questo
utile metodo adottato presentemente in tutte le U-
niversità. Più stimata per ogni riguardo riuscì poi l'altra sua opera col titolo *Observationes de avre interna
comparata* che il Comparetti stampò a Padova nel
1789., mentre il Chiar. Professor Scarpa, onore dei
viventi Anatomisti trattò il medesimo argomento in

----

(1) Elogio cit. pag. 30.

altr'opera l'anno stesso pubblicata Scopo del Comparetti si è di provare che nel labirinto membranoso dell'orecchia risiede la facoltà dell'udito, per il che fare ci offre la descrizione minuta della struttura di quest'organo in molti animali, accompagnata dalle figure alquanto piccole e non troppo sviluppate. Non ostante però questo difetto che rende alcun poco difficile l'intelligenza dell'opera, meritò essa l'approvazione degli Anatomisti e per i fatti preziosi in essa contenuti, e per la descrizione suddetta dell'organo dell'udito in molti animali, che prima non conoscevasi, perlocchè i Tedeschi la tradussero nel loro idioma. Eccitato dal celebre Bonnet che lesse quest'opera, il Comparetti si accinse a meditare la fisica vegetabile che fino a quell'epoca dir potevasi bambina; e frutto de' suoi studii fu un *Prodromo di un trattato di fisiologia vegetabile* pubblicato parte nel 1791. e il rimanente nel 1799., nel quale sviluppò i proprii pensieri intorno a queste scienze, e parve poi che il Ginevrino Senebier addottasse non poche delle idee del Comparetti nel suo *Sistema vegetabile.* La clinica venne da lui arricchita con varie produzioni, fra le quali meritano di esser qui ricordati li suoi riscontri medici delle febbri larvate periodiche perniciose, malattia che egli fece ben conoscere ma della quale però fu nel 1801. vittima. Che se le sue *Observationes dioptricae et anatomicae de coloribus apparentibus visu et oculo* non possono reggere al confronto degli altri suoi scritti, specialmente perchè sembra che egli abbia attribuito alla imperfezione della struttura dell'occhio alcuni fenomeni dipendenti da quella che i Fisici appellano *diffrazione della luce,* gli meritò poi nuova fama la sua *Dinamica Animale degli insetti* pubblicatasi in Padova l'anno 1801. Sceglie l'Auto-

re nei differenti generi un certo numero delle loro
specie, e con ogni esattezza descrive la struttura degli organi rispettivi e ci presenta idee nuove in tutto ciò che riguarda il moto di questi animaletti; ma
però, forse per l'imperfezione del metodo di dissezione, sembra che egli siasi ingannato nel credere
vasi sanguigni nelle cavallette alcune diramazioni
dei loro vasi epatici. Generalmente parlando tuttavia,
quest'opera va di sommi pregi adorna, è istruttiva, e
il tesoro di fatti in essa contenuti compensa abbondevolmente la fatica che deve fare il lettore nel me-
ditarla, anche perchè il metodo tenuto dal Comparetti nel disporre le materie non è il più elegante,
e la sua maniera di scrivere non alletta molto. Allorchè egli mancò di vita nella buona età di anni
56. e mesi 4., fu onorevolmente sepolto in S. Sofia a
Padova con lapide sepolcrale, e il Sig. Domenico
Palmaroli Romano pubblicò un saggio sulla vita letteraria di questo medico ed anatomista illustre, in
cui può anche riscontrarsi il catalogo delle opere che lasciò inedite, fra le quali quella sulla fisiologia
vegetabile della quale più sopra si accennò il Prodromo, certamente meriterebbe di venir pubblicata.
Gli Italiani non solo ma gli oltramontani, e fra questi Senebier, Bonnet, Walter, Eulero lo stimavano ed
avevano corrispondenza con lui, e il primo fra questi in modo particolare gli scrisse lunghe lettere e
in copia, dalle quali si rileva in quanto conto teneva il Fisico di Ginevra le osservazioni del nostro
Comparetti (1).

---

(1) Biogr. Univ. T. XIII. pag. 43. Nell'aggiunta fatta a questo articolo della Biografia possonsi vedere i molti elogi tributati al Comparetti,
quali siano i suoi diritti di preminenza sul Professor Girardi di Parma per
alcune scoperte anatomiche, e quanto abile clinico ei fosse.

LXVII. Se copioso non fu il numero degli Anatomisti che fra noi acquistaronsi nel secolo XVIII.
un nome distinto, la celebrità però di Caldani, Malacarne e Mascagni basta a parer mio per sostener il
decoro del nome Italiano in questo ramo scientifico. Abbondante fu bensì il numero dei medici; così che nella copia della materia che a trattare ora
intraprendo, duopo mi sarà fra la moltitudine dei
Medici che fiorirono fra noi nell'epoca divisàta, lo
scegliere i più eccellenti onde non incorrere la taccia di troppo prolisso narratore, il che però veggo
difficile da eseguirsi in modo da soddisfare a tutti;
onde mi convien fin d'ora chieder scusa a' miei discreti Lettori, se vedessero fra i Professori dell'arte
salutare ommesso qualcuno che a lor parere meritasse di aver luogo in questa storia, o se troppo
brevemente di alcuni fra gli stessi io ragionerò, e
dovranno ciò attribuire alla suindicata cagione, non
mai a spirito di parzialità o di poca stima verso i
coltivatori della Medicina. E siccome il Cav. Tiraboschi nella incomparabile sua storia della Italiana
Letteratura non parlò di alcuni Medici che appartengono più al secolo XVII. che al XVIII. e che a
parer mio non devono esser dimenticati, così io se-
guendo, come ho altrove praticato, per quanto è possibile l'ordine cronologico, comincerò a dar le notizie
di questi. Salì in fama di buon medico sul cominciar del secolo XVIII. Michele Angelo Andrioli Veronese, membro dell'Accademia dei Curiosi della natura stabilita in Germania, e di lui abbiamo alle
stampe molte opere di Fisica e di Medicina dal Conte Mazzucchelli diligentemente registrate (1), e fra

(1) T. I. par. I. p. 725.

queste gli Atti degli Eruditi di Lipsia diedero l' e-
stratto di quella iutitolata. *Concilium Veterum et
Neotericorum de conservanda valetudine. Lugduni*
1694. Offrì poi l'Andrioli in altra sua opera un sistema
di medicina tutto nuovo; e in questo rivendica egli
a suo favore l'invenzione dello *siero albugineo* contro
Tommaso Villis a cui attribuivasi tale scoperta. Fu
medico del Re di Polonia nel 1718. Onofrio Buonfigli di Cagliari ma nato in Livorno, da dove passò a Cracovia; colà esercitò con grido la sua professione e parlò di lui con lode Apostolo Zeno . Le
tre dissertazioni sulla Plica Polonica, sul contagio
della Polonia, e sulle febbri putride maligne del
Buonfigli pubblicate in Germania meritarongli fama,
e specialmente la prima che tratta di un male dai
Medici poco conosciuto (1).

Il Sig. Portal ci dà notizia di un saggio di medicina teorico-pratica di Carlo Gianelli, in cui, dic'
egli, incontransi osservazioni pregevoli sulla storia
della moderna anatomia, e ci parla di una Fisiologia in versi intitolata *La Macchina umana* composta
da Francesco Cannetti (2). Il medesimo storico rammenta alcune dissertazioni di medicina pratica di
Vincenzo Menghini di Budrio nel Bolognese, Professore in quel pubblico studio ed Accademico pensionario Benedettino e dell'Istituto, del qual Autore
ha già date le notizie il Conte Fantuzzi (3). Esercitò il Menghini la medicina pratica con credito non
comune, e lesse parecchie sue produzioni in detta
Accademia, ma fu rapito in buona età alle scienze,
essendo mancato improvvisamente di vivere d'anni

(1) Mazzucchelli Scrittori ec. T. II. par. IV. p. 2386.
(2) Portal storia dell' Anatomia T. V. pag. 77. 78.
(3) Scrittori Bolognesi T. VI. pag. 8.

54. adì 27. Gennaio del 1759. Acquistossi della celebrità per la stravaganza delle sue idee e del suo
modo di pensare in medicina il Dottor Gio. Battista
Mazini Bresciano discepolo del Vallisnieri, maestro
in matematica del Padre Don Ramiro Rampinelli e
Professor di medicina pratica in Padova dove morì
nell'anno 1740. circa (1). In quattro opere spiegò il
Mazini specialmente la stranezza de' suoi pensamenti,
e sono queste ,, La Meccanica dei mali desunta dal
moto del sangue ,, la Meccanica dei medicamenti ,,.
della Respirazione del feto ,, e le Istituzioni di medicina meccanica. Le questioni che egli propone nella prima non possono al dir di Portal (2) sostenersi
perchè sono i paradossi più assurdi, come quello di
tre movimenti nel sangue con i quali spiega tutte
le malattie. Nè in modo meno singolare intende il
Mazini che agiscano i medicamenti, immaginando
che la materia morbosa sia composta di varie parti,
che vengono distrutte dalle particole delle medicine, le quali egli dice essere rotonde, lunghe, o ve-
li ec. Ma tutti questi sistemi incontrarono la sorte
comune a tanti altri che di tempo in tempo a danno della vera medicina vanno pullulando, quella cioè
di venire, dopo aver levato qualche rumore, pienamente dimenticati. In Trento nacque Pietro Antonio Michelotti matematico e medico accreditato in
Venezia, membro della Società Reale di Londra e
della Real Accademia delle Scienze di Berlino, il quale fiorì prima della metà del secolo scorso essendo
morto circa nel 1730. (3). L'opera di lui sulle secrezioni intitolata *De separatione fluidorum* stampata

---

(1) Dizion. degli Uom. ill. T. XI. pag. 175.
(2) Stor. cit. T. IV. pag. 604.
(3) Dizion. degli Uom. ill. T. XI. pag. 308.

a Venezia nel 1721· dà un'idea del profondo sapere del Michelotti in medicina ed in matematica, poichè spiegò in essa giusta le leggi idrauliche, come
segua l'azione del movimento del sangue nei vasi
arteriosi e venosi; confutò egli inoltre in una lettera al Fontenelle l'opinione di Claudio Adriano
Elvezio, che sosteneva condensarsi il sangue ed acquistar il color rosso nelle vene polmonari, e lasciò
altri saggi del suo sapere in medicina (1) inseriti
negli Atti di varie Accademie, ma specialmente di
Pietroburgo e di Parigi (2).

LXVIII.
Sacco Pompeo. LXVIII. Se dei medici sopra ricordati, stimabili
bensì, ma non di prima sfera si è da noi compen-
diosamente parlato, così non faremo di Pompeo Sacco Parmigiano, poichè la sua celebrità esige un articolo più esteso. Figlio di Flavio Sacco, nacque
nella vicinanza di San Moderanno nel territorio Parmigiano li 14. Maggio 1634., e si applicò con ardore alla medicina nella quale ottenne la laurea li 19.
Agosto dell'anno 1652. conferitagli dal suo stesso genitore medico di grido, ed ai 2. di Settembre fu aggregato al collegio de' medici e filosofi in Parma (3).
Era poi il Sacco versato ancora nella lettura de' SS.
Padri, e specialmente di S. Agostino e dei libri sacri, e congiunse al profondo sapere la più soda pietà. Conosciutosi il merito di lui dal Duca Ranuccio
II., comandò questi che gli si conferisse la Cattedra
di medicina teorica nella Università di Parma, e ne
andò il Sacco in possesso alli 3. Novembre dell'anno 1661. Nell'esercizio di questa scuola ebbe a sog-

---

(1) Portal T. IV. p. 580.
(2) Dizion. ec. T. XI. p. 310.
(3) Affò, Memorie de' Scrittori Parmigiani T. V. pag 323. dal quale
ho tratto questo articolo.

giacere il nuovo Professore ai morsi della invidia, perchè introdusse non poche novità che parvero stravaganti a taluni troppo amanti delle vecchie sentenze; ma superò la burrasca, riscosse maggiori onori dai Principi, e gli scolari e gli amici eressergli nelle scuole di S. Francesco l'anno 1683. un pubblico monumento, in cui leggesi in breve la storia di quanto eragli accaduto e della ottenuta vittoria . A stabilire però meglio la sua fama, pubblicò ad istanza del Padre Gaudenzio Roberti Carmelitano la sua prima opera intitolata *Iris febrilis,* stampata a Ginevra per cura di Teofilo Boneto che la accompagnò con una lettera assai onorevole per l'Autore. Verso il 1686. cominciò il Professor Sacco a provar varie infermità e disgrazie, perlocchè fu per anni sette obbligato al letto, nel qual tempo però scrisse l'altr' opera *Novum systema medicum* dedicata al Cardinale Albani poscia Clemente XI. dal quale ottenne segni di cordialissima gratitudine. Si rimise però in salute il Sacço, e la Repubblica Veneta chiamollo nell'anno 1694. a leggere medicina pratica nella Università di Padova con l'onorario di 600. Fiorini, e nel 1700. videsi inalzato a maggior grado essendogli stata conferita la Cattedra di teorica e la Presidenza della facoltà medica. Ma avendolo il Duca Farnese desiderato a Parma, il nostro Professor dimandò il suo congedo da Padova e ritornò nel 1702. alla Patria, del qual fatto ci dà contezza lo Zeno, che lo chiama *uno de' più grand' uomini della nostra età.* Il sullodato Sovrano poi lo nominò alli 20. di Novembre dell'anno 1704. alla Cattedra di Lettor eminente in medicina, e un suo Concittadino per nome Giuseppe Cervi dovendo partire l'anno 1714. per la Spagna in qualità di medico della Regina Elisabetta, a lui eresse nelle pubbliche scuole un monumento pe-

renne della sua gratitudine con una elegante latina
iscrizione, cosicchè il Sacco ebbe mentre viveva, l'
onore di vedersi innalzati due monumenti nelle scuole Parmensi. Prima di morire, il che avvenne alli 22.
di Febbrajo dell'anno 1718., volle benchè vecchio,
infermo e quasi cieco, riordinare la sua opera più
voluminosa che ha per titolo ,, *Medicina practica
rationalis sanioribus Neotericorum doctrinis illustrata* che vide la luce nel 1718. ,, Il nome suo suo-
,, nò molto famoso a' giorni suoi e le sue opere ri-
,, cercate furono con somma premura e lodate dai
,, Giornalisti e dagli scrittori comunemente. L' Ar-
,, cadia l'anno 1692. si fece pregio di annoverarlo
,, fra suoi primi pastori col nome di *Arrasio Issun-
,, tino*, e il Muratori lo annoverò al catalogo di
,, que' grand' uomini che egli stabilì per Arconti del-
,, la Repubblica letteraria d'Italia, che finì come
,, ognun sa, in un solo progetto. Nè la sua patria
,, gli fu scarsa anche dopo morte di onori; poichè
,, dopo le esequie fattegli nella Chiesa di S. Gio-
,, vanni dove fu sepolto, ordinate gliene furono al-
,, tre magnifiche dal Collegio dei Medici nelle pub-
,, bliche scuole, ove latinamente recitò l' Orazion
,, funebre il medico Gio. Battista Pedana, la quale
,, stampata con una raccolta di lugubri poesie fu in
,, tale occasione dispensata. Si pubblicò il suo Elo-
,, gio Storico nel Giornale de' Letterati (1) e piena-
,, mente lo celebrò Gian-Jacopo Mangeti nella sua
,, Biblioteca degli scrittori medici (2) ,, fin quì Affò (3). Le sue opere principali riduconsi alle tre enun-
ciate, ma oltre queste stampò qualche altro opuscolo medico, e lasciò varii scritti di medicina e filo-

---

(1) T. XXXII. Art. 19.
(2) T. II. part. II. pag. 119.
(3) Nell' art. cit.

sofia inediti; i medici suoi contemporanei encomiarono molto le produzioni del Dottor Sacco e specialmente la succitata *Medicina rationalis.*

LXIX. Fra li migliori discepoli del Sacco si annovera Gio. Paolo Ferrari Parmigiano che sotto di
lui studiò in Padova, indi a Bologna sotto il Malpighi, e ritornato poi alla patria godette l'amicizia
intrinseca del Sacco il quale lo elesse a scrittore
delle sue opere, cosa che assai gli giovò per istruirsi, e per combattere, come poi fece, la setta degli
Empirici. Il Duca di Mantova nel 1699. lo onorò
del Diploma di aggregazione al numero de' suoi fa-
miliari, e in seguito venne nominato Accademico
Leopoldino e Professore nella Università di Parma·
Il Dottor Matteo Giorgi sdegnossi acerbamente contro il Ferrari, allorchè trovandosi questi nel 1712.
a Firenze rispose ad alcuni quesiti medici dal Conte Andrea Maraffi a lui proposti, e si prevalse del-
l'occasione per attaccare i medici·Empirici. Ma non
si atterrì punto il Ferrari, e seppe con forza rispondere alle invettive dal Giorgi contro di lui scaglia-
te con le stampe sotto il finto nome di Flavio Brando-
letti. Chi desiderasse di conoscere il catalogo delle opere mediche del Ferrari, consulti il Padre Affò
da cui io ho tratto queste notizie (1), e la Biblioteca del Mangeti, il quale ebbe in gran pregio il
suddetto Parmigiano, come pur fecero il Malpighi
ed il Bellini coi quali teneva letteraria corrispondenza. In Castrovillari Città della Calabria *citra* vide nel 1635. il giorno Carlo Musitano Sacerdote e
medico di molto grido, come lo attestano le sue opere dagli eruditi di·Lipsia encomiate, e presso i dotti anche al presente accreditate. La Chirurgia teo-

_____

(1) Memorie degli Scrittori Parmigiani T. V· pag. 333.

rico-pratica, i metodi per medicare il morbo Galli-co, la Chimica pratica si contano fra le principali, e queste unitamente alle altre nel dizionario degli uo-mini illustri registrate (1) ristamparonsi in Ginevra per la prima volta nell'anno 1716. in due vulumi in foglio, e tutte le opere chirurgiche vennero nel 1738. riprodotte a Venezia con note ed osservazio-ni del Dottor de Vacca; quella poi *De lue Vene-rea* nell'anno 1711. ebbe dal Davoux una traduzio-ne Francese. Essendo il Musitano Sacerdote, all'eser-cizio della medicina corporale congiunse quello del-la spirituale con sommo frutto degli infermi; ed avendo li suoi nemici cercato di impedirgli l'eserci-zio di medico, Clemente XI. Sommo Pontefice che conosceva il suo sapere e le sue virtù, gli permise di proseguire nella doppia carriera a cui diè fine nell'avanzata età d'anni 80. nel 1714. a Napoli. Nel libro intitolato ,, Celebrium Virorum apologia pro Carlo Musitano ,, leggonsi alcune sue lettere a Le Clerc, al Mangeti ed a Daniele Cramer, dal che scorgesi che egli aveva carteggio coi più rinomati Pro-fessori dell'arte, e l'Eloy nel suo dizionario medi-co parla con lode del Musitano.

LXX.
Bottoni Dome-
nico e del Papa
Giuseppe.

LXX. Tenne corrispondenza con l'illustre Mar-cello Malpighi il Medico Domenico Bottoni di Len-tine in Sicilia dove nacque nel 1641., e ad istanza di quel Professore scrisse egli un' opera intitolata *Idea historico-physica de magno Trinaeriae Terraemotu*, che venne spedita alla Real Società di Londra (2), la quale la gradì ed aggregò nel 1697. il Bottoni fra li suoi membri, ed egli contasi per il primo Siciliano a cui si usasse una tal distinzione. Dopo di aver esercitata

---

(1) T. XII. pag. 242.
(2) Questa aveva incaricato il Malpighi di un tal lavoro, ma non avendo egli per motivi di salute potuto occuparsene, pregò il Bottoni a farlo.

con credito non comune la medicina nel Regio spedale
di Messina passò Protomedico del Re in Napoli, e
Prof. primario di Filosofia in quella Regia Università.
Oltre l' opera suddetta che non appartiene alla medicina, abbiamo di lui varii altri scritti medici e fisici alle stampe registrati dal Conte Mazzucchelli, il
quale ci assicura (1) essere il Bottoni vissuto oltre
il 1721. ed aver avuto fra li suoi amici e corrispondenti i più celebri Letterati d' Europa. Comparve
un difensore della Filosofia da Galileo nel suo Sag-
giatore esposta nella persona di Giuseppe Del Papa
da Empoli in Toscana allievo della Università di Pisa, dove si dedicò alle scienze naturali sotto la direzione del Bellini, del Marchetti e del Rèdi, che
lo amò qual figlio, e gli procurò la Cattedra di Lo-
gica in detto archiginnasio, Cattedra che egli salì in
età di 23. anni correndo il 1671. Una lettera diretta
al Redi sulla natura del caldo e del freddo, in cui
sostenne col Galileo che il calore era una sostanza,
il freddo una sola diminuzione di calore, fu quella con
cui vantaggiosamente cominciò la carriera letteraria,
poichè questa sua prima produzione ottenne l' approvazione del Dati e del Montanari e il Gran Duca Cosimo III. la volle leggere per intiero. L' Accademia
di Pisa ebbe il Del Papa a Professore nel 1677.,
ammaestrò la Duchessa Anna figlia del suddetto Sovrano, e nel 1682. gli venne conferita la carica di
Archiatro della Famiglia Gran Ducale. Avendo egli
spiegata contro i Peripatetici la sana opinione in Fisica che il secco non è che una mancanza di umido,
trovò nei PP. Gesuiti Daniele Bartoli e Francesco
Vanni due forti oppositori ai quali per amor della
pace nulla rispose, quantunque avesse in prova del-

---

(1) Scrittori ec. T. II. parte III. p. 1905.

la sua asserzione preparata una ragionata dissertazione. Ma essendosi poi accesa più viva la guerra per opera dei vecchii filosofanti contro la detta Accademia, ed avendoci essi mescolata la Religione, col mettere in sospetto di corruttori di essa i filosofi che spiegavano nuove opinioni e nuove dottrine in Fisica, l' oracolo della Sede Romana giudicò che non doveva impedirsi il loro insegnamento; tuttavia il Del Papa si regolò con prudenza, ed insegnò ma privatamente in casa e coll'eccitamento del Redi la nuova dottrina alli suoi discepoli, ed avendone poi tenuto ragionamento col Gran Duca gli riuscì di far derogare agli editti emanati contro gli Atomisti, nome che dàvasi ai nuovi filosofi. Medico eccellente quale ei riuscì, gli stranieri lo consultavano, ed abbiamo alle stampe due volumi de' suoi Consulti; e volendo promuovere lo studio della vera scienza della natura attaccò nuovamente i Peripatetici nel loro insegnamento sui *quattro umori*, base per quanto essi credevano di tutta la medicina; e continuò l' opera insigne del Borelli *De Motu Animalium* trattando del moto del cuore e del sangue; ma questo di lui lavoro restò inedito perchè a suo giudizio non era perfetto. Fra gli opuscoli da lui pubblicati l' anno 1734. in un sol volume, merita special menzione quello sulle Comete, in cui dimostra esser queste Pianeti, e non avere alcun influsso sulle umane vicende. Nè cercò il Del Papa i vantaggi delle scienze soltanto finchè visse, ma allorchè venne a morire nel 1735. alli 13. di Marzo, essendo celibe dispose del suo pingue asse di ben novantamila scudi a benefizio in parte dei giovani suoi Concittadini, che si recassero a studio in qualche celebre Università, e in parte all'oggetto di mantenere dotti Professori di Belle arti; ben a ragione perciò si eresse

sul suo sepolcro nella Chiesa di S. Felice in Firenze
la sua effigie in marmo con una iscrizione da Monsignor Bottari composta (1).

LXXI. Professore nella Padovana Università fu
Carlo Francesco Cogrossi di Crema l' anno 1721. e
di lui abbiamo varie produzioni e specialmente una
sulla natura e gli effetti della *China China*, e un'altra
intitolata *Saggi della Medicina Italiana* stampati nel
1727. in cui leggesi per esteso la storia del famoso
Medico Santorio e delle varie sue invenzioni (2). La
famiglia Nigrisoli di Ferrara che ebbe fin nel secolo
XVI. un medico insigne in Sigismondo Nigrisoli, ne
diede altri due, cioè Girolamo e Francesco Maria
suo figlio che lo superò d'assai. Nato questi in Ferrara l'anno 1648. ebbe per istitutore nella Medicina
il Padre, e dopo di avere esercitata questa facòltà in
Comacchio, ritornò a Ferrara con l' incombenza di
incisore d'Anatomia, indi ottenne il grado di Professore in Medicina e Filosofia. Compose egli molte
opere pregevoli, alcune delle quali uscirono in luce anonime, e riguardano la Medicina, la Chirurgia
la Storia naturale medica, e nel Dizionario storico
della scienza suddetta dell' Eloy (3) trovasi l' elenco di queste produzioni del Nigrisoli. Noi frattanto
ci limiteremo a ricordar primieramente quella sulla
china china, come rimedio delle febbri: e in essa
mostrossi egli assai erudito, perchè esamina i varii
rimedii fino allora dai Medici più rinomati proposti, e li confronta con il nuovo specifico di cui fa
vedere la eccellenza. Difese inoltre e sostenne questo Medico in altra sua opera il sistema della riproduzione dei viventi per mezzo degli ovi ; e quantun-

---

(1) Fabbróni Vitae ec. T. III. p. 329.
(2) Eloy N. F. Y. Dictionnaire historique de la medecine T. I. p. 678.
(3) T. III. pag. 392.

que trovasse degli oppositori, tuttavia persistette
nella sua opinione. La storia della medicina poi va
a lui debitrice degli annali anatomici, e della storia dell'anatomia e di quella dei Medici Ferraresi,
opere tutte però che rimasero inedite, come avvenne
dell'altra intitolata l'anatomia delle piante di Nee-
mia Grew tradotta sulla edizion Francese e di molte osservazioni accresciuta. Questo valente medico
teorico ed anche pratico come il comprovano li suoi
Consulti, cessò di vivere in patria adì 10. Dicembre
dell'anno 1727.

LXXII.
Lancisi Gio.Ma-
ria Medico.

LXXII. Illustre siccome Medico ed Anatomista non
solo, ma come erudito, e magnanimo Mecenate ci
si presenta ora Gio. Maria Lancisi di cui scrisse già
la vita Monsig. Fabbroni (1), dalla quale perciò trarremo le notizie di questo Soggetto che per li rari suoi meriti esige da noi un articolo al quanto
esteso. L'anno 1654. nel dì 26. di Ottobre vide egli
la luce, ed ebbe per padre Bartolommeo Lancisi di
Berry marito di Anna Maria Borgia Romana. Dopo
di essersi questo giovinetto distinto nella Filosofia pe-
ripatetica alle scuole dei Gesuiti, si applicò per qualche tempo alla sacra Teologia, ma poi l'abbandonò,
ed occupossi delle scienze naturali, avendo ricevuto d'anni 22. la laurea in medicina, nella qual facoltà lo ammaestrò il Professor Altomari. Per ben
comprendere la Fisica ricorse al sussidio possente
della Matematica che apprese sotto il celebre Vitale Giordano, e frequentò tutte le Accademie scientifiche di Roma onde istruirsi a fondo in ogni ramo
delle scienze naturali. Affine di vieppiù eccitarsi allo studio ed acquistar fama, si procurò un quadro

_____

(1) T. VII. pag. 99.

dipinto a colori, nel quale rappresentavasi la Sapienza su d' alto monte seduta, che mentre incoronava i valorosi, sprezzava i pigri e quelli che a mezzo il cammino arrestavansi. Cominciò egli ad esercitar la professione di medico nello spedale di S. Spirito in Roma, dove entrò assistente, quantunque più giovine di altri che aspiravano alla stessa carica, dopo di che passò come alunno nel Collegio Piceno, ed ivi dimorò cinque anni, nel qual tempo raccolse in ventidue ben grandi volumi tutte quelle notizie delle quali poteva aver duopo nell' esercizio della scienza, e specialmente dell' Anatomia. L' infermità straordinaria di una donzella nubile somministrò al Lancisi argomento per una dissertazione da lui pubblicata, allorchè frequentava il *Congresso Medico* che tenevasi in Casa di Girolamo Brasavola Nipote di Antonio Musa Medico rinomatissimo del secolo XVII., e questo scritto procurò al giovane studente tal nome, che ottenne la carica di incisor anatomico nell'Archiginnasio Romano. Concorrevano ad udire le dotte sue lezioni gli scolari non solo, ma gli uomini dotti e già provetti, fra i quali noveransi il Malpighi e Luca Tozzi; e dotato siccome era il nuovo Professore di prodigiosa memoria, così quando entrava nella sua scuola qualche insigne personnaggio, interrompeva la sua lezione, e fatto un epilogo di quanto aveva già esposto, la proseguiva parlando sempre con scelta latinità. Rapidamente avanzandosi ottenne egli le Cattedre di medicina teorica indi pratica, e in età di anni 34. Innocenzo XI. lo scelse a suo Medico, lo amò e lo beneficò; e dopo la morte di questo Pontefice poi venne il nostro Lancisi annoverato nel Collegio degli archiatri di Roma, fu nominato Protomedico di quella Città e degli stati Pontifici, e coprì altri luminosi impieghi che lungo sarebbe il voler quì numerare.

LXXIII. L'anatomia, la medicina, la storia naturale e la veterinaria occuparono la dotta sua penna. Un corso di anatomia, e varie importanti osservazioni chimiche sul sangue molto applaudite ci si presentano come i primi e assai lodevoli saggi dalla sua profonda dottrina. Eletto poi medico di Clemente XI. (1), il Lancisi trovò occasion favorevole di segnalarsi, poichè nelle tristi circostanze in cui Roma videsi afflitta da morti improvvise che dir quasi potevansi epidemiche, fece attente osservazioni sulla natura del male, e ne pubblicò i risultamenti nell' opera *De subitaneis mortibus* in cui dottamente discute e profondamente esamina le cause, che producono la morte, e il Guglielmini, il Modenese Ramazzini e il Tozzi, non che altri insigni medici seco si congratularono per un lavoro così utile alla umanità, e che nel giro di due anni per ben quattro volte si ristampò e poscia si tradusse in lingua Francese. Nè minore incontro ebbe l'altr' opera *De noxiis paludum effluviis*, nella quale ricercò con ogni diligenza la natura dei vapori pestilenti, e trattò della generazione degli insetti; ma avendo veduto, che la sua teoria non corrispondeva alle osservazioni di fatto dell' illustre Vallisnieri e del Redi, volle nel Giornale Italiano manifestare lo sbaglio da lui preso (2). Scrisse egli inoltre sulla Epizootia dei buoi e dei cavalli, sviluppando così con profondità una materia poco allor conosciuta, e poscia si accinse a scrivere la storia meteorologica del cielo di Roma, lavoro vantaggioso non poco alla pratica dell' arte

(1) Albani.
(2) Vol. XXIX.

medica e in cui fece il Lancisi pompa anche di erudizione, poichè comincia egli la sua storia dalla prima origine di Roma e la conduce fino a' suoi tempi. E quantunque le scoperte dopo lui fatte sulle
proprietà dell' aria dimostrino che in alcune cose
egli non colse nel segno, tuttavia la sua storia per
i tempi in cui la scrisse, merita ogni encomio. La
secrezione degli umori e specialmente la separazione
della bile nel fegato gli diede argomento per un altro medico lavoro dal Morgagni applaudito, in cui
confutò la storia Epatica del Dottor Gio. Battista
Bianchi, dimostrò le vere cause della secrezione suddetta, e conoscer fece che la bile è meno densa del
sangue. Nè quì si ristette la operosità del Lancisi;
poichè fece scopo de' suoi esami le sciocche predizioni
delle umane azioni dai segni esterni dedotte, e la
tanto agitata questione sulla sede dell' anima, nel
che fare se non si ottenne altro vantaggio, si ebbe
quello e non piccolo di conoscer meglio la struttura
del cervello. Diresse poi il Lancisi una lunga lettera al celebre Conte Marsili in cui trattò sulla generazione dei funghi e spiegò la loro tessitura, con-
formazione e moltiplice natura, argomento assai oscuro e che anche dopo di lui formò il soggetto delle
meditazioni dei Naturalisti (1).

LXXIV. Quanto abbiam fin quì narrato del Lancisi ce lo caratterizza come particolarmente versato
nella scienza della natura; passeremo ora a veder
quant' oprò per proteggere ed incoraggiare la gioventù allo studio. Nel dì 21. di Maggio dell' anno
1714. aprì egli a pubblico comodo la sua Biblioteca
ed il suo Museo, con l' intervento del S. Pontefice

LXXIV.
Protezione da
lui accordata al-
le scienze ed al-
tri suoi lavori.

_____

(1) Le sue considerazioni sulla Villa Pliniana comprovano quanto egli
conoscesse l' antiquaria e la storia naturale.

Clemente XI. accompagnato da venti Cardinali e da altri Prelati ; la 'qual graziosa visita riempì di sommo gaudio il Lancisi che tanto aveva speso e tante cure impiegato aveva per così utile oggetto. In quel giorno pubblicò egli li suoi commentarii sulle tavole anatomiche di Eustachio, tavole da lui per piu anni ricercate, e poi scoperte per opera sua in Urbino con l'ajuto del Pontefice che ne fece un dono alla Biblioteca del Lancisi stesso, il quale prevalendosi dell'opera a lui prestata dal Pacchioni, dal Soldati, dal Fantoni, e specialmente dal Morgagni, le stampò con sommo vantaggio dell'anatomia. Oltre la suindicata Biblioteca in vicinanza di essa istituì nell'anno successivo 1715. alli 25. di Aprile un'Accademia di medicina e di chirurgia, all'aprimento della quale recitò l'orazione *De recta medicorum studiorum ratione* in cui presentò l'idea di un perfetto medico. Acquistò il sullodato Clemente XI. la Metalloteca del Mercati che da 120. anni giaceva sconosciuta, e per comando di esso Papa il Lancisi la illustrò con note e la diede in luce con l'ajuto di Pietro Assalti suo amico, che poi stampò un' opera molto interessante dal Lancisi non compita, perchè colto dalla morte, *sul moto del cuore e sulle anevrisme*, opera ricercata assai per i lumi che sparge sull'anatomia, e sulla clinica, e la quale perciò venne ristampata in Italia e d'Oltremonti. L'Haller ottimo giudice affermò che il Lancisi ha ben trattata tutta la storia del cuore, e che merita lode tutto ciò che in essa si espone sulle varie parti di questo viscere; e ciò quantunque il Petrioli gli contendesse non so con quanta ragione la scoperta della posizione delle valvole negli animali più vividi. Le osservazioni poi dal Lancisi fatte sulla vena *sine pari* e sui ganglii dei nervi meritano per la novità e l'esattezza, che si ricordino come parti ingegnosi di questo grande anatomista. L' Heistero lo costituì (cosa onorevole oltre modo al nostro medico) fra se, l'Andrey, e il Valusio per decidere una questione acerrima intorno all'origine della cateratta nell'occhio, al quale oggetto istituì il Lancisi varie sperienze, e nell'anno 1718. le trasmise all' Heistero acciocchè con la loro scorta si vedesse qual'era su questo argomento il suo parere.

Dopo di aver egli faticato oltre ogni credere e nello scrivere le sue opere, e nello attendere ad un tempo con gran fortuna alla medicina pratica (1), attaccato da una febbre acuta nel 1720. dovette soccombere nel giorno 21. di Gennajo, e morì con tutti i contrassegni della Religione più pura e con mirabile rassegnazion d'animo ai divini voleri. Il Pontefice Clemente XI. restò per questa perdita afflittissmo essendogli in questo soggetto mancato non solo il medico, ma un prudente e fedel consigliere, e un uomo di ottima compagnia e di ameno carattere, per cui tutta Roma fu sensibile alla mancanza di lui; un particolar contrassegno di stima gli diede il Pontefice, facendo imbalsamare il suo corpo che venne sepolto nella Chiesa dello Spirito Santo in *Saxia* con onorevole iscrizione. Lasciò il Lancisi erede del suo patrimonio l' Ospitale dello Spirito Santo, a condizione che vi si erigesse una sala per la cura delle donne, il che si fece bensì ma per disposizione di Benedetto XIII. in altro luogo, in cui collocossi una iscrizione che espone il motivo di questo cambiamento. Fu questo illustre soggetto modesto,

Morte del Lancisi.

---

(1) La gelosa carica di medico Pontificio fu da lui con lode esercitata, carica che il Tozzi ed il Malpighi giudicavano di tanto peso da non lasciar tempo per attandere a comporre opere.

ricercator diligente della verità, affabile e piacevole, amante però qualche poco degli onori; non provò nemici, ma non offese alcuno, e nelle contese letterarie non oltrepassò mai i limiti della moderazione. Ebbe egli memoria prodigiosa, acutezza non comune di ingegno per far bene i prognostici delle malattie; contrasse e mantenne amicizia con tutti li più grand' uomini in Letteratura della età sua, i quali lasciarono di lui onorevoli testimonianze; le più celebri Accademie lo nominarono loro socio, e finalmente Lùigi XIV. gli spedì alcuni libri rarissimi accompagnati da lettera sommamente onorevole al Lancisi che desiderati gli aveva. Prima di abbandonare l'argomento presente, aggiungerò quì in breve la storia degli accrescimenti in seguito fatti alla sua Biblioteca ed al suo Museo. Allorchè il S. Pontefice Clemente XIV. nominò Commendatore di S. Spirito in Sassia Monsignor Romualdo Guidi Cesenate, questi aggiunger fece nel braccio eretto già da Benedetto XIV. accanto all' antica fabbrica del sunnominato arcispedale, un teatro anatomico in cui i giovani studenti potessero ricevere le istruzioni di anatomia e chirurgia, ed ai tempi consueti esporvi le dimostrazioni della scienza. Il Duca di Glocester, uno dei Figli del Re della Gran Bretagna regalò un assortimento magnifico di ferri chirurgici Inglesi e molte preparazioni anatomiche ben conservate al Papa che ne fece dono all' arcispedale, e le quali si disposero nella sala d'ingresso al nuovo teatro. In altra sala poi a quella aderente veggonsi non poche preparazioni a secco maestrevolmente eseguite dai Chirurghi Primarii Signori Flajani ed Olivucci, e quelle dei vasi linfatici che l'altro abile Chirurgo Romano Sig. Carlo Bocacci ha lavorato con le injezion a mercurio. Nell' anno 1790. poi la munificenza de

Cardinal Zelada arricchì questo stabilimento con altre preparazioni in cera di anatomia e di ostetricia lavorate a Bologna, ed a tutti questi sussidii per la gioventù onde apprendere le scienze teorica e pratica, altri ne aggiunse l'immortale Pio VI. con l'ordinare la distribuzione di medaglie d'oro e di argento a quei scolari che si distinguevano nello studio; finalmente anche il chirurgo Pietro Giavina di Domodossola contribuì a promuovere nel nominato arcispedale l'avanzamento dell'arte, lasciando un fondo sufficiente per mantenere nella Bibliotrca Lancisiana ogni tre anni due giovani ad imparare la Notomia e la Chirugria (1).

LXXV. Il Medico Pietro Assalti di Fermo Professor di Botanica nella sapienza di Roma da noi poco sopra nominato studiò alla scuola del Lancisi, e si occupò nella edizione delle opere del suo maestro fattasi nel 1718. a Ginevra, raccogliendole e disponendole in buon' ordine, e dopo la morte di quello pubblicò una epistola latina diretta al Morgagni nella quale diede un breve ma distinto ragguaglio della vita del sullodato Lancisi (2). Le *dissertationes physico-medicae* di Luigi Fabbra Ferrarese nato nel 1655. e morto nel 1723. (3) non ottennero gran fatto la stima dell'Haller, tuttavia egli medicò con grido, e insegnò come Professor primario in patria la medicina. Maggior fama si acquistò in Bologna Stefano Danielli nato l'anno 1656. nel Castello Bolognese di Budrio discepolo del Dottor Girolamo Sbaraglia celebre medico ed anatomista, per il quale prese il Danielli un tale attaccamento che divenne suo costan-

LXXV.
Assalti Pietro ed altri Medici.

(1) Renazzi, Storia della Università degli studii di Roma Vol. IV. p. 295.
(2) Mazzucchelli Scrittori ec. T. I. par. II. p. 1167.
(3) Eloy Dictionaire Istorique ec. T. II. p. 175.

te difensore nella famosa controversia agitatasi fra
lo Sbaraglia ed il Malpighi (1). Allorchè il Senato
Bolognese gli conferì il grado di anatomista, ed una
Cattedra di Medicina in quella rinomata Università,
ebbe il Danielli una scuola fiorita, esercitò con
credito non ordinario la professione, e fu uno dei
primi Accademici dell' Istituto. Mentre ancor viveva, collocossi nel pubblico studio una iscrizione in
sua lode e vennegli coniata una medaglia che si
conserva nel Museo dell' Istituto. Le opere da lui
composte oltre la vita dello Sbaraglia, versano sopra
argomenti anatomici, botanici e di medicina pratica,
e dopo di essere state a parte stampate, vider nuovamente in un sol corpo riunite la luce (2). Reggio
di Lombardia ebbe nel secolo XVII. una cattedra
primaria di medicina ivi eretta per privilegio da
quella Città ottenutone in riguardo del Dottor Gio.
Casalecchi Reggiano al quale il Duca Francesco II.
la conferì. Il maggior pregio di questo medico è di
avere ideata e stesa l'opera intitolata *Apparatus ad
historiam de morborum trasmutationibus juxta men-
tem Hippocratis*, della quale il Baglivi si usurpò
la gloria nella sua intitolata *De fibra motrice.* Di
ciò fanno fede i Giornalisti d'Italia, i quali nel riferire l'edizione delle opere tutte del Baglivi uscita
a Lione nell'anno 1710., ci assicurano che il Casalecchi vedendola si dolse, che il Baglivi *gliene avesse
usurpata l'idea, abusando delle lettere che egli aveva
scritte a molti amici per ajutarsi coi loro lumi.* Il
Conte Mazzucchelli e Monsig. Fabbroni parlano essi

----

(1) Tiraboschi, Storia della Lett. Ital. T. VIII: p. 209. Ediz. di Napoli del 1784.
(2) Fantuzzi Scritt. Bol. T. III. p. 248.

pure di questo plagio dal Baglivi (1) fatto al medico Casalecchi che coltivò anche l' amena letteratura, per due volte fu Principe dell' Accademia degli Ipocondriaci in Reggio, e meritò il titolo di Poeta laureato (2).

LXXVI. Contemporaneo del Redi, del Bellini e
di altri scienziati illustri visse Antonio Francesco
Bertini di Castel Fiorentino, dove nacque li 28. Dicembre dell' anno 1658. Laureatosi nella Università
di Pisa, ed acquistata avendo fama di buon medico
ottenne una Cattedra di questa facoltà nel grande
spedale di S. Maria nuova di Firenze, dove aveva
fatta la pratica e in quella Città morì poi nel 1726.,
nella qual circostanza il figlio suo Giuseppe Maria gli
fece collocar sulla tomba nella Chiesa di S. Marco
dove ebbe sepoltura una conveniente iscrizione. Sostenne il Bertini alcune vive contese letterarie con
altri medici, le quali possonsi veder descritte dal
Conte Mazzucchelli (3), e fra queste io ricorderò
quella che si agitò fra lui e il Dottor Gian Andrea
Moneglia medico del Gran Duca di Toscana per non
essere stato dal Bertini nominato nei due Dialoghi
stampati nel 1699. ,, Sulla medicina difesa dalle calun-
,, nie degli uomini volgari e dalle opposizioni dei
,, Dotti ,, nei quali il Bertini nominò gli altri tre
medici di Corte. Fece il Moneglia girare una pungente censura manoscritta dei suddetti dialoghi, la
quale unitamente alla risposta dall' avversario data-
gli nell' anno 1700. vide la luce. Imitò degnamente
anzi forse superò il Padre il sunnominato suo figlio
Giuseppe Maria nato nel 1694. e morto nel 1756.,

LXXVI.
Bertini Anto-
nio-Francesco ed
altri Medici.

(1) Titabeschi, Bibl. Modenese T. I. pag. 413.
(2) Egli morì l' anno 1703. alli 22. di Luglio.
(3) Scrittori ec. T. II. part. II. pag. 1052.

annoverato fra i più celebri medici del Collegio
Fiorentino e membro della Società Colombaria di
Firenze (1). Molte onorevoli testimonianze date in sua
lode da varii Autori, alcune dedicatorie a lui indirizzate, una raccolta di poesie per celebrar il suo nome composte, un medaglione gettatogli in Firenze
da un suo allievo, sono tutti monumenti ben palesi
della stima che egli godeva. Abbiamo alle stampe
una celebre sua operetta a favor dell' uso del mercurio nella medicina, la quale benchè da molti stimata, non lasciò tuttavia di promuovere all' Autore un fiero contrasto letterario, in cui ebbe a pu-
gnare contro diversi medici, e specialmente contro
Lorenzo Gaetano Fabri; trovò però il Bertini molti
difensori e la lite lungamente agitossi con forza dal-
l' una e dall' altra parte; in alcuni foglii letterarii
poi contengonsi relazioni mediche ed altre piccole
cose dello stesso Scrittore (2).

LXXVII.
Torti France-
sco.

LXXVII. Fra gli istitutori della vera medicina pratica in Italia registrar si deve il medico Francesco
Torti Modenese di cui il Muratori scrisse la vita
che compendiata dal Tiraboschi (3) ci servirà di
guida nel dar quì le notizie di quest'uomo celebre.
L'anno 1658. nel dì 30. Novembre Colomba Marchesi
moglie di Francesco Torti Colonnello al servigio del
Duca di Modena partorì il nostro medico, il quale
dopo i consueti studii di belle lettere e di filosofia
si applicò alla Giurisprudenza, ma ben presto se ne
annojò e si rivolse con fervore alla medicina, la
quale, non essendovi allora pubbliche scuole di questa facoltà in Modena, imparò sui libri, e con l' e-

(1) Mazzucchelli Scrittori ec. T. II. part. II. p. 1052. 1056.
(2) Op. cit. pag. 1057.
(3) Bibl. Modenese T. V. p. 271. ec.

sercizio pratico sotto la direzione di Antonio Frassone medico Finalese quanto mai accreditato; dopo di che ricevette il Torti in Bologna l' anno 1678. la laurea medica, e quindi ritornò alla patria per esercitar la professione. Fondatasi poco dopo per le cure del magnanimo Francesco II. l' Università in Modena, si nominò il Torti nell' anno 1680. Professore di medicina, mentre non contava egli che 23. anni di età, ed a lui e al *Ramazzini si dovette principalmente la riforma che a quei tempi in Modena si introdusse* in quest' arte; volle poi il Sovrano viemaggiormente onorarlo coll' ascriverlo, come il Ramazzini fra li suoi medici ordinarii. Nè trovava il Duca più dolce sollievo alla podagra che lo travagliava, quanto quello di udire eruditi discorsi in diverse scienze dalla bocca del Torti, che a ciò fare era oltre modo abile, e per l' esteso suo sapere, e per la singolare sua amenità e piacevolezza nel parlare. Succedùto essendo a Francesco II. il Duca Rinaldo, lo destinò egli a far le dimostrazioni anatomiche nel nuovo teatro allora aperto nel palazzo del Pubblico; al quale esercizio congiungendo il Torti quello di medicare, trovò egli il primo il rimedio specifico della China-China, e l' opera su questo argomento da lui pubblicata gli procurò tal fama, che venne aggregato alla Real Società di Londra, e ricevette lettere piene di encomii dal Lancisi, dall' Hoffmanno e da altri valenti medici. La sua *Therapeutica-specialis* uscita nel 1712. per curare le febbri periodiche perniciose con la citata droga, lo collocò al dir dei citati Autori fra li più eminenti Professori dell'arte sua, assai vantaggiosamente parlarono di essa varii Giornalisti d' Italia, e più volte si ristampò quantunque non mancassergli avversarii ed impugnatori, fra i quali si contò il Ramazzini medesimo;

ma il Torti che sentiva di aver ragione, non si acquietò e valorosamente si difese con altra sua scrittura nel 1715. uscita.

LXXVIII.
Continuazione
delle notizie del
Torti.

LXXVIII. Amante questi della sua Patria ricusò nel 1717. l'onorevole invito del Re Vittorio Amedeo alla R. Università di Torino, e nel 1720. quello dei Veneziani all'Archiginnasio di Padova, perlocchè il Duca Rinaldo e la Comunità di Modena gli fecero provare in maniera luminosa la loro gratitudine. Colpito il Torti nel 1731. da una paralisi dopo l'assistenza prestata in Parma alla Vedova Duchessa Enrichetta figlia del sullodato Duca Rinaldo, ne guarì; e Francesco III. poi che successe al trono lo nominò Presidente del Collegio Medico di Modena, sebbene non fosse più in istato di visitar gli infermi. Quest'uomo insigne per sapere e per Religione, venne meno in mezzo al pubblico cordoglio il dì 15. di Febbrajo dell'anno 1741. e fu onorevolmente sotterrato nella Chiesa di S. Agostino della nostra Città, essendosi collocata al suo sepolcro una iscrizione in sua lode, e un'altra simile egli ne ebbe nell'atrio della Università e con tutta ragione, anche perchè destinò egli una porzione della sua eredità a fondare una terza Cattedra medica, avendo applicato il rimanente al così detto *Desco de' poveri*. Le produzioni del Torti oltre la Terapeutica sopra mentovata, consistono in alcune dissertazioni o lettere, dirette a difendere la citata sua opera ed a spiegare i movimenti del mercurio nel Barometro, in una lettera al Dottor Ferrante Ferrari scritta, in cui gli esprime il suo desiderio che si ponga fine alla suddescritta contesa (1) per la Terapeutica, e tre let-

---

(1) In questa contesa il Mangeti aveva dato in qualche modo ragione al Dottor Ramazzini, encomiando una dissertazione a questo attribuita con-

tere stampate al Muratori indirizzate sopra argomenti medici. Lasciò egli inoltre manuscritte non poche
poesie Italiane e latine specialmente nello stile ber-
nesco assai piacevoli, ed un trattato sulla concezio-
ne e la generazione a lui attribuito.

LXXIX. Al Torti nato negli Estensi Dominii uno   LXXIX.
Altri Medici.
ne aggiungeremo che ebbe nella terra di Gualtieri
compresa nei medesimi Stati l' origine, cioè Dionigi
Andrea Sancassani, che vide nel 1659. la luce, e
di cui stampò le notizie l'anno 1781. in Comacchio
il Dottor Giuseppe Antonio Cavalieri allievo della
Bolognese Università. Il Sancassani dopo di aver fatta la pratica nel grande spedale di S. Maria Nuova in Firenze, esercitò la sua professione di Medico
e Chirurgo in varii paesi dell' Italia, ma per più
lungo tempo in Comacchio onorato pe' suoi meriti
del Diploma di quella cittadinanza ed ivi cessò di
vivere nel 1738. adì 11. di Maggio, essendo stato
decorosamente sepolto nella Cattedrale. Copiose
opere scrisse il Sancassani il maggior numero delle quali restò inedito, ma non risguardano queste la medicina, trattano bensì di Geometria, di
Antiquaria e di altri diversi argomenti. Ciò in cui
si distinse primieramente questo medico, fu nel tra-
durre dal Francese la Chirurgia di Belloste intitolata *Le Chirurgien d' Hospital. Paris.* 1696., indi
maggior credito ottenne allorchè stampò a Roma in
quattro Tomi in foglio dal 1731. al 1738. *Le Dilu-
cidazioni chirurgiche*, le quali contengono oltre la
maggior parte dei lavori del Sancassani, le opere
del valente Chirurgo Cesare Magati ristoratore fra

tro l'abuso della China-China; ma il Mangeti dopo la lettera del Torti
al Dott. Ferrari, scrisse al primo nel 1720. scusandosi di essersi a lui mostrato contrario.

noi di questa nobile professione, e col quale perciò
divise la gloria e la celebrità il Sancassani (1). Fondò
in Verona sua patria l' Accademia degli Aletofili il
Medico Giuseppe Gazola nato l'anno 1661. e laureato
nella facoltà medica a Padova nel 1683. Si dilettò egli
di viaggiare, e dopo di aver percorsa quasi tutta
l'Italia, visitò la Francia e la Spagna fermandosi tre
anni a Madrid in qualità di medico dell' Ambascia-
tor Veneto. Gli Entusiasmi medici, politici ed astro-
nomici colà da lui pubblicati nel 1689. in lingua
Spagnuola, e dedicati alla Regina Reggente di Spagna, gli produssero un considerevol regalo in gioje,
e l'onore di essere annoverato l'anno 1692. fra i
medici dell' Imperator Lecpoldo ; restituitosi poi a
Verona restò vittima di un apoplessia alli 14. di Febbrajo dell'anno 1715. La succitata opera però quella non fu che maggior credito gli acquistasse; ma
bensì quella intitolata *Il mondo disingannato dai*
falsi medici (2) stampato un anno dopo la morte dell'
Autore, e poscia tradotto in lingua Spagnuola e pubblicato in Valenza nel 1729., indi trasportato in
Francese e dato in luce a Leida nell'anno 1735. col
titolo *Preservatifs contre la Charlatanerie des faux*
medecins (3). In questo libro composto di cinque
discorsi contengonsi al dire dell' Eloy cose buone,
ma l'Autore vi si mostra un poco troppo Pirronista, è
nemico del metodo di Galeno, e adotta i principii
della medicina moderna; sono però pregevoli i con-
siglii che egli nel quarto discorso offre alla società
per la conservazione della salute.

---

(1) Tiraboschi Bibl. Mod. T. V. pag. 9. Stor. della Letteratura Ital.
T. VIII. p. 223. Ediz. di Napoli 1784.
(2) Niceron Memoires pour servir a l' histoire des hommes illustres T.
IX. Paris 1729. pag. 262.
(3) Eloy Dictionnaire ec. T. II. pag. 319. 320.

LXXX. In Ferrara nacque l'anno 1663. adì 26. di Ottobre Giuseppe Lanzoni figlio di un altro Giuseppe e di Margherita Serena persone assai civili: compito che ebbe il giovinetto con molto frutto il corso de' suoi studii filosofici e medici sotto i valenti Professori Gio. Battista Giustini, e Girolamo Nigrisoli, essendosi laureato acquistò gran credito nella pratica, e nel 1694. ottenne in Ferrara la Cattedra di Filosofia che con decoro sostenne e con erudizione trattò. Versato poi siccome egli era profondamente nella cognizione dei Classici Greci e latini, a lui come a giudice ricorrevasi nelle questioni letterarie che in Italia ed anche fuori sorgevano. L'Accademia degli *Intrepidi* della sua patria a lui andò debitrice del lustro al quale pervenne allor quando il Lanzoni ne fu Segretario, nè questa sola, ma altre simili Istituzioni lo aggregarono ai loro cooperatori, e fra queste contasi l'*Accademia dei Curiosi della Natura* in Germania. Estesa corrispondenza egli ebbe con gli uomini dotti del suo tempo e specialmente col Mangeti, con lo Skrokio, con il Redi, il Vallisnieri, il Muratori, il Malpighi e con Apostolo Zeno. Alla Cattedra di Filosofia quella vi si aggiunse nel 1727. di Fisica, ma potè per poco tempo occuparla, perchè malfermo già di salute si accellerò con questa nuova fatica la morte, che per rottura di una postema il soffocò la prima notte di Febbrajo dell' anno 1730, (1). Inserì il Lanzoni non poche Memorie fra quelle della sunnominata Accademia dei Curiosi della Natura, ma vien tacciato dall'Eloy (2) di qualche trascuratezza ne' suoi lavori, i quali risguardano la Storia naturale, la Medicina, la Fisica e la

---

(1) Barotti Lorenzo Mem. storiche dei Letterati Ferraresi Ediz. II. Ferrara 1793. T. II. pag. 296.
(2) Dictionn. ec. T. III. pag. 21.

Filologia. Tutte le sue opere quà e là in diversi tempi date in luce si ristamparono raccolte in tre volumi in 4.° a Losanna nel 1738. con l'aggiunta degli scritti inediti che non eran pochi, e della vita dell'Autor nostro che ebbe l'onore di una Orazione funebre recitata da Gian Andrea Barotti. Scrisse ma con poco buon esito sulla circolazione del sangue e sul metodo delli ajuti da prestarsi nella cura dei mali, il Medico Cremonese Omobono Pisoni Professore di medicina per anni 50. in Padova dove morì nel 1748., e fu così esatto nel suo impiego che non tralasciò in così lungo tempo una sola lezione (1). Archiatro e Consigliere del Re di Torino venne nominato Pietro Paolo Richa nato in quella Città l'anno 1665., il quale per vieppiù istruirsi portossi a visitar l'Inghilterra e l'Olanda, dove ascoltò l'illustre Boerhaave, e ritornato alla Patria, nel risorgimento delle pubbliche scuole fece un corso di Anatomia. Il sistema dei vermicelli pestilenziali da lui sostenuto trovò un contradditore nel Medico Milanese Bartolommeo Curzio, alle ragioni del quale cambiò il Richa di parere, perchè da una sua lettera da Torino nel 1723. diretta al Vallisnieri si rileva che egli si ritrattò (2).

LXXXI.
Corte Barto-
lommeo ed altri.

LXXXI. La storia medica Milanese trovò un illustratore in Bartolommeo Corte Nobile di quella Città nato nel 1666., il quale si dedicò à questa professione da lui esercitata in patria con sommo van-

---

(1) Zaccaria Stor. Letter. d'Italia T. I. Lib. III. pag. 308. Ediz. seconda. Eloy. Diction. ec. T. III. pag. 572. 573.

(2) Dizion. degli Uom. ill. T. XVII. pag. 38. L'Eloy nel T. IV. del suo dizion. medico attribuisce a Carlo Richa figlio ciò che il Dizion. degli Uom. ill. dice del Padre; ma essendo vissuto questi contemporaneo di Boerhaave par più ragionevole che di lui e non di Carlo suo figlio debbasi quì intendere.

taggio de' suoi concittadini sino alla più tarda età;
insigne fu la sua pietà e generosa la sua carità verso i poveri che assisteva gratuitamente nello spedale
di S. Giovanni di Dio ed altrove. Dotto medico naturalista e Filosofo raccolse egli tutte le notizie risguardanti gli scrittori medici Milanesi, e ne compose un' opera a parte che faceva come un ramo di
quella del Padre Gio. Paolo Mazzucchelli intitolata
Teatro degli eruditi Milanesi. Il Corte cessò di vivere nell' anno 1738. il giorno 17. di Gennajo,
lasciando erede del suo patrimonio il Convento di
S. Maria in *Ara Coeli*, e la scelta sua Biblioteca
in gran parte al Collegio dei Gesuiti in Brera. Oltre
l'opera suddetta, ne pubblicò altre molte applaudite, l'elenco delle quali veder si può presso l'Argelati (1), e che versano per lo più intorno all' ani-
mazione del feto e sulli effluvii pestilenziali. Il Padre Caraffa ci ha lasciato copiose notizie del valente medico Perugino Alessandro Pascoli (2) lettore di
Filosofia nella patria Università. Passato indi a Firenze si applicò nello spedale di S. Maria Nuova ad
esaminare specialmente le malattie prodotte dalle
passioni umane, e compiuti lì suoi studii ottenne in
Roma una Cattedra di medicina e di anatomia in
quell' archiginnasio, e in appresso Clemente XI. lo
nominò ancora Protomedico Pontificio. Finì egli la
sua mortale carriera in quella Città giunto agli anni 88. nel 1757. ed ebbe sepoltura nella Chiesa de'
PP. Teatini a Montecavallo. Illustrò il Pascoli vantaggiosamente con varie opere la medicina pratica, e
ci lasciò anche un corso di anatomia raccogliendo
dai più famosi anatomisti le necessarie notizie senza

---

(1) Biblioth. Scriptorum Mediolan. T. I. part. II. pag. 529.
(2) Gymnasium Romanum T. II. p. 377.

aggiungervi gran cosa del proprio (1). Si riunirono
poi tutte queste produzioni del Pascoli e si stampa-
rono a Venezia dal 1741. al 1757. (2). La chirurgia, e l'applicazione dei rimedii usati nelle farmacie
diedero argomento di alcuni scritti al medico Fulvio
Gherli Modenese morto nel 1735.; le sue osservazioni chirurgiche poi fondate sulla dottrina del Magati
vennero criticate dal Sancassani nel suo vero Magati
redivivo (3). Quantunque queste produzioni al presente appena si conoscano dai nostri Chirurghi, pure considerando i tempi in cui vissero i loro Autori, meritano essi la particolar nostra stima, perchè
colle loro fatiche ci aprirono la strada a luminose
scoperte e al miglioramento dell'arte chirurgica. Sotto
il nome del Dottor Gio. Girolamo Sbaraglia pubblicò
una dissertazione *De vivipara generatione* ed alcune
lettere sparse in diverse raccolte Pio Nicola Garelli
Bolognese laureatosi a Vienna nel 1696. e nominato
nel 1712. protomedico dell'Imperatore Leopoldo I. il
quale poscia lo creò nel 1723. suo primo Bibliotecario, carica da lui conservata sino alla morte. Viaggiando egli coll'Arciduca Carlo sul cominciar del
secolo passato, ebbe la sorte di guarire da una pericolosa malattia il Re di Portogallo, il quale lo rimunerò con somma generosità regalandogli l'egregia
somma di 30000. Fiorini e decorandolo dell'Ordine
di Cristo. L'Accademia dei Curiosi della natura in
Germania noverò fra suoi socii il Garelli, che erasi
formata una ricca e copiosa biblioteca da lui lasciata all'unico suo figlio ad eccezione però di 1932.
volumi scelti che mancavano alla Biblioteca Imperia-

---

(1) Eloy Dictionn. hist. T. III. pag. 486.
(2) Dizion. degli Uom. ill. T. XIV. p. 173.
(3) Tiraboschi Bibliot. Mod. T. II. pag. 392.

le alla quale previo l' assenso di S. Maestà egli li regalò (1).

LXXXII. Uniremo quì insieme alcuni medici Bolognesi, i quali chi più chi meno si distinsero nella loro professione, e nello illustrare la scienza. Uno dei più antichi e dei più diligenti Accademici dell'Istituto, fin da quando appellavasi *Accademia degli Inquieti,* fu il Dottor Gio. Antonio Stancari nato l' anno 1670. e morto Lettore emerito nel 1748. (2). Sostenne egli più volte nel teatro della Università Bolognese la pubblica Notomia con plauso non ordinario, e il Sig. Portal (3) riferisce con lode due dissertazioni dallo Stancari lette e stampate negli Atti dell' Istituto sulla opinione del Dottor Antonio Pacchioni intorno alla *Durà meninge,* come pure il Segretario Zanotti nei commentarii del Istituto stesso cita altri lavori dello Stancari che gli procacciarono credito. Maggior fama ottenne l' opera dell' altro medico Bolognese Cesare Marescotti morto nel 1745. intitolata *De variolis tractatus;* essa è la più interessante fra quelle da lui pubblicate, e di questa il Mangeti nella sua Biblioteca, gli Atti di Lipsia e il Giornale dei Letterati d'Italia parlarono con lode (4). Come lo Stancari, così il Marescotti ebbe una Cattedra nel pubblico studio, e insegnò la Notomia con particolar profitto de' suoi discepoli. Presiedette all' Istituto Matteo Bazzani illustre medico ed anatomista nato in Bologna li 6. Aprile dell'anno 1674. da Carlo e da Teresa Montebagnoli ambedue di buona famiglia; allevato egli alle scuole de'

LXXXII.
Stancari Dottor Giuseppe ed altri medici Bolognesi.

---

(1) Biogr. univ. T. XXIII. pag. 209.
(2) Fantuzzi T. VIII. pag. 39.
(3) Histoire de l' Anatomie T. V pag. 50. e segg.
(4) Fantuzzi op. cit. T. V. pag. 247.

Gesuiti passò ad applicarsi alle scienze sotto la direzione
del cel. Canonico Lelio Trionfetti. Mentre il Bazzani
lesse anatomia, ebbe fiorentissima scuola e godè meritamente il credito di valente medico pratico, congiungendo poi a queste doti costumi aurei, e soda
pietà, perlocchè se ne compianse universalmente la
perdita accaduta nel 1749. il dì 29. di Dicembre.
Occupatissimo egli nella scuola, nella presidenza
dell'Istituto e nell' esercizio pratico della medicina, non potè comporre opere, ed abbiamo alle stampe soltanto alcune sue dissertazioni di argomento
medico e fisico, come pur varie Orazioni scritte in
elegante latinità nel quale idioma era il Bazzani ver-
satissimo (1). A Monsignor Leprotti medico del S.
Pontefice Benedetto XIV. successe Monsignor Marc-
Antonio Laurenti Bolognese figlio di Domenico Maria e di Laura Alessandri, dai quali venne in luce
l'anno 1678., e mancò poi ai vivi nella decrepita
età d'anni 94. il dì 15. di Giugno del 1772. Restituitosi egli a Bologna dopo la morte del sullodato
Pontefice esercitò la professione di medico con esito
felice, specialmente per la semplicità del suo metodo di medicare e per aver promosso l'uso salutare della China-China nelle gangrene. L'Istituto lo
accolse ben presto fra li suoi membri, e insegnò
l'anatomia e la chimica, nella quale ultima facoltà
ci lasciò l'analisi delle acque dei bagni della Porretta, opera pregevole, e scoprì un fenomeno chimico, la precipitazione chimica cioè, del ranno del
Fosforo Bolognese (2).

LXXXIII.
Cirillo Niccolò
e Cirillo Dome-
nico.

LXXXIII. Non la sola Bologna però potè in Italia
vantare medici illustri, ma le altre Città ancora, e

(1) Fantuzzi Op. cit T I. p. 400.
(2) Fantuzzi ec. T. V. pag. 24.

fra queste Napoli produsse Uomini insigni in tal facoltà, e Niccolò Cirillo di Grumo villaggio poco da
quella Capitale distante fu uno di questi soggetti.
Nato egli nel 1671. ricevette la prima istruzione alle scuole dei PP. Gesuiti, e dopo di aver con la direzione del Padre Niccolò Partenio Giannetasio conosciute le Matematiche, fece il corso della Clinica
in Napoli assistendo alle lezioni del valente ed erudito Professore Luca Tozzi, e contemporaneamente
Gregorio Messere lo istruì nelle Greche lettere; allor quando poi il Tozzi venne chiamato a Roma per
curare il Sommo Pontefice Innocenzo VIII., gli si sostituì nella Cattedra il Cirillo, sebbene a ciò ostas-
sero le leggi di quella Università, nella quale poi
coprì egli nell'anno 1705. la Cattedra di Fisica con
numeroso concorso, e cou profitto grande de' scuo-
lari che si recavano ad udire le sue lezioni. Fra gli
studii suoi prediletti coltivò specialmente la Botanica a que' tempi poco conosciuta, ed ai progressi
della quale egli contribuì istruendo un suo nipote
che fece girare a raccogliere erbe e piante pe' contorni di Napoli, poichè le sue occupazioni non gli
permettevano di ciò fare. Formò inoltre il Cirillo
nella propria casa un orto botanico assai più ricco
di quello di Mario Schipani, che contasi per il primo che introducesse in Napoli un così utile ritrovamento. Ottenne in appresso l'anno 1717. il Professor Cirillo la Cattedra primaria di medicina nella Università di quella vasta Metropoli, e il Sovrano
di Piemonte Vittorio Amedeo lo aveva richiesto per
suo medico, invito che il Cirillo non accettò. Abbiamo di lui un critico e dotto commento dell'opera medica dell'Etmullero, la quale poi essendo stata dal figlio difesa, dovette il nostro Napoletano scrivere come fece, la propria apologia che venne tra-

dotta in Francese e pubblicata nel Tomo VIII. *Dè
la Bibliotheque Italique.* La sua fama si estese Oltremonti. e la Real Società di Londra, a cui fu
ascritto, lo incaricò di stendere le Effemeridi meteorologiche del Cielo di Napoli (1), e di scrivere sull'
uso dell'acqua fredda nelle febbri, al che egli egre-
giamente soddisfece, e le sue dissertazioni sopra questo argomento trovansi inserite nei Volumi XXXVI.
e XXXVIII. di quella rispettabile Società. La sua
morte accaduta nel 1734. cagionò un compianto u-
niversale, perchè in lui mancò un valente medico
non solo ma un buon poeta, come ne fanno fede le sue composizioni Greche, Italiane e latine,
ed un eccellente Scrittore Italiano, come apparisce
da'suoi Consulti stampati nel 1738. a Napoli (2). Sebbene assai posteriore di età, tuttavia non disgiunge-
remo da Niccolò Cirillo l'altro dello stesso cognome cioè Domenico Cirillo suo pronipote che lo superò in fama e in cognizioni scientifiche. Nello
stesso villaggio di Grumo sortì Domenico i natali
alli 10. di Aprile dell'anno 1739. da Innocenzo e
da Caterina Capasso ambedue Nipoti del summen-
tovato Niccolò. Sante Cirillo suo zio naturalista si
incaricò della educazione di Domenico in Napoli, ed
instillò in lui l'amore della Botanica al che corrispose il nostro giovane, apprendendo rapidamente il
sistema di Tournefort, e facendo tali progressi, che
nel 1760. ebbe il coraggio di concorrere alla Catte-

---

(1) Presso il suo pronipote di cui parleremo tra poco, conservavasi il
carteggio autografo del Newton con Niccolò Cirillo, e tra le lettere che lo
componevano, eravene una che conteneva il calcolo della quantità d'acqua
caduta in un anno nella Città di Napoli, calcolo fondato sulle notizie
somministrate all'Inglese Filosofo dal Cirillo il quale aveva in propria casa fatto costruire un ben condizionato serbatojo dove raccoglieva la piog-
gia ec.

(2) Biografia degli Uom. ill. del Regno di Napoli T. III. 1816. Napoli.

dra di detta scienza, éd ottenutala a pieni suffragii
cominciò ben presto a distinguersi, e a lui devesi
la diffusione nel Regno di Napoli della cognizione del sistema Linneano, che con sommo frutto
de' suoi discepoli egli insegnò nella sua scuola. Arricchì inoltre l'orto suo particolare da suo pro-
zio fondato, e a questo oggetto fece nel 1764. un
viaggio per la Sicilia, dove raccolse molte piante al suolo di Napoli straniere, viaggio da lui replicato due anni appresso in compagnia dell'Inglese naturalista Simons. Ma per estendere il Cirillo le
sue cognizioni come desiderava, visitò nel 1769. e
negli anni successivi la Francia e l'Inghilterra,
dove conobbe molti Dotti, e specialmente Franklin
a Parigi, e Prinkle a Londra; ivi assistette alle lezioni anatomiche dell'immortale Hunter, e la Real
Società lo ammise fra li suoi Socii corrispondenti;
scrisse egli allora le sue osservazioni intorno alla lue
venerea, che gli procacciarono credito non ordinario, e furono tradotte nelle lingue Francese, Inglese, Tedesca e Russa. Allorchè ritornò da' suoi viaggi, cominciò ad esercitare in Napoli la medicina pratica, e può il Cirillo chiamarsi a ragione il ristaura-
ratore di questo così importante ramo della scienza,
laonde vi fu uno straordinario concorso di giovani
che domandavano di essere da lui ammaestrati, allorchè gli venne affidata la Cattedra di Fisiologia
nello spedale degli incurabili nel quale esercitò in
appresso la carica di medico ordinario. Oltre la e-
stensione di cognizioni e di lumi tolti dalle altre
scienze, e da lui a dovizia e con ordine introdotti nelle sue lezioni fisiologiche, diede egli il primo
in quello spedale lezioni di Ostetricia, che per lo
addietro affidavansi ad una donna d'ordinario igna-
ra dei primi elementi di Anatomia.

LXXXIV. Il Sig. Domenico Martuscelli biografo del nostro medico Cirillo (1) ci racconta di lui
un curioso anecdoto, al quale però i miei Lettori
presteranno quella fede che merita, ma che io per
lo stretto rapporto che ha con la fama del Cirillo,
non ho creduto di dover ommettere. Il Medico Cinese Hivi-Kiou, così ci fa sapere il Martuscelli, *pro-
digiosissimo nella Sfigmica, ossia scienza dei polsi*,
dopo il ritorno del Cirillo a Napoli, andò colà, ma
difficile siccome egli era nel dar udienza, al che
non prestavasi se non d'ordine del Superiore dei
Religiosi Cinesi ivi stabiliti, pochissimi erano quelli che consultar lo potevano; fra questi fortunati
riuscì ad una Dama di esservi condotta accompagnata
dal Cirillo, il quale restò sorpreso all'udire che il
medico Cinese, toccato attentamente che ebbe il
polso dell'inferma, indovinò minutamente gli incomodi dai quali essa era travagliata, e crebbe in Cirillo la meraviglia, allorquando fattosi sentire dal
medico Cinese il proprio polso, questi indovinò che
nella sua puerizia era l'Italiano stato soggetto ad alcuni dolori cardiaci, dei quali appena questi risovveni-
vasi. Dopo questa prima visita ebbe il nostro medico frequenti conferenze con Hivi-Kiou, finchè dimorò in Napoli, e trasse profitto singolare dalla Sfigmica che di proposito cominciò ad approfondire, ed
a professare. Dando noi il suo giusto valore a questa relazione, crediamo potersi concludere che il Cirillo avrà bensì approfittato delle cognizioni e dei
lumi del medico Cinese, ma avrà entro i suoi giusti limiti fissata la confidenza da aversi nelle predizioni di quel forestiere, e sommo Clinico quale
egli fu, non avrà nell'esercizio pratico azzardato

(1) Biografia degli Uom. ill. del Regno di Napoli T. II. ivi 1814.

per l'ordinario pronostici fondati sul solo indizio
dei polsi, ma avrà diligentemente esaminato tutti i
sintomi che accompagnano le infermità, prima di
determinarsi sul metodo della cura; e tanto più sup-
por si deve che tal fosse il contegno di questo medico, in quanto che il suo biografo ci fa sapere che
egli usava di tenere un esatto diario delle malattie
da lui nello spedale curate, diario che con danno
della Terapeutica andò poi smarrito. Intrinseca amicizia egli ebbe con l'altro celebre medico Domenico
Cotugno, di cui io parlai, e il Conte di Firmian gli domandò ambedue per l'Università di Pavia; ma conten-
ti essi del credito già acquistato in Patria non la vollero abbandonare. Allorchè poi si rese vacante nella
R. Università di Napoli la Cattedra di medicina pratica, il Dottor Cirillo concorse alla medesima e l'ottenne a pieni voti (1); nè si può con parole esprimere qual grido si acquistasse nell'insegnare, così
che da tutte le parti d'Italia accorrevano a Napoli i giovani per udire ed approfittare delle ammirabili sue lezioni, nelle quali alla profondità ed estensione delle mediche dottrine univa una singolare
amenità di discorso, una dolcezza ed una facondia
che rapiva, cosicchè ebbe egli in questa facoltà pochi pari. Congiunse poi questo medico all'insegnamento teorico una pratica estesa al segno, che non
gli bastava il tempo per questo oggetto, e concorre-
va gran numero di forestieri a Napoli per farsi da
lui medicare; e fra questi contasi di un Signore andato
colà fino da Boston per esser curato di una malattia
da tutti creduta insanabile. Splendidamente protesse

---

(1) Il Ministro Marchese del Marco a viva forza procurò di distoglier-
lo da questo concorso, perchè vedeva che ne soffrivano assai le Cattedre
attualmente da lui coperte.

il Cirillo le scienze naturali, e incoraggiò specialmente i giovani allo studio della Botanica, mandan-
doli a sue spese in varie parti del Regno a raccogliere erbe, piante, ed insetti per il suo museo. As-
canius, Murray ed il Linneo loro maestro mantene-
vano con il nostro medico corrispondenza, e l'ultimo di questi classificò un nuovo genere di piante,
le quali in onor del Medico Italiano denominò *Ci-
rillia*. Ma un uomo così famoso per dottrina, che ci
lasciò diverse opere insigni di medicina e di storia
naturale e in modo particolare di Botanica (1), e
che può a buon dritto riputarsi uno dei primi medici Europei, si lasciò pur troppo strascinare dal tur-
bine della rivoluzione nel 1799. e ne fu miserabil-
mente la vittima.

LXXXV.
Mistichelli Do-
menico, Bianchi
Gio. Battista ed
altri medici.

LXXXV. L'Heistero rammenta con lode somma
una dissertazione di Domenico Mistichelli di Fermo
morto nel 1715. in cui pretendesi di provare che i
Fluidi nervei siano lavorati nella pia madre e non
nel cervello. Scrisse ancora il Mistichelli un pieno
trattato sulla apoplessia stampato nel 1709. in Roma dove esercitò con onore la medicina, e siccome
alcuni giornali d'Italia trovarono di che ridire sopra alcuni punti delle sue teorie, così egli fece un'
appendice a quest'opera per rispondere alle accennate critiche (2). Il Gran Duca Cosimo III. nominò nel
1718. lettore di medicina nell'ospitale di S. Maria Nuova
in Firenze il medico Lorenzo Gaetano Fabbri ivi nato
nel 1680., discepolo di Lorenzo Bellini in Pisa. Siccome egli coltivò poi ancora la buona letteratura
con frutto, così venne ascritto a varie Accademie e

---

(1) Il Catalogo di queste produzioni leggesi in fine del citato articolo
biografico del Martuscelli (Biografia ec. T II.).
(2) Dizionario degli Uom. ill. T. XI. pag. 353.

fra queste all' Arcadia di Roma, e ci lasciò non pochi discorsi accademici inediti; varie poi sono le dissertazioni sulla febbre, sulla peste, sui vajoli, e sopra altri argomenti medici da lui pubblicati con le stampe (1). Più distinte notizie daremo di Gio. Battista Bianchi Torinese, perchè li suoi meriti letterarii lo richieggono, sebbene mi rincresce di dover ciò fare prevalendomi di Autori Francesi, perchè non ho trovato fra gli Italiani Biografi chi ce ne dia contezza (2). Da famiglia patrizia Torinese ma originaria di Milano sortì i natali Gio. Battista alli 12. di Settembre dell' anno 1681., e ricevette l' educazione da suo zio materno Francesco Peghini alle cure del quale corrispose con tanto fervore, che prima degli anni quindici sostenne pubbliche tesi sui punti più scabrosi della Filosofia, due anni appresso ricevette la laurea in medicina, e poco tempo dopo venne a lui affidata la direzione degli ospitali di Torino. Egli ha il merito singolare di aver promosso in Piemonte l'importante studio dell' Anatomia, che insegnò con profitto particolare de' suoi uditori, e il Re di Sardegna fecegli nel 1715. edificare un comodo teatro anatomico, dove continuò le sue ostensioni. Ma non si limitò il nostro Professore a questa parte di insegnamento, e negli anni successivi ammaestrò la gioventù negli altri rami della medicina ed anche nella pratica di quest' arte. Aggregato all' Istituto di Bologna fu colà chiamato nel 1720. per cuoprire la Cattedra di medicina teorica, ma il Re Vittorio Amedeo II. lo trattenne in Piemonte, e gli conferì la Cattedra primaria di Notomia

---

(1) Novelle letter. di Firenze an. 1762. T. XXIII. p. 267.
(2) Nella Biografia che attualmente (1824.) si stampa in Francia e si ristampa tradotta a Venezia avvi l'Articolo di Gio. Battista Bianchi ma oltre modo ristretto.

nella Università Torinese da lui ristaurata, ed allo splendor della quale contribuì assai il Bianchi sino alla sua morte accaduta il dì 20. di Gennajo dell'anno 1761. (1). Una delle opere per cui salì in fama, fu quella intitolata *Historia Epatica* pubblicata in Torino nel 1710. e ristampata a Ginevra nel 1716. con tavole e figure, alcune delle quali sono sufficientemente esatte le altre poi nò. Dopo di avere il Bianchi esaminato lo stato del fegato sano ed infermo, e dopo di aver suggeriti i rimedii, a suo giudizio, più opportuni per le malattie di questo viscere, propone un suo particolar sistema sulle secrezioni, ammette i vasi epatico-cistici, nega l'esistenza della tunica glandulosa, della vescicola di cui parlano alcuni Anatomisti, e col Malpighi conviene nel riconoscere la struttura glandulosa di esso fegato. Quantunque questo lavoro del Dottor Bianchi somministrasse al Morgagni argomento di critica che in due lettere egli compilò, nelle quali scuopre alcuni errori del nostro Autore, pure non scapitò il credito di quest'opera (2). La stessa sorte però non incontrò l'altra produzione del Bianchi sui condotti lacrimali, nella quale produce un sistema suo particolare sui vasi del nostro corpo, perchè la censura fattane dal Morgagni riuscì assai migliore di detta opera. Volle pur questo Professor Torinese cimèntarsi con l'Haller, e in una lettera sulla insensibilità stampata a Torino nel 1755. attaccò la nota irritabilità Halleriana, ma questi gli rispose per le rime, e con quella vivacità con cui lo aveva già criticato il Morgagni (3). Scrisse inoltre il Bianchi sul

---

(1) Eloy, Diction. ec. T. I. pag. 339. e segg.
(2) Portal storia dell'anatomia T. IV. pag. 435.
(3) Eloy loc. cit.

mistero della generazione sostenendo l'opinione dei germi preesistenti alla fecondazione, inserì alcune dissertazioni di argomenti medici ed anatomici nel teatro dèl Mangeti, e ne lasciò poi inedite molte altre citate nella Biblioteca degli Scrittori di medicina dallo stesso Mangeti compilata. Che che ne sia di queste diverse produzioni dell'Autor Torinese, egli è però certo al dir dell'Eloy succitato, che onor singolare procurarongli le cinquanta quattro tavole date in luce a Torino nel 1757. nelle quali sono incise duecento settanta figure di anatomia. Il pubblico deve al Bianchi poi tutta la riconoscenza per il buon gusto, per la scelta, e per le profonde cognizioni che incontransi in questo faticosissimo lavoro, nel quale trovansi osservazioni nuove ed istruttive, e vi si uniscono i vantaggi dell'anatomia con quelli della medicina pratica. Le tavole sono disegnate con eleganza e precisione, riescono chiare, e lavorate con semplicità, tal chè si vede in esse la natura (1).

LXXXVI. Sebbene lasciati non abbia molti monumenti del suo sapere in medicina Jac opo Bartolommeo Beccari, tuttavia siccome egli riuscì uno dei principali ornamenti della sua patria Bologna, nella quale promosse per ogni maniera gli studii delle scienze naturali, così ommetter non debbo di estesamente favellare di lui, che tanti diritti si acquistò con le sue letterarie fatiche alla riconoscenza dei posteri. Romeo Beccari ebbe da Flaminia Vittoria Maccarini sua sposa adì 25. di Luglio dell'anno 1682. questo figlio, che primeggiò fra i discepoli del celebre Canonico Lèlio Trionfetti il quale lo istruì nella Fisica, mentre dall'illustre Morgagni diretto conobbe la Bota-

LXXXVI.
Beccari Jacopo
Bartolommeo.

_____

(1) Eloy loc. cit.

nica, e quantunque giovine il Beccari, venne ammesso all'Accademia degli *Inquieti*, che radunavasi in casa del Dottor Jacopo Sandri suo maestro. In essa recitò ben presto il giovinetto due dissertazioni l'una sul fuoco, sulla materia elettrica l'altra; e quando sotto il principato del Morgagni si riformò questa Società scientifica, il Beccari allora già laureato in medicina fece parte dei dodici Accademici ordinarii nella classe di storia naturale, obbligo dei quali era di leggere ogni anno tre dissertazioni. Bologna va, può dirsi, a lui debitrice della formazione del teatro [fisico, dopo che egli ottenne la Cattedra di questa facoltà nell'Istituto di recente fondato; e nel sodisfare a questa incombenza si distinse assai, avendo già fin dal 1709. cominciato a conoscere la via migliore per istruir con frutto la gioventù, il che egli faceva insegnando nella propria casa il corso della intiera Filosofia. Quantunque a questa specialmente si dedicasse il Beccari, tuttavia sostenne ancora la pubblica Notomia, dopo di che cambiò nel 1712. la Cattedra di Fisica in quella di Medicina accudendo contemporaneamente al pratico esercizio della medesima, e tal credito si acquistò nelle scienze naturali, che l'anno 1724. ebbe la Presidenza dell'Istituto, e nel 1728. la Reale Società di Londra lo ascrisse fra li suoi collaboratori avendo già prima egli aperto commercio letterario coi dotti Inglesi. La vastità delle sue cognizioni fece sì, che gli venisse aggiunta alla Cattedra di Medicina quella di Chimica, allorchè nell' anno 1734. si terminò per opera sua il laboratorio, nel quale cominciò e proseguì a dare un corso regolare di Chimica preferendo sempre quelle cognizioni che più utili ei giudicava alla pratica della Medicina. Chiamato nel 1738. all'Università di Padova non accettò l'invito, perlocchè il Senato Bolognese grato all' amor patrio dimostrato in questa circostanza dal Beccari, gli assegnò un ragguardevole aumento di lettura; e il Pontefice Clemente XIII. intender gli fece per lettera di Segreteria di Stato esser sua volontà, che non si partisse dal suo servigio nella Università e nell'Istituto.

Un téstimonio ben chiaro della stima di cui godeva questo illustre soggetto ricevette egli dal Pontefice Benedetto XIV., poichè lo annoverò fra gli Accademici Benedettini da lui istituiti, e lo incaricò di varie commissioni onorifiche. Quantunque giubilato dalla Cattedra il Beccari per aver compito gli anni quaranta di lettura, continuò a tener scuola fiorente in casa propria, e ad insegnar la Chimica, come pure ebbe l'onore di presiedere nel 1750. all'Istituto. Allorchè poi venne a morte nel 1766. la notte del 18. al 19. di Gennajo, il suo testamento dimostrò quanto vivamente amasse la sua patria, e quanto gli stessero a cuore le scienze, poichè lasciò l'Istituto Bolognese erede de' suoi libri e di non pochi oggetti di Fisica e di belle arti. Li suoi discepoli che tanto lo amarono in vita, diedergli una solenne prova del dispiacere che sentirono di perderlo; e congiuntamente ad alcuni di lui amici fecergli celebrare alli 17. di Giugno dell' anno stesso magnifici funerali con l'Orazion funebre poscia stampata del Segretario maggiore Filippo Scarselli. Estesa corrispondenza letteraria mantenne il Dottor Beccari cogli uomini dotti del suo tempo tanto Italiani che d'Oltremonte; le varie sue opere versarono intorno alla Fisica ed alla Medicina, nella quale ultima facoltà lasciò molti consulti manoscritti, ed altre dissertazioni che meriterebbero la luce; fra queste sarebbe a desiderarsi che si pubblicasse il suo corso di osservazioni meteorologiche cominciato nel 1720., e condotto fin al giorno della sua morte, e così per uno spazio di anni 46. ; i commentarii dell' Istituto di Bologna contengono alcune delle cose edite del Beccari, altre poi sono stampate a parte. Il Ch. Padre Beccaria gli diresse le sue lettere sulla elettricità, e così praticarono altri letterati a lui indirizzando le scientifiche loro produzioni (1).

LXXXVII.
Morgagni Gio. Battista.

LXXXVII. Contemporaneo al Beccari, perchè nato nell'anno stesso 1682. adì 25. di Febbrajo, visse l'immortale Gio. Battista Morgagni Forlivese, uno dei primi luminari della medicina nel secolo XVIII. Maria Tornielli moglie di Fabrizio Morgagni lo diede in detto giorno al mondo, e avendo egli perduto in tenera età il padre, dovette alla madre la sua educazione (2). Un gravissimo pericolo egli campò d'anni sette, essendo caduto in un profondo canale che passava sotto una Volta; da questo precipizio fu quasi miracolosamente salvato da un uomo che passando a caso da quel luogo, non vide cadere il fanciullo, ma avendo sentito qualche rumore soltanto, parve che una voce interna gli dicesse di rivolgersi indietro, come fece, e il trasse fuori dell'acqua. Diede il Morgagni fin da giovanetto grande espettativa di se imparando bene le lingue, e acquistando erudizione copiosa, per cui oltremodo graditi erano i suoi discorsi; ed avendo un Gesuita nel proporgli non so quale argomento, fatto un distico in sua lode, egli prontamente rispose con altro distico e poscia sviluppò l'argomento. Dopo il pubblico esperi-

(1) Fantuzzi Serittori ecc. T. II. p. 3o. Egli ci avvisa che ha tratto questo articolo dal Mazzucchelli.

(2) Fabbroni Vitae ec. T. XII. pag. 7. Da questo Autore si è raccolto quanto risguarda il Morgagni.

mento dato di se stesso in cui accadde questo aneddoto, passò il nostro giovane a Bologna in età d'anni 17. per applicarsi alla medicina, nella quale ebbe la sorte di essere istruito dal Malpighi, dal Sandri, dall'Albertini e dal Valsalva. Compiti li suoi
studii, sebbene travagliato da una dolorosa e perti-
nace oftalmia, diede nell'anno 1701. una pubblica
difesa fidato alla prodigiosa sua memoria, ed ottenuta la laurea ritornò alla Patria, di dove presto rivide Bologna, e cominciò a distinguersi coadiuvan-
do efficacemente il Professor Valsalva nella pubblicazione dell'opera *De Aure humana* fatta l'anno
1704. ed assistendolo nella dissezione dei cadaveri
per la scuola anatomica. Ma oltre la medicina si
applicò il Morgagni e con frutto alle altre scienze
ed alla letteratura, scrivendo egli elegantemente sì
nella lingua Italiana che nella latina, perlocchè
godeva la stima di tutti li più egregi Professori ai
quali caro lo rendeva poi anche l'amabilità de' suoi
costumi; e di tale stima ne ebbe un insigne testimonio allorchè venne eletto di 22. anni non compiti *Principe dell' Accademia Bolognese degli Inquieti* alla quale cinque anni prima era stato ascritto.
Sommo vantaggio riportarono le scienze tosto che egli
ottenne la suddetta Presidenza, perchè gli riuscì di
persuadere li suoi Colleghi ad abbandonar le dispu-
te inutili per occuparsi nell'osservar la natura, e
battere così la nuova via di filosofare. Un saggio
fràttanto delle sue osservazioni anatomiche egli lesse l'anno dopo in questa Acçademia, e a persuasio-
ne degli amici lo pubblicò l'anno 1706. col titolo
Adversaria anatomica prima dedicati al Principe del-
l'Accademia in allora Eustachio Manfredi. Dividesi
quest'opera in tre sezioni, la prima delle quali contiene tutte le parti nuove da lui vedute e descritte

nella fabbrica del corpo umano. Nella seconda annovera le cose già osservate dagli Anatomisti più rispettabili dei tempi addietro, e che eransi per la loro antichità dimenticate, nel che fare mentre dimostrò quanto conoscesse i vecchii Scrittori, la lode pur anche si acquistò di moderato e giusto nel non essersi attribuita alcuna delle scoperte fatte dagli antichi nelle materie anatomiche; la terza sezione poi è consacrata dal suo Autore ad esaminar alcune controversie anatomiche fra grand'uomini agitatesi, per sciogliere o compor le quali produsse le osservazioni da lui istituite sui cadaveri ed espose sopra ognuna di esse il proprio parere (1).

LXXXVIII.
Continuazione
di ciò che riguarda il Morgagni.

LXXXVIII. Compito in Bologna con tanto plauso il corso de' suoi studii passò il Morgagni per qualche tempo a Padova ed a Venezia, dove conobbe li più distinti Professori dell'arte sua, e si occupò nella dissezione di molti pesci, nello studio della Chimica e della Farmaceutica, e nell'acquisto di ottimi libri, indi trenta mesi dopo ritornò alla patria, e cominciò con gran credito l'esercizio della medicina pratica; ma presentatasegli l'occasione di andar Professore di detta facoltà teorica nell'Università di Padova invece del defunto Guglielmini, l'abbracciò ben volontieri, anche perchè faticava troppo nell' esercizio pratico, e l'anno 1711. il Senato Veneto lo nominò Professore ad onestissime condizioni nel suddetto Archiginnasio. In questo l'anno appresso alli 17. di Marzo ascese la prima volta la Cattedra recitando un' Orazione latina, in cui dipinse il ve-

---

(1) Quest'opera sola non molto voluminosa ma profonda basterebbe al dir di Fabbroni, per render immortale il Morgagni

ro medico e adombrò alcune delle istituzioni mediche che aveva già concepito. Frattanto avendo il
Dottor Gio. Battista Bianchi di cui più sopra si disse, fatte alcune osservazioni critiche all'opera del
Morgagni riportate dal Mangeti nel suo *Teatro a-
natomico*, videsi quegli costretto, benchè contro
sua voglia, perchè di carattere pacifico, a rispondere a' suoi avversarii. E lo fece in modo che prese le parti di pungente accusatore, rilevando e
correggendo moltissimi errori che deturpavano gli
scritti inseriti nel suddetto teatro anatomico, e
specialmente quelli del Verejeno e del Bianchi, tal
che rendonsi necessarie le risposte del Morgagni a
chi possiede l'opera del Mangeti per correggere
gli errori suddetti. Ma veduti che ebbe il Bianchi
li secondi e terzi *Adversaria anatomica*, così sono
intitolate le risposte del Morgagni, fece egli sen-
no; gli spiacque d'aver offeso quest'ultimo e si
scusò con lettere, che furono gradite al nostro Professore il quale nelli successivi fascicoli delle sue cose anatomiche gli diede contrassegni di pace. Il Lancisi procurò ancora che si riconciliasse col Mangeti, e questi erasi già disposto a farlo confessando al
Lancisi „ che aveva inserito le cose del Bianchi nel-
„ la sua Biblioteca senza ben ponderarle, e che do-
„ po la stampa avevavi diverse cose riscontrato le
„ quali sembravano veramente troppo aspre „; ma
lo punsero così al vivo le espressioni dal Morgagni
usate nei susseguenti volumi delle sue miscellanee
di anatomia, che di nuovo scrisse in modo da allon-
tanare qualunque riconciliazione; i lamenti però che
sentì egli insorgere per parte di molti che il ripren-
devano di aver offeso un tant' uomo come era il
Morgagni, e il timore che questi più aspramente scrivesse contro di lui, lo determinarono a procurar-

sene di nuovo l'amicizia, come seguì di fatto per
la reciproca interposizione di alcuni amici comuni.
Il Dottor Gio. Battista Bianchi però alcuni anni dopo eccitò a nuova guerra il Morgagni, quantunque
promesso avesse al Lancisi di non suscitar più brighe, e quantunque dal Morgagni beneficato; questi
perciò più severamente vendicossi in due assai lunghe lettere che fanno parte delle suddette miscellanee, *de quibus epistolis dictum fuit nihil defendere
quod non evidenter probent, nihil oppugnare, quod
non plane evertant* (così Fabbroni nella citata vita).
I medici Oltramontani, e fra questi l'Hallero, il
Boerhaave, l'Heistero, il Winslow e non pochi altri
lodarono a cielo quest'opera del Morgagni, dalla
quale ricavarono copiose notizie che servirono ad
arrichire i loro scritti.

LXXXIX. Nell'anno 1715. venne il Morgagni nominato protettore degli scolari Tedeschi che studia-
vano in Padova, ed a questi egli persuase di procurarsi come fecero, una Biblioteca a parte dove si
riunissero a trattare dei loro studii, nell'ingresso
della quale fu collocata una iscrizione storica in cui
onorevolmente ricordossi il nostro Professore. A lui
frattanto in quell'anno stesso affidossi la Cattedra
di Anatomia, e quantunque da primo resistesse alquanto la sua modestia, pure si determinò di accettare questa incombenza, nell'eseguir la quale corrispose anzi superò l'espettazione del Senato Veneto, il quale in testimonio del suo aggradimento gli
aumentò varie volte l'onorario portandolo in fine
con esempio unico alli 2200. zecchini; con tali applausi poi salì il Morgagni la nuova Cattedra, che
essendosene sparsa la fama, il Pontefice Clemente XI.
gran Protettore delle scienze seco si congratulò per
la celebrità di questo giorno. Introdusse questo Pro-

fessore nella scuola di anatomia un nuovo metodo
sintetico in principio, poscia analitico di spiegare,
ed ammaestrava con tale chiarezza, eleganza e varietà, che oltre gli scolari concorrevano ad udirlo molti uomini provetti specialmente per erudirsi come
sempre facevano. Istruì egli l'incisore Gio. Battista Volpi in modo che nessuno lo superava, e con-
trassero amendue nella sezione di un cadavere tal
malattia, che il Morgagni non ne risanò se non dopo varii anni, e in questo tempo appunto compose
la sopracitata sua pregevole opera. Conobbe egli a
fondo la Filologia, come lo dimostrano li suoi scritti in tal genere di studii, e specialmente la disputa
avuta col Lancisi sulla qualità della morte di Cleo-
patra, e le lettere sopra Aulo Cornelio Celso e Se-
reno Samonico premesse all'edizione dei medici antichi fatta nel 1721. dal Volpi, nelle quali tutte spiega erudizione, dottrina e cognizione non ordinaria
di lingua; gli stessi pregi riscontransi pure in altre
lettere di vario argomento filologico molti anni appresso pubblicate, in una delle quali esamina l'opinione del Burmanno intorno al poema medico di Samonico da questo pubblicato l'anno 1731. a Leida
fra i poeti minori. Altre operette non poche di Filologia scrisse il Morgagni che da molti ricercato
veniva del suo parere su tali materie, emendò alcuni passi di Columella, di Vegezio e degli altri Scrittori antichi d'Agraria, discusse alcune opinioni sul
Consolato di Frontino, e trattò nelle lettere dirette al Pluvenio ed al Poleni diversi argomenti ana-
loghi. Quelle poi dette Emiliane, specialmente dimostrano quanto egli amasse l'Antiquaria e quanto
profondamente la conoscesse, poichè con esse illustrò tutto ciò che riguarda i fiumi della Emilia ed
i monumenti della sua Patria Forlì, in modo che

poco lasciò a desiderare intorno alla storia di que
luoghi. Coltivò pure la Biografia, e pubblicò la vita
del celebre Domenico Guglielmini e del proprio precettore il Valsalva, le opere del quale furono da
lui rischiarate, aggiungendo alla esatta vita di questo grande Anatomista ventidue lettere intorno alle
produzioui dello stesso. Così fortemente poi amava
egli la verità, che non lasciò alcuna volta di portare
opinione diversa da quella del sullodato Valsalva ,
quando giudicò che questi avesse errato, e ciò fece
con l'avvertenza però sempre di addurre qualche
scusa e probabile dell'errore del suo maestro. Giunto
il Prof. Morgagni all'età di 80. anni si accinse a comporre altr'opera interessante che intitolò *De sedibus
et causis morborum per anatomen indagatis* (1), nella quale con l'ajuto delle osservazioni anatomiche
del Valsalva e delle proprie spiegò in cinque libri
questa importante materia così giovevole alla medicina pratica, opera che il Dottor Beccari chiamò *am-
plissimum interioris medicae doctrinae thesaurum*, e
la quale ebbe tanto spaccio che in quattro anni tre
volte si ristampò, e contribuì non poco a condurre i
medici sulla vera strada di curare gli infermi. Tutti li più dotti Professori dell'arte salutare gli accor-
davano il Principato nel regno anatomico, le Accademie di Londra, di Parigi, Pietroburgo e Berlino
e quella dei Curiosi della natura in Germania lo
ascrissero fra i loro cooperatori, l'Italia tutta gareg-
giò nell'onorarlo, e la sua patria si distinse col fargli
erigere, mentre viveva, il busto in marmo con epigrafe e col seguente distico.

Hic est, ut perhibent doctorum corda virorum,
Primus in humani corporis hisoria.

---

(1) Le esortazioni di un giovane che Fabbroni non nomina, determinarono il Morgagni a questa nuova fatica.

Padova lo onorò e stimò sempre, e quantunque munificamente trattato dal Senato Veneto nello stipendio e tenuto in sommo pregio, non eccitò l'invidia degli altri Professori, che anzi tutti alla sua gloria applaudivano e lo secondavano. Nè meno glorioso fu per lui, che l'Heistero, Giorgio Daniele Coschowitz, l'Hallero, e gli Italiani Pujati, Francesco Maria Zanotti e Gianverardo Zeviani gli dedicassero alcuni loro scritti. Li Dogi Veneti, l'Imperator Carlo VI., Emanuele III. Re di Sardegna, Giuseppe II. in allora Principe Ereditario, fecero a gara per dargli dimostrazioni di stima, e quest'ultimo essendo passato da Forlì lo ricevette ad udienza, e seco si trattenne più ore. Li Sommi Pontefici Clemente XI. e XIII., Benedetto XIV. gli esternarono in varie maniere la loro benevolenza, e quest'ultimo gli diede ampiamente a conoscere quanto riputava la sua dottrina nell'opera *De Beatificatione Servorum Dei;* Clemente XIII. poi fecegli scrivere una lettera, con la quale gli significava, *pergratum sibi fuisse munus illius operum, quibusque ei non tam vim doctrinae admirabilem, quam pietatem in Deum ceterasque virtutes gratulabatur.* Amò la medicatura semplice e restituì l'uso del salasso alla testa in certi casi, del che egli è lodato dall'Hoffmanno e da altri. Non sfuggì il Professor Morgagni la taccia di amar un poco troppo le lodi; beneficava volentieri senza interesse nè si dimenticava i benefizii ricevuti, perlocchè assistette nelle sue miserie quello che lo aveva da giovinetto salvato dalla morte, lo ajutò finchè visse e lo pianse defunto. Quindici figli egli ebbe da Paola Vergeri Nobile Forlivese sua moglie, e il maggiore gli premorì l'anno 1766., il che gli cagionò come era ben naturale, sommo cordoglio, tanto più che questo giovane dava di se ottime speranze. Giunto il Morga-

gni all' età di anni 89. morì all'improvviso nel 1771.
alli 5. di Dicembre alle ore cinque di notte e venne, come aveva disposto, sepolto nella Chiesa di S.
Massimo in Padova con questa singolare iscrizione

SEPVLCRVM

MORGAGNI . ANATOMICI . ET SVORVM . ITEM
GYMNASII . PATAVINI . PROFESSORVM . SI . QVEM
VNQVAM . HIC . CONDI . JVVERIT . ANNO 1771.

Ecco come lo dipinge il Fabbroni. *Fuit Morga-
gnius statura magna et venusta figura, hilari et lae-
to vultu, fulvis capillis, oculis caeruleis, et ad summam senectutem usus est sensibus et valetudine op-
tima.* Chi desiderasse di conoscere tutte le opere di
questo illustre medico, può consultarne il ragionato
catalogo datocene dall' Eloy (1) che ne parla con
molta lode, e confessa che l'anatomia deve al Morgagni non poche scoperte, avendo egli portato dovunque la fiaccola del vero, ed avendo sbandito gli errori
dai falsi lumi per l'addietro nella scienza intrusi.

XC.
LeProtti Monsi-
gnor Antonio Ar-
chiatro Pontifi-
cio.

XC. Ferdinando Antonio Ghedini Bolognese esercitò la medicina con grido, e diede in luce qualche
operetta medica, ma siccome in poesia lasciò i maggiori
saggi del suo sapere, così mi riserbo a parlarne altrove, e proseguendo quì la serie dei medici più rinomati, annovereremo fra questi Monsignor Antonio
Leprotti di Correggio, dove nacque nel 1685. il dì
1. di Novembre di nobile famiglia tanto per parte
del Padre Gian Francesco, quanto della madre Lu-
dovica Mazzucchi. Ebbe questo giovane la sorte che
il genitor suo secondasse il desiderio da lui esterna-
togli di portarsi allo studio in Bologna dove il Valsalva e il Morgagni lo diressero nell'anatomia, ed ap-

_____

(1) Nel suo Dizionario medico all'articolo *Morgagni.*

proffittò delle lezioni che in quella fiorente Università davano gli altri Professori, per modo che ottenne nel 1707. la laurea filosofica e medica conferitagli però in Modena. Conobbe egli anche le matematiche, e in esse istruì il Beccari di cui poco sopra si è parlato, ed ajutò lo Stancari nelle osservazioni astronomiche, cosa che torna a molto di lui onore, perchè ci appalesa l'estensione de'suoi talenti e la premura che nutrì di istruirsi in varie scienze. Per primo frutto delle sue letterarie fatiche ci diede il Leprotti alcune osservazioni dirette a conoscere la prima origine della linfa, se sorta cioè dagli intestini o dalle loro glandule, problema proposto anche dall'Accademia di Parigi. A questo oggetto istituì il Leprotti in compagnia del Pistorini e del Galeazzi gli opportuni sperimenti sopra un cane, e riuscì a conoscere che le glandule non hanno nel movimento di detto fluido uso alcuno; questi primi saggi delle sue cognizioni gli procurarono l'amicizia dei dotti Bolognesi, e al dir dell'esimio Francesco Maria Zanotti (1), non si fecero in appresso a Bologna esperienze ed osservazioni alle quali non avesse parte il Leprotti. Protetto egli dal Prelato Giovanni Doria poscia Cardinale, passò a Rimini, dove ebbe a compagno delle sue ricerche anatomiche il famoso Dottor Giovanni Bianchi detto volgarmente *Jano Planco*, e continuò a spedire all'Istituto di Bologna, di cui può dirsi uno dei primi Socii, i risultamenti delle sue osservazioni anatomiche e cliniche, non poche delle quali il Zanotti ha ricordato nella storia dell'Istituto, ed altre dall'immortale Morgagni furono registrate nella sua grand'opera *De causis et sedibus morborum*. Fra queste devonsi qui accennar

(1) Sue opere T. VII.

specialmente quelle fatte sopra diversi animali an-
negati, e sui cadaveri dei fanciulli nei quali ritro-
var non potè dopo le più minute ricerche la valvola che chiude il foro ovale. Il teatro però in cui
spiegò il corredo delle sue cognizioni cliniche fu Roma, dove si recò nel 1725. allorquando Clemente XI.
elesse Cardinale il Doria, e colà ebbe il Leprotti l'o-
nore che il Pontefice Clemente XII. lo scegliesse a
suo Archiatro carica in cui lo confermò Benedetto
XIV. Mentre soggiornò in quella metropoli coadjuvò il Giornale Romano, in cui inseriva gli estratti
delle opere risguardanti le scienze naturali, procurò una seconda edizione dell'opera del Lancisi sul
moto del cuore con alcune sue giunte, e concorse con
gli altri Dotti colà in copia raccolti a far fiorire gli
studii della buona Fisica. Poche cose però diede egli
in luce e il Tiraboschi da cui ho tratto questo articolo (1), non cita che una lettera *De aneurismate quo-
dam arteriae bronchialis aliisque anatomicis observationibus* diretta al Beccari ; ma non è perciò men degno di lode il nostro Monsignore, perchè se non
pubblicò opere voluminose, ajutò bensì gli altri scienziati, e sparse lumi abbondanti sulla Filosofia naturale, come può vedersi dall' elogio tessutogli dal
suo concittadino il Dottor Ernesto Setti (2), e come ci assicurano i copiosi suoi consulti medici, e
l'esteso carteggio da lui tenuto con uomini sommi, fra i quali contansi il Muratori, il Derham e
l'Astruc. Quant' egli meritasse come Protettor delle
scienze, l'abbiam già veduto nel principio di 'questa storia, onde per non ripetere inutilmente il già
detto, ci limiteremo quì a registrar la sua morte

---

(1) Bibl. Moden. **T.** III. pag. 89.
(2) Elogio stampato a Carpi nel 1806.

accaduta nel dì 13. di. Gennajo dell' anno 1746. per
cui mancò a Roma uno de' suoi più belli ornamenti e come letterato, e come mecenate, e come uomo
di soda pietà fornito alla quale congiunse una generosa carità verso i poverelli. Lasciò il Leprotti non
pochi pregevoli manoscritti che conservaronsi per
lungo tempo appresso Monsig. Saliceti Archiatro di
Pio VI., e dopo furono depositati nella Biblioteca di
S. Spirito in Roma uniti ad altri del Lancisi e del
Malpighi. Il breve encomio latino fattogli allorchè
venne annunziata la sua perdita, e dal Sig. Setti in-
fine del suo elogio riferito, basta per caratteriz-
zar Monsig. Leprotti per uno dei più insigni medici de' tempi suoi.

XCI. I Fratelli Giacinto e Giovanni Agnelli Ferraresi medici fecero un buon allievo nella persona
di Ruggiero Calbi Ravennate, che esercitò con esito
felice e credito straordinario l'arte salutare in Bologna e in altre circonvicine Città, e godette la stima
del Lancisi, del Vallisnieri e di altri uomini insigni.
Contemporaneamente maneggiò con pari sapere e fortuna i ferri chirurgici, e si distinse nella controversia sostenuta col Padre Liberato da Scandiano in proposito del metodo con cui curava le ferite il celebre
Chirurgo Cesare Magati. Lasciò egli qualche opuscolo
medico, cessò di vivere l'anno 1761. contandone
78. di età e riscosse l'universale compianto; li suoi
discepoli lo onorarono con magnifici funerali e il Dottor Angelo Muti recitò il suo elogio funebre (1). Una
questione insorta sulla esistenza o non esistenza dei
canali detti *Cistoepatici ed Epatocistici*, dei quali pretendeva di esser scuopritore il Dottor Tacconi, die-

XCI.
Calbi Ruggiero,
Pozzi Gioseffo
di Jacopo.

_____

(1) Giuanni Pietro Paolo. Memorie degli Scrittori Ravennati T. I. p. 101.

de occasione al Dottor Giofeffo di Jacopo Pozzi Bolognese di un letterario carteggio col famoso Dottor Giovanni Bianchi di Rimini, e stamparonsi le lettere d'ambedue prima in Bologna poscia in Olanda; di esse parlano pure l'Heistero, l'Haller ed altri anatomisti con lode, poichè contengono buone osservazioni anatomiche specialmente dirette a svelar l'impostura dei pretesi suddetti canali nella macchina umana. Il Pozzi fu pubblico lettore di anatomia in Bologna, e diede in luce molte osservazioni anatomiche particolari per la maggior parte da lui fatte in compagnia del Lelli, le quali vennero unitamente ad altre simili sopra argomenti medici e fisici riferite in compendio nei commentarii dell'Istituto. Coltivò egli da giovane la medicina pratica con gelosia grande degli altri medici del paese; ma poi divenuto ricco per l'acquisto di una pingue eredità, abbandonò quasi del tutto l'esercizio e seguitò a coltivar la Poesia, nella quale si distinse e specialmente nella piacevole, e fu egli che compose il quarto canto del Bertoldo. Le sue Poesie d'argomento serio piacquero e furono fatte ristampare dal Sig. Giam-Pietro Zanotti suo intimo amico; il S. Pontefice Benedetto XIV. lo nominò l'anno 1740. suo medico secreto e straordinario col titolo di Monsignore annesso alla carica, ma però non se ne prevalse.

Il Pozzi attese alla teoria della medicina, e nel 1748. fu nominato Presidente dell'Accademia dell'Istituto, ed eccitò egli il Segretario alla pubblicazione delle ultime due parti del T.° II, come pure gli altri Accademici a spedire all'Istituto le loro dissertazioni. Una infiammazione di intestini lo rapì in pochi giorni alli 2. Settembre del 1752. in età d'anni 60.; oltre le suddette dissertazioni e molte poesie sparse in diverse raccolte de' suoi tempi stampò alcune scritture medico-legali, una lettera in difesa del libro del Macchiavelli Bolognese sul diploma Teodosiano (1); e furono pure date in luce le poesie di lui con un ristretto della sua vita l'anno 1776. in Venezia (2).

XCII. Uomo dotato di sommi talenti, e versato nelle scienze e nelle lettere in modo da dirsi enciclopedico, riuscì il Dottor Giovanni Bianchi Riminese; ma forse appunto perchè accudir volle a troppe cose ed estendere a disparatissimi oggetti l'attenzion sua e li suoi studii, non potè acquistarsi un nome veramente grande, come pareva che procurar gli dovesse il pronto e svegliato suo ingegno, ed è egli forse più famoso per le tante brighe letterarie che incontrò, anzichè per la sua dottrina la quale però non fu poca. Nel 1693. nacque egli in Rimini adì 3. di Gennajo da Girolamo Bianchi e da Candida Catterina Majoli, ed i rapidi suoi progressi nella Filosofia nella Botanica e nella lingua Greca fecer sì, che d'anni 22. nominato venne Segretario dell'Accademia di scienze e di erudizione detta de' Lincei, che radunavasi nel palazzo del Cardinal Davia Vescovo di quella Città, e in varie radunanze di questo consesso scientifico vi espose il Bianchi le Ode di Pindaro. Discepolo in Bologna di que' rinomati medici ritornò laureato alla Patria, ed ivi verso il 1741. aprì alla gioventù scuola di medicina di filosofia, e di lingua Greca, ma per breve tempo, poi che il veggiamo Professor di anatomia nella Università di Siena dove incontrò amari disgusti, e dopo tre anni richiamato con onorevoli condizioni alla Pa-

XCI.
Bianchi Giovanni Riminese.

(1) Diploma riconosciuto falso.
(2) Fantuzzi Scrittori Bolognesi T. VII. pag. 93. Le notizie date dal Fantuzzi sono tolte dalle Novelle letterarie del Lami an. 1753. N. 23.

tria, cominciò ad insegnare colà ed a praticare la
medicina. La sua smania di conoscer, come dissi, più
scienze , lo fece essere anche Astronomo, e nel 1734.
fabbricò sul lido di Rimini una specola, e vi istituì
varie osservazioni sul flusso e riflusso del mare, le
quali diede egli poi alla luce nel 1739. Raccolse il
Bianchi inoltre un pregevole museo di storia naturale e di Antichità congiunto a cose botaniche acquistate ne' suoi viaggi, che fece per molte parti d'
Italia; e mentre questa collezione accrebbe il decoro
di quella Città, formò l' ammirazione dei forestieri.
Animò pure questo medico la nominata Accademia
dei Lincei, e dandogli sede in propria casa la fece
rifiorire , perlocchè i suoi concittadini l' onorarono
specialmente con un medaglione che conservavasi nel
Museo Mazzucchelliano, nel cui diritto vedesi il ritratto del Bianchi e nel rovescio l' epigrafe *Lynceis
restitutis.*

Si continua a
parlar di Bianchi
Giovanni;sue que-
stioni letterarie. Troppo lunga sarebbe la storia delle quistioni letterarie da lui sostenute con non pochi Dotti del suo
tempo , e numerosa anzi che nò è la serie di scritti
assai mordaci e satirici contro lui stampati, dai quali però non si lasciò egli giammai atterrire, nè per
l' ordinario scrisse egli l'ultimo, ma ebbe anche encomiatori in buon numero. Diciotto opere latine registra il Mazzucchelli sortite dalla penna del Bianchi e ventinove volgari (1), ma noi ci limiteremo a
dir soltanto alcuna cosa di quelle che giudicaronsi
allora le migliori. La critica che fece il Bianchi Riminese a Gio. Battista Bianchi Torinese di cui poco sopra io parlai, su la storia del fegato di quest'ultimo,
si ritiene per una delle migliori produzioni del
primo, perchè si appoggia sempre l'Autor alle dottrine

---

(1) Mazzucchelli. Scrittori cc. T. II. parte II. pag. 1137. e seg.

dell'Heistero e del Morgagni. Vario giudizio si proferì
sull'altro suo lavoro *De Conchis minus notis cui ac-*
cessit specimen aestus reciproci maris superi ; poichè
mentre alcuni Giornalisti incontraronvi nuove scoperte, quelli di Trevoux ne fecero soggetto di critica, alla quale però il Bianchi rispose con una difesa assai forte nelle Novelle letterarie di Firenze inserita. Eccitò pure una guerra scientifica la nuova
pubblicazione che fece dell' opera di Fabio Colonna
intitolata *Fito Basano,* cioè trattato di Botanica a cui
unì il Bianchi la vita dell'Autore, e le notizie dei
Lincei. Essendo il libro di somma rarità, questa ristampa incontrò l' approvazione dei Botanici ; ma
avere il Bianchi escluso dal numero dei Lincei il
nostro Modenese Alessandro Tassoni, diede motivo
al Dottor Domenico Vandelli di impugnarlo sopra
un tal punto, e di contemporaneamente difendere
il parere del Muratori. Nè al primo scontro cessa-
rono i due guerrieri di battersi, perchè avendo il
Riminese medico risposto alla critica sotto il nome
di Simone Cosmopolita, il Modenese Vandelli non
tacque, e sostenne in alcune lettere scritte dal finto soggetto Ciriaco Sincero la sua tesi. Si sospettò
pure e non senza fondamento, che il Bianchi avesse
la bizzarria di inserire la propria vita da lui stesso
scritta nel Tomo primo di quelle del Lami *Memo-*
rabilia Italorum (1). E siccome molti la vedevano
di mal'occhio, colsero così ben volontieri questa occasione per spargere contro di lui dicerie in copia,
ed uscirono su questo argomento alcuni pungenti e
mordaci opuscoli, ma si trovò ancora chi assunse la
difesa dell' Autor Riminese se non fu egli stesso, co-

---

(1) Veggasi l'opuscolo *In Joannis Planci, seu Jani Planci Ariminensis*
vitam animadversiones Anonymo Bononiensi Auctore 8.º *Mutinae* 1745.

me può arguirsi dal libretto stampato in Rimini nel
1745. col titolo *Simonis Cosmopolitae epistola apo-
log. pro Jano Planco* (1). Non contento poi il Professor Bianchi di aver scritto sopra argomenti alla
sua professione spettanti volle trattare la Comica,
l'Antiquaria, la Geografia e la Filologia in generale,
perlocchè lasciò un numero copioso di piccole operette e di articoli inseriti nei Giornali, e specialmente nelle Novelle letterarie di Firenze, per aver
ulterior notizia dei quali si può ricorrere all'opera
del più volte lodato Conte Mazzucchelli (2).

XCIII.
Biumi Paolo ed
altri medici.

XCIII. Esercitò la carica di Conservatore del Magistrato generale di sanità dello stato di Milano Paolo
Girolamo Biumi Milanese morto nel 1731., che lasciò
varie opere dal Mazzucchelli registrate (3) ma di non
gran pregio, e fra queste *lo scrutinio di Notomia
e Chirurgia*, nel quale al dir dell'Eloy sfoggia l'Autore con erudizione non ordinaria, ma sostiene dei
vecchii errori; come per es. il fermento dei vasi secretorii per spiegare le funzioni del nostro corpo,
le idee plastiche ed altre simili, nè riescì migliore il
suo *Esamine di alcuni canaletti chiliferi che sembrano penetrare nel fegato* riputati dallo stesso Eloy un
vero paradosso (4). Fra i lettori della pubblica Anatomia in Bologna il Conte Fantuzzi (5) cita il medico Gaetano Tacconi che visse sino alli anni 94.,
perchè morì nel 1782. ed era nato in detta Città

---

(1) Questo Autore è conosciuto quasi più sotto il nome di Giano
Planco, che sotto quello di Giovanni Bianchi.

(2) Loc. cit.

NB Manca l'epoca della morte di Bianchi, e nemmeno la biografia che
si stampa a Venezia (T VI 1822.) ce la somministra.

(3) Scrittori ec. T. II. parte II. pag. 1294.

(4) Dictionnaire ec. T. I pag. 349 350.

(5) Scrittori Bolognesi T. VIII. p 10.

l' anno 1689. Precettore della illustre Laura Bassi allorchè insegnava Filosofia, si distinse egli nel Bolognese Istituto, ed annoverato fra gli Accademici Benedettini, nelle adunanze di questo stabilimento lesse più dissertazioni mediche, e riuscirono alla pratica medica utili le sue osservazioni sopra diversi mali del fegato, e sulle fratture del cranio e delle ossa (1). Un bello elogio ci ha lasciato il più volte lodato Conte Fantuzzi (2) del medico Domenico Gusmano Galeazzi, in cui si accoppiò *perizia squisita di molte scienze ed una maravigliosa innocenza ed integrità di costumi.* Suo padre originario di Reggio in Lombardia dimorava a Bologna, allorchè Domenico Maria vide la luce del giorno nel 1686.: il raro suo ingegno e l' indefesso studio con cui lo coltivò sotto la direzione del Canonico Trionfetti e de Dottor Bazzani che gli insegnò la medicina, lo resero caro ai dotti Bolognesi, ed allor quando si aprì nel 1714. l'Istituto, scrisse il Zanotti nel primo volume de' suoi commentarii che il Dottor Beccari ,, ,, habebat substitutum Dominicum Gusmanum Galeatium, qui unus ex omnibus ad physicarum rerum experimenta capienda aptus natusque videbatur. Erat insuper in hoc homine, et medicinae quam ,, exercebat, et anatomicae facultatis et naturalis ,, historiae tanta cognitio, quanta in paucissimis esse solebat ,, La lettura di Filosofia ordinaria, le ostensioni anatomiche nel teatro ed in casa, un esteso carteggio per i Consulti dei quali ben sovente era richiesto da quasi tutte le Città d' Italia lo occuparono oltremodo, ma non gli impedirono di pensare ai

---

(1) Eloy op. cit T. IV. pag. 354
(2) Scrittori ec. T. IV. pag. 20.

progressi delle scienze naturali, al quale oggetto raccolse in casa propria una privata Accademia, cui
diede il titolo degli *Inesperti*, la quale fu d'uomini
valorosi feconda e produsse filosofi e medici di grido . Per mezzo del Chiar. Abate Conti di cui si dirà altrove, strinse il Dottor Galeazzi amicizia con li
principali dotti Francesi, allor che fece il viaggio di
Parigi in compagnia del nobile Bolognese Astorre
Tortorelli, e colà voleva pur trattenerlo Monsignor
Bentivoglio Nunzio Apostolico da lui risanato; ma il
Galeazzi lo ringraziò, e si restituì alla Patria dove
visse intento sempre ai diletti suoi studii ed alle
opere di cristiana pietà, e cessò di vivere nella decrepitezza adì 30. Luglio del 1775. Diverse sue memorie di Fisica e di Medicina si leggono negli atti
dell'Istituto di Bologna, le quali sono con onor ricordate ed anzi analizzate dal Portal nella sua storia dell'anatomia e chirurgia, ed oltre ciò nell'aggiunta fatta alle rime del Zappi leggonsi alcune poesie di questo medico.

XCIV.
Papotti Dottor
Domenico ed al-
tri medici.

XCIV. Fra i corrispondenti dell'immortal Vallisnieri riscontrasi il Dottor Angelo Domenico Papotti
Carpigiano, e il medico Felice Roseti di S. Severo
Città della Puglia. Fece il primo li suoi studii a Bologna dove nel 1709. essendo Priore degli artisti in
quella Università, sostenne con onore una pubblica
disputa di medicina, e quantunque contasse allora
anni 22. soltanto, pure ottenne ivi una lettura straordinaria di medicina, e passato in seguito medico
a Spalatro, esercitò colà la profession sua con felice successo, e si segnalò specialmente prescrivendo
saggi regolamenti onde impedir la propagazione della peste che nel 1731. travagliò quella Provincia.
Conosceva egli bene la lingua Greca e l'Illirica, ma
poche cose abbiamo di lui alle stampe; oltre molti

Consulti medici conservavasi un erbario da lui formato, che doveva andare unito al dizionario italiano,
latino, illirico del Gesuita Padre Ardelio della Bella stampato in Venezia l'anno 1728., lavoro che av-
rebbegli procacciato molta fama, come rilevasi dalle
onorifiche lettere del Vallisnieri, e dall'approvazione
che ne diede l'insigne medico Modenese Torti (1).
Sotto la direzione del celebre Niccolò Cirillo studiò il
Roseti nato nel 1687. e morto nel 1731.: esercitò egli
la medicina nell'ospitale degli incurabili di Napoli, ebbe carteggio coi più rinomati dotti Europei, e pubblicò due dissertazioni sulle febbri e sul succo dei nervi; e nella raccolta Calogeriana contengonsi altri due
suoi opuscoli diretti al Vallisnieri; meritò poi di essere ascritto all'Accademia della Crusca per la edizione a sue spese eseguita del Dizionario di essa, edizione che riuscì assai pulita e corretta (1). Cultor distinto della scienza di cui trattiamo, dir si deve il
Dottor Morando Morandi del Finale nello Stato di
Modena nato nel 1693. e morto nel 1756., il quale
fondò in Modena l'Accademia medica dei *Congettu-
ranti* e ci lasciò varie opere di medicina, fra le quali ricorderemo l'appendice al libro di Haller sulla
irritabilità, appendice che egli stampò nel 1755. a
Roma. Studiò il Morandi in Padova ed ebbe a precettori fra gli altri il Morgagni ed il Vallisnieri, ai
quali fece molto onore coll'esercizio della sua professione presso il Landgravio d'Hassia Darmstadt e
presso la Corte di Modena; esteso fu il carteggio
che mantenne questo medico con non pochi illustri
scienziati, fra i quali contansi il Molinelli, l'Azzoguidi, il Torti ed il Van-Swieten, e il credito da lui

(1) Tiraboschi Bibliot. Moden. T. IV. p. 25.
(1) Dizion. degli Uomini ill. T. XVII. p. 186.

acquistato gli ottenne di venir ascritto a varie Accademie Italiane, ed alla Società medica di Parigi (1).

XCV.
Cocchi Antonio.

XCV. Se nell'antecedente §.° si è da noi brevemente ragionato di alcuni medici, ciò attribuir devesi al non aver essi levato di se gran fama, ma ci estenderemo assai più nel dar le notizie di Antonio Cocchi, perchè non solo riuscì egli egregio medico ed anatomista, ma ben anche buon filologo ed elegante scrittore. Originario del Mugello luogo vicino a Firenze e noto nelle storie di quella Città, vide il Cocchi la luce in Benevento Città del Napoletano il giorno 3. di Settembre dell'anno 1695., ed ebbe a genitori Giacinto Cocchi e Beatrice Bianchi: ammaestrato nella Università di Pisa si laureò in medicina, e ne fece la pratica sotto la direzione di Tommaso Puccini discepolo del Redi; ma volendo egli poi esercitar la sua professione nobilmente, si applicò allo studio delle lingue orientali e viventi, il che gli aprì più facilmente l'adito a stringere amicizia con non pochi Inglesi, e in modo particolare con Teofilo Hasting Conte Huntington, che seco il condusse a Londra, dove visse il Cocchi più di tre anni magnificamente trattato, ed ebbe agio di conoscere quei sommi uomini, come il Newton, il Clarke, il Boerhaave ed altri con i quali famigliarmente conversava. Si distinse egli da prima nella filologia, traducendo in latino l'operetta Greca di Senofonte Efesio *De amoribus Anthiae et Abrocomae* fatta splendidamente stampare a Londra, e dedicata al suddetto Conte suo mecenate, che ebbe motivo di rallegrarsi di questa versione del Cocchi, la quale riescì elegante e naturale. Quantunque avesse egli

(1) Tiraboschi Bibl. Moden. T. III. p. 295. Zaccaria Annali letter. d'Italia T. I. part. II. pag. 213.

potuto con assai vantaggiose condizioni rimanere in quella vasta e popolosa Città, tuttavia amò meglio di ritornar a Firenze, dove per opera del suo amico Carlo Rinuccini ottenne la Cattedra di Professor di medicina teorica in Pisa, ed ivi cominciò nell'anno 1726. le sue lezioni con una bella orazione latina in lode dell'arte sua; ma fatto scopo colà dell'invidia, fors' anche per il suo carattere alquanto difficile, come più abbasso vedremo, abbandonò quella Università e ritornò a Firenze, dove si occupò nell'insegnare la filosofia e la medicina. Mentre però incombeva a questi studii, non dimenticava la filologia, e frequentando la Biblioteca Laurenziana, ricopiò alcune epistole Greche di S. Gregorio Nisseno, esaminò i manoscritti di Filone Ebreo e di altri Autori Greci, delle quali sue fatiche si giovarono poi gli editori più recenti di que' monumenti del Greco sapere. Fra li manoscritti da lui diligentemente esaminati trovaronsi alcuni libri chirurgici di Sorano, di Oribasio e di altri antichi medici, i quali egli trasportò in latino e pubblicò con le stampe nell'anno 1754. Sempre inteso il Cocchi a promuovere più specialmente le scienze naturali, col suo consiglio si istituì in Firenze una Società Botanica composta di lui, del celebre Micheli, di Niccola Gualtieri e Sebastiano Franci, nella quale egli per diverse volte recitò alcune latine orazioni oltremodo applaudite; ma si distinse poi specialmente nell'insegnare l'anatomia nello spedale di S. Maria Nuova in Firenze, dove per quindici anni udir si fece con attenzione da un numeroso stuolo di scolari.

XCVI. Non ebbe questo medico gran fortuna nell' esercizio della sua Professione, e il suo metodo troppo semplice di medicare, e l'opera sul vitto Pit-

XCVI.
Si prosegue a parlar del Cocchi.

tagorico in cui bandir pretendeva l'uso del vino e
delle carni, suscitarongli avversarii in copia, fra i
quali furonvi il Pujati e il famoso Giovanni Bianchi
di cui poco sopra si è parlato; anche il Baretti chiamò ad esame i discorsi Toscani del nostro Autore e
gli mandò buone alcune cose, ma trovò ampia materia in essi alla sgarbata sua critica (1). Mentre però andava pubblicando il Cocchi le opere proprie e
le altrui, una onorevole incombenza lo distrasse alquanto da tali lavori, essendo egli stato incaricato
di ordinare la ricca Biblioteca Magliabechi, ed a
presiedere alla Galleria Medicea, i monumenti della
quale per incitamento del Rinuccini egli si accins-
a spiegare. Monsignor Fabbroni che mi ha servito di
guida a dar le notizie del Cocchi (2), riconosce in
lui un uomo di merito bensì, e per la eleganza, e
per l'erudizione, e per l'amenità dello stile, ma tale però che alcune sue opinioni dimandavano rifore
ma, o assolutamente ammetter non si potevano; conosceva egli inoltre un poco troppo i proprii meriti,
giudicando di aver fatto con l'opera sua rivivere
in Toscana l'antica gloria e di aver nella medicina
ottenuto il principato. Era quest'uomo infaticabile, e
lasciò più di cento volumi che contengono una descrizione minuta di tutto ciò che avvenivagli, non
rispose mai alli suoi oppositori, il che certuni attri-
buirono ad alterigia, altri ad amor di pace ed a
grandezza d'animo; in sostanza però godette egli
la stima di molti fra li suoi contemporanei, fu ascritto a parecchie Accademie ed alla Reale Società di
Londra, alcuni Letterati dedicarongli i loro scritti
ed ebbe anche l'onor che gli si coniasse una meda-

---

(1) Numeri IV. VIII. della sua Frusta letter.
(2) Vitae ec. T. XI. pag. 342.

glia. Allorchè cessò di vivere il primo di Gennajo dell'anno 1768., il suo amico e discepolo Domenico Brogiani erger gli fece nel gran tempio di S. Croce in Firenze dove fu sepolto vicino all'illustre Micheli, un monumento marmoreo con l'elogio lapidario. Fama non ordinaria gli ottennero i suoi consulti e il discorso sul matrimonio, che non si pubblicò se non dopo la sua morte, come avvenne anche della prima parte dell'Asclepiade. L'assunto particolare però che nello scritto sul matrimonio sostener egli volle, cioè che sia più felice la vita dell'uomo libero che dell'ammogliato, incontrò con tutta ragione la censura Pontificia e si mise all'Indice il libro del Cocchi. Il severo Baretti frustò amaramente questo discorso (1) che Monsignor Fabbroni giudicò scritto dall' Autore soltanto per ischerzo, come può anche argomentarsi da non averlo egli pubblicato mentre viveva. La sorte toccata a questo libro può servir d' esempio a coloro che hanno la smania di pubblicar gli scritti inediti di letterati defunti, perchè così facendo, accade sovente di pregiudicare anzichè di accrescer la loro fama.

XCVII. La controversia sul modo di generare dei Vivipari, agitatasi già con calore fra il Malpighi e lo Sbaraglia, come ci istruisce il Cav. Tiraboschi, trovò nel medico Giacinto Vogli di Budrio Castello del Bolognese un difensore dell'opinione del secondo; ed avendo il Vogli sostenuto alcune tesi dai seguaci del Malpighi disapprovate, pubblicò nel 1718. una dissertazione a propria difesa col titolo *De Antropogonia dissertatio Anatomico-phisica in qua de Viviparorum genesi*. Cessò questo medico di vivere nel 1762. lasciandoci qualche altra sua produzione,

XCVII.
Altri medici.

_____

(1) Frusta letteraria N. I.

dopo di aver per più anni sostenuto in Bologna la
pubblica Anatomia, ed aver fatto parte dell'Accademia Benedettina (1). Al Dottor Giuseppe figlio del
celebre Domenico Guglielmini devesi l'edizione dei
comenti su gli aforismi di Ippocrate dal Padre com-
pilati e da lui con osservazioni illustrati (2). Nell'
opera di Astruc *de morbis venereis* leggesi una dissertazione del medico Fiorentino Giuseppe Saverio
Bertini morto nel 1756. sull'uso esterno ed inter-
no del mercurio, la quale levò molto rumore, e trovò alcuni oppositori, ma la maggior parte dei Fisici
l'approvò (3). Il Conte Francesco Parolino Roncalli
medico e letterato di grido ebbe per patria Brescia;
fornito egli di perspicace ingegno, e istruito in detta Città ne' buoni studii si portò poi a Padova, dove
con la scorta luminosa del Vallisnieri attese alla medicina, animato anche dall'esempio di Costantino
suo Padre che esercitava la stessa professione. Ritornato il giovine Francesco a casa, si immerse nello
studio di questa facoltà con attente osservazioni al
letto degli ammalati e con profonde meditazioni sulle opere degli Autori eccellenti. Per questi due pregi di utile pratica congiunta ad una istruttiva teorica, potè egli in appresso produrre al Pubblico dotti
e voluminosi scritti che gli assicurarono un diritto
alla immortalità. Le più cospicue Accademie d'Europa fecero a gara per ascriverlo al loro ceto; li primi Professori di medicina aprir vollero con lui letterario carteggio; Augusto III. Re di Polonia gran
mecenate dei Dotti per distinguere il merito di lui,
dichiarollo *Conte* insieme co'suoi discendenti, accom-

---

(1) Fantuzzi Scrittori ec. T. VIII. pag. 213
(2) Fantuzzi op. cit. T. IV. pag. 328.
(3) Zaccaria Annali letter. d'Italia T. I. part. II. pag. 231.

pagnando questa dichiarazione con tutti i fregi più
luminosi e con le prerogative più illustri nel Regio
diploma espresse; finalmente il Monarca delle Spa-
gne Carlo III. lo nominò suo medico di Camera, nè
gli mancarono poscia altri titoli ed onori che per
l'ordinario sono riservati al vero merito (1). Allorchè parleremo degli Antiquarii avrem motivo di nuovamente ricordar il Conte Roncalli, e frattanto diremo alcuna cosa delle opere mediche ch'ei lasciò
dopo la sua morte accaduta nel 1769. giunto egli
essendo all'anno 77.° di età, ed essendosi ognora
distinto non solo come dotto, ma come ottimo Cittadino e benemerito professor dell'arte salutare. Esaminò egli chimicamente le acque Bresciane ed alcune del Milanese, e nel 1722. e 1724. diede in luce
le sue osservazioni su di esse applicate alla pratica
medica. Scrisse sull'uso dei purganti e ci diede le
storie di varii mali arricchite dalle riflessioni dei medici illustri da lui all'uopo consultati. L'opera però
che veramente gli acquistò fama straordinaria è quella
intitolata *Europae medicina a sapientibus illustrata
et ejusdem (Roncalli) observationibus adaucta* stampata in foglio l'anno 1747. Essa ridonda di soda ed
estesa dottrina, vi si scorge acuta critica perlocchè
tutte le Accademie Europee l'accolsero con plauso,
e il sullodato Re di Polonia a cui l'Autore la dedicò, gli spedì in regalo un servigio magnifico di
porcellana di Sassonia. Chi desiderasse più copiose
notizie del Conte Roncalli, le troverà nel dizionario
di medicina dell'Eloy più volte da noi citato, e negli elogi degli illustri Bresciani pubblicati dal Signor
Antonio Brognoli.

---

(1) Dizion. degli Uom. ill. T. XVII. pag. 163.

XCVIII. Allievo della rinomata scuola medica Francese di Monpellieri fu Jacopo Vercellone di Sorde-
vole nella provincia di Biella nato il 23. Marzo 1676.
Visse egli molto tempo in Asti dove sostenne la per-
fidia di alcuni suoi emuli , ma alla fine la superò ,
e il Re di Torino dichiarollo Archiatro di quella città
tà e provincia. Gli illustri Lancisi e Baglivi con i
quali ebbe campo di conversare in Roma, allorchè
assisteva gli infermi di quello spedale detto degli incurabili , gli insinuarono le massime Ippocratiche, e
in qualche parte fecergli abbandonare le idee siste-
matiche del Cartesio e del Silvio apprese alla suddetta scuola Francese dal famoso Pietro Chirama;
non lo persuasero intieramente, e trasparisce di quando in quando nelle sue opere mediche qualcuna di
tali idee per cui si rende oscuro e concettoso , anzichè cercar di istruire con osservazioni chiare e
fondate sulla sperienza. Le sue produzioni risguardano alcune delle tante malattie che affligono l'umanità, e merita special menzione quella in cui discor-
re della lue Venerea, ed addita varii dei mali che
questa produce (1). Allorchè il Comino celebre stam-
pator di Padova pubblicò le opere degli antichi medici Celso e Sammonico, il Dottor Vincenzo Benini
Bolognese arricchì con note latine il Celso, e ci diede poi anche una buona traduzione in versi sciolti
del poema famoso della Sifilide , traduzione pubblicata dallo stesso Comino nell' anno 1739. unitamente al testo latino del Fracastoro e di altri poeti latini (2). Approfittò Carlo Ricca nato a Torino li 24.
Settembre dell' anno 1690. dal medico Pietro Paolo

---

(1) Donino Gio. Giacomo. Biografia medica Piemontese Vol. II. pag. 45.
e seg.
(2) Biogr. univ. T. V. pag. 307.

delle Sovrane beneficenze di quel Re Vittorio Amedeo II. ; e dopo di aver ottenuto la laurea medica in patria, si recò in Inghilterra dove dimorò tre anni per informarsi meglio delle scoperte che la scienza andava colà facendo, indi passò in Olanda ed a Leida ascoltò le lezioni del celebre Boerhaave. Languiva l'Università di Torino e in modo speciale la classe medica, allorchè il Ricca si restituì alla patria, ed egli ha il merito di aver cominciato a far rifiorire gli studii medici, avendolo il Re destinato a dettare ogni anno un pubblico corso di anatomia, il che egli con ogni premura eseguì, facendo preceder sempre le sue lezioni da una Orazione inaugurale in cui presentava la sinopsi, diremo così, di quanto trattar doveva ed animava ed invitava gli allievi ad udirlo (1); mentre poi istruiva dalla Cattedra, maneggiava il coltello anatomico, ed una sua dissertazione sopra un anevrisma particolare dell'aorta leggesi nel Tomo XIX. della Raccolta Calogeriana. Riscontrasi inoltre esattezza nell'osservare, chiarezza nel descrivere, erudizione ed ordine nel maneggio degli argomenti trattati dal Professor Ricca nella sua storia dei mali che dal 1720. al 1723. regnarono a Torino, e sarebbe a desiderarsi che egli avesse continuata quest'opera in cui presentansi risultamenti clinici pratici, i quali costituiscono il miglior mezzo per istruire i giovani medici. Il merito di questo Professore gli procurò alcune cariche luminose ed insieme utili in Torino, e l'onore di essere ascritto a varie Accademie estere, fra le quali alla Società Reale di Londra (2).

(1) Donino Jacopo Biografia medica Piemontese T. II. p. 70. e seg. Alcune di queste Orazioni scritte con tersa latinità sono alle stampe.
(2) Biografia citata pag. 80.

Il mistero della generazione occupò la penna del Dottor Gio. Tommaso Guidetti Piemontese, vissuto prima della metà del passato secolo; pubblicò egli un suo particolar sistema su questo argomento, fondato sulle sperienze da lui eseguite sopra l'incubazione dell'uovo; indi sostenne contro l'autorità della storia la singolar opinione che il vaiuolo ed i morbilli procedano dalle viziose circostanze che accompagnano l'umano concepimento. Altri suoi lavori abbiamo alle stampe; due dissertazioni cioè sulle febbri biliose ed una apologia degli emetici e dei purganti, delle quali produzioni può vedersi una breve analisi presso il Sig. Dottor Gio. Giacomo Donino (1).

XCIX.
Macoppe Knips
essandro ed al-
medici.

XCIX. Una dissertazione sola *De aortae polypo* diè alla luce Alessandro Knips Macoppe venuto al mondo in Padova da' genitori Tedeschi l'anno 1662., ma appunto per aver scritto poco in medicina ed operato molto, deve qui ricordarsi questo medico pratico insigne. Dopo di aver egli viaggiato col General de' Veneziani Alessandro Farnese in diverse parti d'Europa, e dopo di aver visitati molti spedali ritornò il Macoppe alla patria, e cominciò a medicar con un metodo semplicissimo, che molto gradiva agli infermi ma nulla ai medici. Chiamato quindi una volta ad un consulto fu derisa la sua sentenza; ma venuto meno l'infermo, si trovò che egli aveva predetto il vero male che fu appunto il polipo dell'aorta, da cui egli trasse argomento per l'indicato scritto. Questa predizione conoscer lo fece al Governo, che non indugiò un momento ad affidargli la Cattedra dei *Semplici* indi quella di medicina teorica, nella prelezione della quale dichiarò la sua massima

(1) Biografia medica Piemontese T. H. pag. 137.

·per un ragionato Empirismo bandendo aflatto le teoriche di ogni partito. Intimarongli perciò aspra guerra gli altri medici, ma il Governo ben vedendo quanto riuscissero felici le cure del Professor Macoppe, lo promosse alla Cattedra di medicina pratica da lui esercitata con un credito straordinario al segno, che *da tutta Europa accorrevano a lui i malati come all' ara d'Esculapio* (1). Ricettò egli pochissimo, promosse l'uso del mercurio e delle terme di Abano, ma sopra tutto ·consigliò di medicarsi poco, consiglio che ei seguì e che lo condusse a toccare l'anno 82.° di età. La medicina e l'amena letteratura trovarono un buon cultore nel Conte Ignazio Somis di Chiavrice in Piemonte morto d'anni 75. nel 1793. Allievo in belle lettere del Chiar. Professor Tagliazucchi in casa del quale abitava, si fece conoscer da prima con la versione dal Greco di quasi tutta l'orazione di Isocrate a Demonico che recitò in un'Accademia tenutasi nel 1734. a Torino, mentre egli contava anni 16. di età soltanto; e in questa lingua continuò ad esercitarsi poichè scriveva in Greco le osservazioni quotidiane che faceva sulla salute del Re e della Reale Famiglia, di cui era medico. Prese egli parte attiva nella contesa letteraria agitatasi con istraordinario calore tra il Padre Teobaldo Ceva e il Dottor Schiavo di cui altrove si ragionerà, e nelle scritture da lui pubblicate a difesa di quest'ultimo si fece conoscere come versato a fondo nella cognizione dei migliori autori, buon critico ed ameno scrittore. Le primarie nostre Accademie lo chiamarono nel loro seno, e mantenne egli carteggio scientifico con Caldani, Carli, Haller ed altri insigni scienziati suoi contemporanei, alcuni dei quali gli dedicarono le

_____

(1) Così il Sig. Gamba si esprime nella Galleria d' Uomini ill. Q XI.

loro produzioni. Sebbene dal fin quì detto argomentar debbasi che il Conte Somis godesse di estesa fama, tuttavia non abbiamo di lui alle stampe opere mediche voluminose. Descrisse egli in una lettera all' Abate Nollet pubblicata negli Atti dell' Accademia delle scienze di Parigi (1) alcuni sperimenti sulla scammonea e sull' opio fatti a Venezia in compagnia del Dottor Pivati, i quali giovarono a convincere la falsità dell' opinione sostenuta allora da non pochi medici, che tenendo in mano i suddetti medicamenti una persona che si facesse elettrizzare, ne provava gli effetti. Accolsero assai favorevolmente i dotti medici d'allora un ragionamento del Somis sopra tre donne sepolte sotto le rovine di una stalla a motivo di una enorme massa di neve cadutavi sopra e trovate vive dopo 37. giorni, e ciò essi fecero con ragione poichè in questo libretto risplende la dottrina estesa dell' Autore e l'eleganza dello stile; ricorderemo finalmente quì due volumi manoscritti del Conte Somis che contengono le osservazioni meteorologiche da lui continuate dal 1753. fino al 1793. le quali conservansi nella R. Accademia di Torino a cui ben giustamente egli apparteneva, e ne fu anche Vicepresidente (2). Nè ommetter quì devesi Gian Tommaso Mullatera nativo di Biella in Piemonte, morto nel 1806. d'anni 71., poichè egli ha il merito di esser stato dei primi a smascherare le imposture di Mesmer con un'operetta stampata nell'anno 1785. intitolata *Del magnetismo animale, e degli effetti ad esso attribuiti sulle umane infermità,* opera che giovar potrebbe all' Accademia Francese di Scienze, addesso che essa dar deve giudizio so-

---

(1) Anno 1749. pag. 454.
(2) Donino. Biografia medica Piemontese T. II. pag. 225.

pra quest'argomento, che con danno della buona Fisica e della morale, e direm pure anche con vergogna dell'età nostra trova dei fautori fra gli stranieri (1). Esercitò il Mullatera con zelo e con sodisfazione del Pubblico la medicina in Alessandria ed a Biella, della qual città scrisse una storia cronologica, e ci lasciò inoltre alcune altre sue produzioni poetiche ed in prosa, le quali ultime versano intorno argomenti di medicina pratica (2).

C. Alla scuola dell'insigne medico Torti si formò Gio. Battista Morcali figlio di Antonio e di Domenica Cuoghi di Sassuolo negli Stati di Modena (3) venuto al mondo nel 1699. adì 9. di Marzo. Un viaggio da lui intrapreso per l'Italia dopo di aver nel 1721. ricevuta la laurea medica nella nostra Università, gli fece conoscere parecchi dei più insigni medici de' tempi suoi e fra questi il Cirillo in Napoli, col quale e con altri valenti Professori dell'arte sua tenne poscia carteggio il Morcali. Esercitò egli con credito in varii luoghi la medicina pratica e poi si fissò in questa nostra Città, dove il Duca Francesco III. che ne conosceva l'abilità ed aveva sentito favorevolmente parlar di lui a Londra, lo aggregò al Collegio medico Modenese nel 1754. eretto, e nel 1761. dichiarollo medico fisico perpetuo dei nostri spedali. Onorifico oltremodo riuscì poi al Morcali una decisione dal Dottor Pasta Bergamasco data sopra un ricettario da lui proposto per i nostri spedali invece di un altro del Barone di Van-Swieten, nella qual decisione il Pásta si esprime che il Morcali era medico *dotto*, *ingegnoso* e *sperimentato* (4). Visse egli sino

C.
Moreali Dottor
Gio. Battista, Paitoni Gio. Maria.

---

(1) Biografia medica Piemontese cit. T. II. p. 328.
(2) Ivi.
(3) Tiraboschi Bibl. Mod. T. VI. pag. 146. 147.
(4) Nella citata Bibl. Mod. pag. 147. T. VI. veggasi la storia della controversia di cui quì si fa parola.

all' anno 86.° dell' età sua e venne meno per una
febbre catarrale nel giorno 4. marzo del 1785., avendo la . Città nostra così perduto un insigne soggetto
che pubblicò opere in copia diligentemente dal Tiraboschi riferite; noi però ci limiteremo quì a dire
alcuna cosa di quelle per cui acquistò maggior fama.
Promosse egli l'uso del mercurio dolce in medicina,
e con un suo scritto che fu il primo da lui pubblicato, difese questo rimedio che amministrò ad un
infermo; ma vi si opposero non pochi medici, alle
difficoltà dei quali rispose il Moreali aggiungendovi
una lettera del Vallisnieri che approvava questo far-
maco. Il *Trattato delle febbri maligne e contagiose*
che stampò in Modena l'anno 1739. il nostro medico, e che si ripubblicò in Venezia con giunte nel
1746., gli ottenne presso gli Oltramontani specialmente il nome di *illustre ed ingegnoso medico* (1); ma-
al tempo stesso gli risvegliò contro una guerra letteraria per il metodo particolarmente di cura da lui
proposto col mercurio crudo e con gli epicratici sol-
venti. Si difese però il Moreali, e trovò sostenitori
dell'opinion sua come veder si può presso il lodato
Tiraboschi (2) il quale espone in succinto la controversia. Al Moreali inoltre devesi la scoperta di alcune sorgenti marziali applicate vantaggiosamente a
domare alcune malattie, come pur compose egli le
così dette *Pillole salutari*, sui quali argomenti tutti
scrisse varii opuscoli utili alla medicina pratica. Un
lavoro interessante ci lasciò il Dottor Giovanni Maria Paitoni Veneziano; il titolo dell'opera è ,, Della generazione dell'uomo ,, discorsi pubblicati nel
1722. e 1726. nei quali dà una sua spiegazione di

---

(1) Tiraboschi loc. cit.
(2) Tom. cit. p 149.

questo mistero, adottando il sistema delle ovaje contrario affatto a quello del Vallisnieri che sosteneva quello degli animaletti seminali in tutti i liquori. Pietro Bianchi di Ragusi discepolo di quest'ultimo si levò contro il Paitoni, che fondava la forza più valida della sua dimostrazione sulla supposta uniformità delle operazioni della natura, perchè vedendo egli che molti animali nascono dalle uova, ne argomentava per analogia che avvenir dovesse lo stesso agli esséri vivipari. E a difender dagli attacchi del Bianchi la propria opinione si accinse il Paitoni con le sue *Vindiciae contra Epistolas Petri Blanchi* stampate a Firenze nel 1724., ma questa controversia fisiologica rimase allora come rimarrà forse anche per molto tempo indecisa (1).

CI. Successe al poco sopra nominato Macoppe suo maestro nella Università di Padova il Dottor Giuseppe Antonio Pujati di Sacile nel Friuli morto nel 1760., il quale ci lasciò alcune dissertazioni fisiche, una deca di scelte osservazioni mediche ed alcune altre pregevoli operette (2). Fra gli allievi dell'illustre Niccolò Cirillo da noi con lode più sopra rammentato, si conta Francesco Serao nato l'anno 1702. alli 21. di Settembre nel Castello di S. Cipriano poco lungi da Aversa nella Campania felice, del quale inserì la vita fra quelle di Monsignor Fabbroni Michel-Angelo Lupoli (3). Occupatosi il Serao negli studii necessarii alla gioventù in Napoli alle scuole delli PP. Gesuiti, diede di se ottime speranze, e si fondò bene nella lingua latina; nè trascurò di conoscere anche la Greca, dopo di che si dedicò egli alla me-

CI.
Pujati Giu...
ed altri Me...

(1) Eloy Dictionnaire ec. T. III. pag. 448.
(2) Dizion. degli Uom. ill. T. XVI. pag. 84.
(3) T. XIV. pag. 385.

dicina sotto la scorta del Dottor Biagio dal Pozzo e
del sullodato Cirillo che lo amò qual figlio, e si prevalse del suo ajuto per stendere i consulti medici.
Corrispose il giovane Serao alle premure del Cirillo,
e nel 1732. potè con onor sostener il pubblico esame per ottare ad una Cattedra, a quella cioè di Anatomia in quell'anno da lui ottenuta, essendovisi poi
aggiunta nell'anno successivo la medicina teorica e
nel 1743. la pratica. Stimata assai fu la prima opera
dal nostro medico pubblicata sebbene non risguardas-
se la principal sua professione; poichè per comando
di Monsignor Galiani, egli qual Segretario dell'Accademia dal Re Carlo III. istituita, scrisse in lingua
Italiana la storia della straordinaria eruzione del Vesuvio nell'anno 1737. avvenuta, e dopo per compia-
cere ai desiderii del Re tradusse in elegante latinità questa storia che riuscì per ogni parte compita,
e ben presto se ne vide una traduzione Francese.
La perdita da lui fatta nel 1734. del suo amatissimo
precettore il Cirillo gli cagionò sommo dolore, e grato alla memoria di un tant'uomo ne compose la vita che sta in fronte ai consulti medici dal figlio
pubblicati, e replicatamente ne difese la dottrina
dagli attacchi di Michele Etmullero, che negli Atti
di Lipsia ostilmente censurò le riflessioni da Niccolò Cirillo fatte sulle opere del vecchio Etmullero. La storia naturale, la medicina pratica e la filologia devono al Serao diversi pregevoli lavori, e
allor quando ebbe pubblicata la descrizione dell'Ele-
fante e del Leone, si trovò chi rapir gli volle la
gloria di questo scritto, ma egli con l'arme poten-
tissima del ridicolo da lui ben maneggiata fece presto
tacer l'avversario che si raccomandò perchè non proseguisse la battaglia. Trattò inoltre questo Medico
l'argomento importantissimo della peste, e traspor-

tò dall'Inglese nell'Italiana favella l'opera del Pringle sulle malattie d'armata corredandola di utili aggiunte, così che l'Autore Inglese si espresse, che se avesse conosciuta questa versione Italiana prima di cominciar la terza edizione di questa sua opera, se ne sarebbe giovato. Alle incombenze affidate al Serao si aggiunse in fine nell'anno 1778. quella di Archiatro generale del Regno e di Medico del Sovrano Ferdinando IV., ed a questa come alle antecedenti sodisfece egli con ogni premura godendo ognora di singolar credito, perchè congiungeva poi alla dottrina somma Religione, bontà di costumi e carità grande verso i poveri che soccorreva generosamente nelle loro angustie. Stimato dal Van-Swieten, dal Morgagni, dal Boerhaave e da altri insigni Letterati, visse il nostro Archiatro sino all'avanzata età d'anni 81. essendo morto il dì 5. di Agosto del 1783; le mortali sue .spoglie furono con funebre pompa accompagnate al sepolcro su cui si collocò una iscrizione che ne ricorda ai posteri le virtù e la dottrina.

CII. Alcune opere fisiche e mediche ci lasciò Giovanni Larber Bassanese mancato ai vivi nel 1761. e fra le prime ricordar si debbono li suoi discorsi *epistolari sui fuochi di Loria nella Provincia Trivigiana*, fenomeno terribile che aveva già dato argomento al Vallisnieri e ad altri valent'uomini di filosofiche meditazioni, e che il Larber trattò con accuratezza, cercando di scuoprir la cagione di tali fuochi e proponendo i rimedii per riparare i danni da essi recati. Tra le seconde poi le più importanti sono alcune versioni dal Francese di opere anatomiche e chirurgiche fatte dal Larber, che le arrichì di utili notizie e di tavole, laonde si rese egli benemerito della scienza non solo con una estesa pratica in Roma, in varie altre città e special-

CII.
Larber Giovanni e Pasta Andrea

mente nella sua patria Bassano, ma ben anche col promuoverne con le citate sue produzioni gli avanzamenti (1). Due elogi abbiamo alle stampe dell'illustre medico Andrea Pasta nobile Bergamasco, uno del Sig. Alessandro Caccia, e l'altro del Sig. Abate Giuseppe Bottagisi; e ben meritamente impiegarono essi la loro penna nel rilevare i pregi di un tant'uomo, che ebbe a suoi genitori Marcello Pasta e Lodovica Passi Gentildonna Bergamasca che lo partorì il giorno 27. Maggio dell'anno 1706. Dopo di aver egli impiegato la prima sua gioventù studiando nel patrio seminario le buone lettere e la Fisica, prese la generosa risoluzione, sebben ricco in averi, di dedicarsi per il sollievo della languente umanità alla medicina, perlocchè si recò all'Università di Padova, dove riuscì uno dei migliori discepoli dell'immortale Morgagni, ed ebbe il vanto di esser il più felice emulatore di un tale maestro; al che ottenere gli giovò assai la scelta e copiosa sua Biblioteca medica, ed una lunga ed attenta pratica allo spedale degli infermi, dove restituì l'ottimo uso quasi intieramente abbandonato delle sezioni dei cadaveri, cosicchè in otto anni più di settecento ne sottomise al coltello anatomico. Congiungendo il Pasta uno studio così indefesso ad un raro talento, si formò uno dei più eccellenti medici teorico-pratici de' tempi suoi. Consultato ei veniva da ogni parte dell'Italia non solo, ma da varie città ancora della Germania e della Francia; molti giovani abbandonavano le loro famiglie per portarsi a Bergamo a istruirsi alla sua scuola; i Professori delle primarie nostre Università ne citavano nelle loro lezioni l'autorità, come di uno dei più rinomati medici del secolo, e

---

(1) Dizion. degli Uom. ill. T. IX. pag. 263.

le Accademie Italialiane ed estere fra le quali quelle di Parigi , di Lipsia e Gottinga, lo ascrissero fra i loro collaboratori, e ne fecero negli Atti loro l' elogio. Allorchè nel 1772. mancò di vita il Morgagni , venne il Pasta chiamato a Padova per occupar la Cattedra anatomica, ma prevalse in lui all' interesse ed alla gloria il desiderio di servire i suoi concittadini , e non abbandonò Bergamo, dove spiegò sempre la sua dottrina , tanto in teorica quanto in pratica, calcando le orme del Redi e del Cocchi , perlocchè amò la semplicità nei medicamenti. Quest'uomo insigne per la sua dottrina, per la precisione del suo insinuante discorso, per la modestia e la soavità delle sue maniere e per la generosità sua nel soccorrere all'indigenza, venne meno il dì 13. di marzo del 1782. in mezzo agli atti della più viva Religione , da lui sempre amata e venerata , lasciando lungo desiderio di se nei suoi concittadini non solo, ma nella intiera Repubblica letteraria. E ben a ragione, poichè il Pasta oltre la vastità delle sue cognizioni nelle scienze naturali possedeva bene la lingua Greca, e scriveva con tanta venustà e chiarezza l' Italiano idioma, che sotto la sua penna rendevansi piane anche le materie più aride e più sublimi, e in facile aspetto si presentavano.

CIII. Il Dizionario degli uomini illustri stampato a Bassano (1) ci dà notizie distinte di tutte le produzioni del Medico sullodato, fra le quali noi per non oltrepassare i dovuti limiti, direm soltanto delle principali, rimandando al suddetto dizionario ed alli citati elogi chi ne bramasse più distinta contezza. Idee nuove sul movimento del sangue e varii dubbii sul polipo del cuore espose egli in due

CHI.
Opere del Pasta.

---

(1) 1796. Più volte da me citato.

lettere latine stampate nel 1737., e quantunque in-
contrasser queste due oppositori, uno dei quali assai rispettabile, cioè il Conte Roncalli Paroliuo, di
cui già si parlò, tnttavia ottennero il suffragio dei
Dotti esse lettere, nelle quali contengonsi osservazioni fisiologiche sfuggite agli anatomisti e ai medici che
preceduto avevano l'Autor nostro. Difese egli questa
sua fatica con altri scritti, e si meritò l'approvazione dell'Haller (1) e del Morgagni, che nella sua opera *De causis morborum etc.* protesta di non conoscere alcuno che in questa parte della medicina sia
più istruito del Pasta, ed altri poi che per brevità
non nomino, riconobbero in lui uno dei più accreditati Fisiologi di quella età. Una versione latina degli
aforismi di Ippocrate corredata di note egli inoltre ci
lasciò, ma più interessante fu un altro suo lavoro intitolato *Discorso medico-chirurgico sul flusso di sangue dall' utero delle donne gravide* nel 1748. da lui
pubblicato, e nel 1751. ristampato con la ginnta di
un *Ragionamento sopra gli sgravj del parto.* Può
quest' opera considerarsi come un compito trattato
di questo ramo di chirurgia, e nel 1757. se ne fece
una terza edizione con giunte per mezzo del Dottor
Giuseppe Pasta abile medico e letterato cugino di
Andrea, a cui questo lavoro procurò fama in Italia
non solo, ma iu Germania, in Francia, e persino in
Russia e di esso parlò molto favorevolmente anche
il Portal (2). Ben vedendo poi il Professor Bergamasco quanto sia utile ohe i giovani imparino a scriver pulitamente e ad esprimere con chiarezza le proprie idee, compose un' operetta intitolata *Voci, ma-*

---

(1) Memoria sul moto del sangue ec. pubblicata nel T. IV. dei Commentarii dell' Accademia di Gottinga.

(2) Storia dell' Anatomia T. V. pag. 137.

niere di dire ed osservazioni de' Toscani scrittori , e
per la maggior parte del Redi raccolte e corredate
di note; e se i medici la conoscessero, si vedrebbe
l'arte loro più nobilitata, nè sarebbero tanti dei loro libri trascurati, perchè scritti senza coltura di
lingua e per molte persone poco intelligibili. Al sullodato Sig. Dottor Giuseppe Pasta dobbiam pur l'edizione dei Consulti medici di Andrea, e al suo allievo Angelo Peloni quella di un *Discorso dello stesso*
sui mali senza materia con la giunta di varii·con-
sulti medici etc., discorso che considerar si può come i prolegomeni di un esteso lavoro del Pasta su
questo singolar argomento, e che rimase inedito,
sebben gli costò quasi vent'anni di fatica, e una
indicibile diligenza nell'osservare, e descrivere i morbosi fenomeni (1). Queste sono le principali opere
di Andrea, oltre le quali inserì non poche Memorie
in varie raccolte periodiche, e lasciò altri lavori di
belle arti e di belle lettere, ma specialmente diverse poesie in lingua Italiana, Francese, Latina e Greca,
come pur alcuni manoscritti che passaron tutti in
mano del sunnominato suo cugino il quale seguen-
do le traccie e le massime di questo suo parente, ne
illustrò la memoria e giovò con alcune pregevoli opere di medicina all'umanità.

CIV. L'Istituto di Bologna·ascrisse fra li suoi individui Giuseppe Mosca medico Napoletano morto
circa nel 1780., di cui abbiamo fra le altre alle stampe un'opera voluminosa sull'aria e i morbi da essa
dipendenti, e le vite del Morgagni e di·Luca Anto-

CIV.
Mosca Giuseppe
ed altri Medici.

---

(1) Ecco il titolo di questo MS. ,, **De morbis sine materia,** nimirum
,, iis qui nullo iutercedente humore gignuntur, vel si intercedit, nullum
,, ad morbi curationem lumen praebet ,, .

nio Porzio (1). La natura delle mofete, l' analisi delle acque minerali di Pozzuoli e d' Ischia, congiuntamente ad una storia del Vesuvio più esatta delle antecedenti, tutti questi argomenti esercitarono la penna del Dottor Domenico Sanseverino di Nocera nel Regno di Napoli, Professor ordinario di Fisiologia in quella metropoli, e da Monsignor Galiani ascritto alla sua Accademia. Ma essendo il Sanseverino mancato di vita nel 1760., mentre non contava che 53. anni, fu questo forse il motivo per cui non stampò le suddette sue fatiche, avendo egli dato soltanto in luce alcuna cosa sulla irritabilità Halleriana, sull' innesto del vajuolo e sopra un vitello a due teste (2). Nei commentarli del citato Istituto leggonsi alcune memorie sulla Elettricità, varie sperienze sulla morte degli animali, e sul magnetismo di Giuseppe Veratti medico Modenese marito della celebre Laura Maria Bassi e Accademico Benedettino. Nel 1770. venne egli sostituito al Dottor Balbi come Professore di Fisica, dopo di aver dal 1738. sino al suddetto anno letto medicina nella Città di Bologna dove finì i suoi giorni nel 1793. (3). Godette molto credito l' opera *De tuenda valetudine*, stampata a Venezia nel 1745. dal Dottor Antonio Felici di Castello di Montefalcone nel Piceno, il quale lasciò inoltre alcune dissertazioni teorico-pratiche di medicina ristampate l'anno 1750. a Lione tradotte in Francese sulla edizione del 1747. (4). La moltiplicità dei soggetti che si applicarono alle scienze naturali nel secolo XVIII. mi obbliga come già dis-

---

(1) Dizion. degli Uom. ill. T. XII. pag. 193.
(2) Dizion. cit. T. XVIII. pag. 117.
(3) Fantuzzi. Scrittori. ec. T. IX. pag. 193.
(4) Vecchietti Bibl. Picena T. IV. pag. 101. Questo medico morì di 75. anni a Fermo nel 1784.

si altrove, a dar brevi notizie di quelli che non si
acquistarono una singolar fama, perciò io ho soltanto ricordato di volo le fatiche dei succitati medici,
e per lo stesso motivo compendierò in pochi periodi quanto risguarda i due seguenti, Antonio Fracassini cioè Veronese e Tommaso Laghi Bolognese. Dotto teorico e pratico il primo nacque nel 1709. e
morì nel 1778. lasciando un ben chiaro testimonio
del saper suo nel trattato *De febribus* di cui si fecero due edizioni; e con lode ne parlaron gli Atti
di Lipsia all'anno 1751. Il celebre Sauvages Francese poi si valse dell'altr'opera del Fracassini sui mali ipocondriaci per descrivere nella sua Nosologia me-
todica le varietà di questa malattia; finalmente abbiamo gli opuscoli fisiologici e patologici di questo
nostro Italiano, nei quali con gran cognizione di
causa si ragiona sui varii mali, che nei successivi
periodi della vita affliggono l'uomo (1). Nella raccolta degli scritti sulla irritabilità Halleriana trovansi alcune dissertazioni del Dottor Laghi sunnominato,
di cui pure inserironsi alcuni opuscoli medici ed
anatomici negli Atti dell'Istituto di Bologna sua patria, nella quale si distinse dimostrando per diversi
anni l'Anatomia, e tenendo in casa propria un'Accademia in cui trattavansi argomenti alla medicina
spettanti con grande profitto della gioventù, che si
afflisse assai per la perdita del Laghi accaduta nel
1764., mentre non contava che anni 55. di età (2).

CV. Fra i discepoli del Professore Alessandro Knips
Macoppe in Padova acquistò celebrità Giovanni dalla Bona nato li 8. Settembre 1712. in Penarolo vil-

CV.
Bona (dalla)
Giovanni e Sa-
liceti Monsignor
Natale.

----

(1) Betti Zaccaria. Elogio del Fracassini. Novell. letter. di Firenze
an. 1778. T. IX. pag. 43.
(2) Fantuzzi. Scrittori ec. T. V. pag. 1.

laggio del Veronese. Dopo di aver Giovanni esercitata la medicina in varii Castelli di quel territorio,
passò a Verona dove gettò i fondamenti più solidi
della sua riputazione con una serie di cure luminose e felici, ed attaccando alcuni pregiudizii per l'addietro riveriti come assiomi dalla comune dei Clinici. Il suo coraggio però incontrar gli fece varie vicende, ed ebbe a lottare coi medici suoi contemporanei, nè combattè sempre legittimamente e per difendersi; restò egli tuttavia quasi sempre vincitore
e si mantenne in credito sino alla sua morte nel
1786. accaduta. Nel 1764. venne il dalla Bona nominato Professor di medicina pratica nella Padovana Università, e in grazia sua per la prima volta si
istituì la Cattedra stessa nello spedale, carico gravissimo, e onor straordinario che attestano la fidu-
cia di quel supremo Magistrato nei meriti del Clinico Veronese. Varie scientifiche produzioni di lui
abbiamo alle stampe le quali versano sullo scorbu-
to, sulla utilità del salasso nel vajuolo, e sull'uso
ed abuso del caffè e del sublimato corrosivo, non
che sopra altri simili argomenti alla medicina pratica
spettanti. Il pubblico accolse ognora con plauso queste fatiche del Bona e se ne fecero replicate edizioni in Italia e fuori, il che giudicar si può come una
delle più convincenti riprove della loro utilità (1).
Quantunque pochi saggi del suo sapere in medicina
producesse Monsignor Natale Saliceti Archiatro del
Pontefice Pio VI. di gloriosa memoria, pure la sua fama
come medico, esige che non si ommetta in questa storia il suo nome. Oletta luogo della Diocesi di Nebbio
nell' Isola di Corsica vide nascerlo adì 8. del mese di
Novembre nell' anno 1714., e avendo dalla natura

---

(1) Saggi scientifici dell' Accademia di Padova T. II. pag. XXX.

sortito una indole dolcissima da lui asseccondata con
le più belle virtù dell' animo, bastava conoscerlo per
amarlo e insiem rispettarlo. In Roma si applicò alla
medicina, e nello spedale di S. Spirito fece per lungo tempo le più attente e replicate osservazioni sulle diverse malattie a cui andiam soggetti; dopo di
che ottenne una Cattedra di Notomia nell'Archiginnasio Romano coll' onorevole testimonianza di aver di
gran lunga superato gli altri concorrenti, e il suo elogista Monsignor Angelo Fabbroni (1)così si esprime ,, Le
,, sue lezioni giustificarono ancora l' onore della scel-
,, ta; perchè la chiarezza, l' eleganza, l' erudizione, e
,, la scienza dell' arte invitavano non solo i suoi sco-
,, lari ad ascoltarlo, ma anche quelli che avevano
,, il più piccolo desiderio di ammirare l'infinita sa-
,, pienza di chi formò il piccolo mondo dell' uomo. ,,
Le primarie Accademie Italiane, la Reale medica di
Parigi, e la Cesarea dei Curiosi della Natura lo ascrissero fra i loro cooperatori; tale e tanto credito godeva il Saliceti presso i Dotti : in mezzo però a così distinte testimonianze di stima egli conservò sempre una grande moderazione di animo e se cercò la
gloria, tenne le vie dirette. I consulti medici, i
voti per le cause dei Santi, e le perizie per ragione di pubblica salute sono i soli scritti dal Saliceti
lasciati, nei quali tutti però apparisce la profonda
sua dottrina, la sua semplicità ed eleganza di stile
congiunta a copiosa erudizione. Raccolse egli inoltre
una insigne Biblioteca di cui stampò il catalogo, alla
quale unì una serie di monumenti antichi, e allor
quando cessò di vivere, il che avvenne alli 21. di
Febbrajo dell'anno 1789., lasciò erede lo spedale di
S. Spirito dei suddetti scritti unitamente a quelli di

---

(1) Elogi d' Uomini illustri T. II. pag. 469.

Monsignor Leprotti uno dei suoi antecessori nella carica di Archiatro Pontificio.

CVI. Lesse straordinariamente la medicina uella Università di Pisa Domenico Brogiani il quale poi laureatosi colà nel 1738. ottenne la Cattedra di medicina teorica nel 1747., nel qual anno diede in luce il primo volume della miscellanea fisico-medica tratta dalle Accademie della Germania e preceduta da una erudita prefazione da lui composta; ma niun' altro tomo pubblicò egli poi di quest' opera che esser doveva periodica. I Giornali di quell' epoca diedero onorevoli estratti del suo libro intitolato *De veneno animantium naturali et acquisito tractatus* stampato a Firenze nel 1752., per prodromo del qual trattato nel 1755. con utili giunte ripubblicato, leggesi una *dissertazione sui veleni animali* dallo stesso Autore in sua gioventù data alla luce; e tali meriti si acquistò il Brogiani che l'anno 1754. venne promosso alla Cattedra di Notomia nella sunnominata Università con notabile aumento d'onorario, ed ebbe altre luminose incombenze (1). A Taranto nacque Niccolò Ignazio Valentini nel 1722. il quale di anni 14. conosceva la Geometria al segno di aggiungere tre teoremi al secondo libro di Euclide in cui trattasi delle varie potenze delle linee. Antonio Cocchi successor del Lancisi nella Cattedra di Medicina a Roma lo istruì in questa facoltà, per modo che ritornato a Napoli potè in età d'anni 24. offrire al Pubblico la sua *Diatriba mechanico-medica de arte gymnastica*, opera sul gusto di quella del Borelli, ma nella quale il Valentini, al dir del suo Biografo (2), tenne un metodo nell'applicar le leggi del moto al-

---

(1) Mazzucchelli Scrittori ec. T. II. parte IV. pag. 2132.
(2) Tommaso Valentini suo figlio che ne inserì l' Articolo corrispondente nel T. VIII. della Biografia degli Uom. ill. del Regno di Napoli.

la meccanica animale diverso da quello seguito dal-
suddetto Borelli e dal grande Hoffmanno. Quantunque qualcuno gli contrastasse da principio la *gloria*
di questo lavoro, alla fine però l'Antagonista si diede per vinto, e confessò di aver offeso il Valentini
che generosamente gli perdonò. Una questione inoltre egli illustrò con calore agitata fra i medici del
suo tempo più rinomati, quali .erano il Baglivi, il
Serao, il Geoffroy ed altri *sul morso della Taran-
tola*, validamente appoggiando il Valentini e dottamente l'opinione contraria a quella del Serao, cioè
che la musica e la danza siano i rimedii più atti a
curare questa malattia; ma non potè egli compiere
il lavoro ideato su questo singolar argomento, perchè
restò vittima dell'epidemia che dopo li tremuoti de-
vastò la Calabria nel 1783., nel qual'anno il Valentini
cessò di vivere il dì 28. Ottobre con danno delle scienze, e delle buone lettere da lui con successo coltivate.

Bonaventura Ranieri Martini Pisano morto nel
1774. Professor di matematica di cui pubblicò gli
elementi sino al calcolo differenziale, si applicò
alla medicina, e nel 1771. stampò le sue istituzioni mediche, nelle quali risplendono estese vedute e molto ingegno, ma però esenti non vanno da
alcuni abbagli, che l'Autore correger voleva in una
seconda edizione che eseguir poi non potè; singolare in ispecial modo ravvisasi il metodo da lui tenuto per spiegare non pochi fenomeni fisiologici per
mezzo delle forze fisiche, troppo limitate a lui sem-
brando le forze meccaniche (1).

CVII. Pochi dei medici da me in questa storia finor rammentati possono venir al confronto con l'illustre Gio. Battista Borsieri, se considerar si voglia-

CVII.
Borsieri Gio.
Battista.

---

(1) Giorn. de' Letter. di Pisa an. 1774. T. XIV. pag. 303.

no i veri e notabili vantaggi da lui alla pratica dell'
arte salutare procurati; mi credo perciò in dovere
di rendergli quella lode che ben si meritò un tant'
uomo , collo stenderne partitamente le notizie de-
sunte dall' opera del Sig. Camillo Ugoni (1) conti-
nuatore di quella del Corniani intitolata i *Secoli della
Letteratura Italiana*. Francesco Borsieri e Maddalena
Pellegrini ebbe Gio. Battista per suoi genitori; Civezzano terra da Trento distante miglia tre venir lo vide al mondo nel giorno 18. Febbrajo dell' anno 1725.
La sfortuna fin da più teneri anni gli fu compagna
fedele , e la Provvidenza esercitar volle fin d'allora
quell' anima a soffrir pene e travagli non comuni;
poichè d'anni 6. perdette l'uso di un occhio, e dopo una lunga malattia da lui in quella tenera età
sofferta dovette pianger la morte di suo padre valente Capitano. Mancatagli così la prima educazione, tuttavia non si smarrì il giovanetto Borsieri, ed
emulando li due suoi maggiori fratelli, che a Roma
ed in Germania attendevano con molto profitto alla
medicina, si incamminò agli studii della buona Letteratura, nei quali lo diresse il Padre Fioretti, e poscia a quelli della Filosofia e dell' Anatomia sotto la
scorta di Felice Berger, e tali progressi ei fece, che
fin d'allora si predisse qual sarebbe divenuto un
giorno il Borsieri, che ad uno svegliato talento congiungeva li più puri costumi ed una certa serietà di
contegno alla sua età superiore. Partito da Trento nel
1743. e visitata l' Università di Padova passò a quella di Bologna, dove l' anno appresso si laureò in medicina, e il Professor Beccari ebbe motivo di somma
meraviglia, poichè il giovine alunno trascrisse a memoria quattro sue lezioni di Chimica recitate dalla Cat-

---

(1) Della Letteratura Italiana del secolo XVIII. T. II. pag. 181. e seg.

tedra, e il fece con tale esattezza, come se avesse
avuto sott'occhio l'autografo del Professore, il quale
concepì stima tale del Borsieri, che si prevalse di lui nel
medicare e con esito felice, il morbo epidemico insorto
a Faenza nel 1746. e gli affidò talvolta il geloso impiego
di far le sue veci. Scelse il nostro medico per sua
sposa Anna Vittoria Marchi, unico rampollo della famiglia dell'insigne architetto militare, e si stabilì in
Faenza, dove attendeva con tutta la premura alla
medicina pratica, e dove introdusse l'uso di visitare
straordinariamente ed anche nel più fitto della notte gli infermi, onde sorprendere le febbri nelle loro remissioni e fondar così con vera cognizione di
causa la diagnosi della malattia. Credito sommo egli
si acquistò, nè avrebbe potuto soddisfare alle replicate inchieste ed ai Consulti a lui domandati per
infermi stranieri, se non avesse avuto il soccorso
dell'egregio giovane Pietro Dall'armi, che dovette poi soccombere nella epidemia di Fano sopraggiunta negli anni 1766. e 1767., e che il suo maestro amaramente compianse. Ma le continue fatiche
sconcertarono anche la salute del Borsieri il quale
dovette perciò procurarsi una vita più riposata, ed
accettò l'invito del Conte di Firmian recandosi all'
Università di Pavia per leggervi la medicina pratica
e la chimica, la Cattedra di cui allora istituita, venne a lui per il primo affidata. Colà non gli mancarono certamente gli ammiratori, ma ebbe però i suoi
emuli e dovè soffrire le cabale della invidia specialmente per la novità del metodo veramente saggio di
esercitare la Clinica; la sua invitta pazienza però
vinse finalmente tutti gli ostacoli, e le felici cure
da lui eseguite smentirono tutte le calunnie e le
imposture. La Università di Pavia deve al Borsieri
molte utili riforme, e la frequenza degli scolari, non

che la stima grande che di lui facevano, lo compensaro-
no abbondevolmente dalle sofferte persecuzioni, alle
quali egli era in procinto di cedere abbandonando
la Cattedra, se una lettera assai onorifica del suddetto Governatore non lo avesse pregato di proseguire
nell'assunto impegno , il che importava ugualmente
al decoro di quell'Istituto letterario, alla sua scelta , ed al pubblico servigio , 'assicurandolo che si
sarebbero soddisfatte tutte le sue domande , come
avvenne al suo ritorno da Faenza dove aveva ri-
condotta la famiglia , ed anzi gli fu aggiunta la
incombenza di *Lettore Accademico nel Collegio Bor-
romeo.*

CVIII.
Continuazione
di ciò che riguar-
da il Borsieri. CVIII. Salito il Borsieri in grande riputazione, per
i voti concordi degli scolari venne nel 1772. accla-
mato Rettor magnifico e per tre volte sostenne questo carico, e con tutta la sollecitudine mantenne la
disciplina e in molte guise accrebbe il lustro della
Università; anzi gli scolari lo volevano Rettor perpetuo
se egli non si fosse vigorosamente opposto a questa
misura contraria alle leggi di quell'Archiginnasio. Nel
1778. l'Augusta Maria Teresa lo chiamò al servigio
della Corte in Milano, e nella sua partenza da Pavia ricevette onori straordinarii e fu accompagnato
a Milano dagli scolari con legni di posta, mentre
egli se ne andò modesto in una semplice vettura.
In questa città cominciò a pubblicare la sua grand'
opera delle istituzioni di medicina pratica ; travagliato però a lungo dal male di orina dovè attendere a medicarsi ma con poca speranza di guarire ;
e prima di morire si fece trasportare a Civezzano
sua patria che volle anche una volta rivedere ; ritornato poi a Milano sempre molto mal disposto di salute, bersaglio, come si disse, dell'avversa fortuna provò l'amara afflizione di veder la moglie ed un figlio

infermar gravemente, perlocchè dimentico de' suoi mali fu unicamente sollecito di guarire la famiglia, ma poco dopo dovette poi egli soccombere oppresso dalle vigilie e dalla infermità li 21. Dicembre del 1785. in età di anni 60. e mesi 10. Il Borsieri accoppiò in se tutte le virtù della mente e del cuore; e riuscì quindi egregio uomo per sapere, ottimo amico, caritatevole verso i poveri che visitava e medicava con tutta amorevolezza, affabile e cortese con tutti, non che generoso nel somministrare agli amici anche le cose che più gli erano care, come libri rari, manoscritti, macchine di Fisica, prodotti naturali ec. I momenti che gli rimanevano di libertà nell' esercizio della professione erano da lui impiegati nello studio tanto delle cose mediche quanto della antichità, della storia, dei classici greci e latini e delle belle lettere. Chi vuol conoscere il carattere amabile di quest' uomo, legga la pregevolissima operetta di Antonio Bucci Faentino intitolata *De instituenda regendaque mente libri tres Romae* 1772. nella quale si riferiscono in alcuni dialoghi i dotti colloquii tenuti in villeggiatura tra il Bucci il Borsieri e varii altri amici letterati; soffrì egli con invitta pazienza e con coraggio le lunghe e crudeli malattie da cui fu travagliato, dando così un luminoso esempio di filosofica e cristiana rassegnazione.

Le sue istituzioni di medicina pratica, e per la candida verità che entro vi traluce, e per la scelta ed opportuna erudizione di che sono adorne, e per le pellegrine osservazioni che ad ogni tratto vi si incontrano, e per la sceltezza dello stile con cui sono stese, e per la somma loro chiarezza e precisione, bastano più che mai a purgare la medicina italiana del secolo XVIII. dalla nota che la Enciclopedia Francese gli appose, di riposare su gli allori de' suoi pre-

Sue opere.

decessori (1). Questa fu l'opera principale per cui il
Borsieri si rese benemerito della umanità, e il suo
nome sussisterà famoso presso i posteri; molte altre
cose però egli diede in luce e sulla medicina pratica,
e alcune di argomento chimico o fisico ó di storia
naturale, e chi ne bramasse contezza può averla presso il citato Ugoni. Coltivò poi anche quest' uomo insigne la bella letteratura, e più volte lesse le sue
produzioni ora in prosa ed ora in verso nell' Accademia Faentina detta dei *Filoponi*. Il Professor Tommasini illustre medico vivente parlò con molto ris-
petto e con lode grande dell'opera del Borsieri, della quale si fecero a quest' ora ben sei edizioni una
delle quali in Lipsia e un' altra in Inghilterra.

CIX. Viveva al tempo del Conte Mazzucchelli Gio.
Fortunato Bianchini Napoletano filosofo e medico
rinomato (2) il quale nel 1759. esercitava con lode
la profession sua in Udine. Prese egli a combattere
alcune fra le opinioni fisiche e mediche allora in
voga; quindi impugnò quella del Pivati e di altri
sulla medicina elettrica con alcuni *saggi di sperien-*
ze intorno a tale soggetto; attaccò il sistema del
Moreali sulle febbri maligne, il che fece con alcune
lettere Medico-pratiche intorno all' indole delle Feb-
bri maligne pubblicate nel 1750., e ci lasciò poi
alcune altre operette di minor conto. La medicina
pratica deve assai a Gianverardo Zeviani nato adì
29. Maggio del 1725. nel villaggio di S. Michele un
miglio distante da Verona (3); allievo della Università di Padova riuscì caro oltre ogni credere a quei
Professori per la rapidità con cui apprendeva, e per

CIX.
Bianchini Gio.
Fortunato,Zevia-
ni Gianverardo

---

(1) Encyclopedie art. Medecine.
(2) Mazzucchelli. Scrittori d' Italia T. II. part. II. p. 1181.
(8) Guarienti . Elogio di Zeviani inserito nel T. XV. delle Memorie
della Società Ital. delle Scienze pag. XXXVII.

la integrità de' suoi costumi, e tal credito si acquistò che venne richiesto colà in qualità di Professore (1), ma egli non si partì quasi mai da Verona.
Addottò il Zeviani nella sua pratica il metodo di
Ippocrate, venerò sempre le massime dei medici antichi, ed un suo scritto sul metodo da usarsi nella
purga e nel salasso, che pubblicò in età di soli 28.
anni, giovò a conciliare le opinioni dei medici Veronesi sulla vera cagion della morte del Veneto General Scolemburgo, e rischiarò le idee su questo argomento. Varie altre produzioni abbiamo di lui, la
maggior parte sopra oggetti clinici dal suo elogista
analizzate, e che trovansi in buon numero inserite
nelle Memorie della Società Italiana delle Scienze
di cui fece parte fra i primi Quaranta Socii; nè a
questa sola Accademia fu il Zeviani ascritto, ma oltre alcune Italiane ebbe l'onor di venir aggregato
a quella di Storia in Madrid, e ben a ragione, perchè oltre le teorie mediche da lui profondamente
conosciute, come lo attesta fra le altre la sua opera
sulla Rachitide che penetrò a Danimarca ed a Londra (2), riuscì un eccellente pratico, e gli furono ri-
chiesti consulti in Francia, in Germania, in Ispagna, e
per fino al Perù dove ne mandò uno per la cura del
figlio del Vicerè che felicemente ristabilì. Coltivò questo medico con tutto lo zelo la Religione, ed accompagnò sempre l'esercizio della sua professione con quello delle cristiane virtù, e specialmente della carità
verso i poveri i quali all'epoca della sua morte avvenuta li 7. Maggio del 1808., provarono più che mai
gli effetti del caritatevole suo cuore, avendo egli

---

(1) Elogio cit. p. LII.
(2) Lo Svizzero Zimmermann difese quest'opera del Zeviani dalla critica ad essa fatta in Londra.

lasciato allo spedale di Verona 60000. lire italiane, perlocchè la patria sua erger gli fece il busto in marmo con iscrizione che rammenta i meriti principali di questo illustre Veronese.

CX.
Benvenuti Giuseppe, Matani Antonio.

CX. L'utilità che derivar poteva dal far conoscere fra noi le varie produzioni più interessanti di medicina le quali uscivano in Italia e fuori, determinò il Dottor Giuseppe Benvenuti Lucchese a compilare una raccolta intitolata *Dissertationes et quaestiones medicae magis celebres* di cui però non se ne vide che il primo volume uscito nel 1758., il quale al dir dell'Eloy (1), contiene memorie pregevoli e sulla circolazione del sangue, e sulla carie delle ossa, e sulle malattie dei bambini, lavoro dell'Inglese Conyers, oltre di che leggesi in questa miscellanea una dissertazione del Benvenuti sulla Idrofobia, ed altri opuscoli di Anatomia e di Fisica dallo stesso Eloy registrati pubblicò questo medico Italiano, che godeva credito anche in Germania, essendo stato ascritto alle Accademie di Gottinga ed all'Imperiale Tedesca delle scienze (2).

Versato nella medicina non solo, ma buon conoscitore della matematica, ed amante della bella letteratura fu Antonio Maria Matani Pistojese nato nel 1730. Filosofo e medico insigne. Dopo di aver egli dettato nella Università di Pisa le istituzioni della Filosofia razionale e dell'arte critica, pubblicò nel 1762. una relazione dei prodotti naturali del territorio Pistojese, e poscia diverse opere di argomento medico e chirurgico fra le quali si riprodusse in Colonia l'anno 1765. quella *De osseis tumoribus;* somministrò egli poi molti articoli sopra soggetti alle scienze naturali

---

(1) Diction. histor de la Medecine T. I. pag. 318.
(2) Mazzucchelli Scrittori ec. T. II. part. II. p. 891.

spettanti sia al Giornale dei Letterati in Firenze, sia
ad altre collezioni periodiche, e lasciò inediti diversi
suoi scritti fra i quali *Le osservazioni medico-filosofiche
sopra i libri di Girolamo Mercuriale medico del secolo XVI.* Chi desiderasse di conoscer gli altri scritti del Matani tanto di matematica quanto di storia
letteraria, può vederne il catalogo nelle Novelle
letterarie di Firenze (1). L'esteso suo sapere conoscer lo fece agli Italiani non solo ma Oltremonti
ancora, ed ottenne di venir ascritto alle Accademie
di Londra, di Gottinga, di Montpellier, e ad altri
corpi scientifici, i membri dei quali lo stimavano
particolarmente, e fra questi contansi Haller, Seguier e Formey. Ammaestrò il Matani la gioventù
nella Clinica pratica per anni 23. nella Università
di Pisa con ogni diligenza e premura; e allorchè nel
1779. mancò di vita, eccitò un compianto universale perchè in lui si perdette un uomo dotto assai non
solamente, ma adorno di tutte le morali e cristiane
virtù, fra le quali spiccò una somma modestia, che
a' suoi colleghi ed a tutti quelli che lo conobbero
più caro il rendeva.

CXI. La Storia della epidemia che nell'anno 1764. CXI.
afflisse la Città di Napoli diè soggetto di esatta de- Sarcone Michele,
scrizione al Dottor Michele Sarcone di Trelizzi nel Girardi Michele.
Regno delle due Sicilie, descrizione a cui aggiunse
alcune riflessioni critiche sopra quanto avevano
sullo stesso argomento scritto altri medici nazionali. Dimostrò l'utilità di questo lavoro l'accoglienza
fattagli dai più celebri medici d'Europa e in modo
particolare dall'Haller, e la traduzione che se ne fece in Francese ed in Tedesco; ebbe però l'Autore
ad incontrare delle opposizioni, ma sicuro del suf-

---

(1) T. X. An. 1779. pag. 671. 691.

fragio dei personaggi più illustri disprezzò le critiche di alcuni poco versati nell'arte Ippocratica. Il
Sarcone maneggiò poi un altro argomento non meno
interessante, cioè il progetto di estirpare il vaiuolo; poichè considerandolo egli ed a ragione, come
una *peste di suo genere*, propose quindi in un trattato da lui pubblicato che si applicassero le cautele
solite a usarsi nei morbi pestilenziali per liberare
l'umanità da così terribile malattia. Dopo di avere
con la singolarità del suo audace carattere disgusta-
to i buoni fu vittima delle persecuzioni dei cattivi,
e nel 1775. abbandonò Napoli dove esercitava la professione di medico, e stette qualche anno in Roma,
dove ebbe controversie mediche, ma poscia ritornò a
Napoli, e venne da S. M. Ferdinando I. nominato Segretario perpetuo dell'Accademia delle Scienze da lui
istituita. Essendo nel tempo del suo segretariato accaduti i terribili terremoti della Calabria, ne stese in
compagnia di altri Accademici la storia che vide con
le stampe la luce, dopo di che ottenne nel 1784. il
suo congedo ed una pensione; visse egli però sino all'
anno 1797. continuando a medicare ed a pubblicare
varii altri scritti alla sua professione spettanti (1).

In Limone terra vicino al Lago Benaco nacque
adì 30. Novembre dell' anno 1731. Michele Girardi illustre Medico ed Anatomista allievo in Padova dell' immortale Morgagni che lo tenne particolarmente caro, e che nel 1768. lo nominò suo
adiutor sostituto nella Cattedra anatomica di quella Università; da questa si condusse il Girardi l'anno seguente a Parma per coprire in quello studio la Cattedra di medicina teorica, che presto cam-

---

(1) Biografia degli Uom. ill. del Regno di Napoli T. VII. Napoli 1820.
Articolo steso da Benedetto Vulpes.

biò in quella di Anatomia da lui insegnata con precisione non comune, e con dignità ed insigne profitto de' suoi discepoli (1). Datosi egli a conoscere al colto Pubblico con una dissertazione sul medicamento denominato *Uva ursina* contro i calcoli, scritto che a motivo degli esperimenti da lui industriosamente istituiti gli costò molta fatica, ebbe qualche critica, e si combattè poi più vivamente la sua dissertazione contro l'innesto del vajuolo umano specialmente dal Bicetti, che oltrepassò i limiti della dovuta moderazione nelle controversie di tal natura; il Girardi però usò prudenza e non rispose. Ma il campo in cui egli spiegò la sua dottrina, fu l'anatomia, e gli acquistò veramente credito di Anatomista insigne l'*illustrazione delle Tavole di Gian Domenico Santorini* incominciata dal Covoli aggiunto del Morgagni, e dal Girardi condotta a quella perfezione che al presente richiedesi in simili lavori, per il che ottenere non risparmiò nè fatiche, nè sperienze, nè confronti dei metodi altrui con quelli del Santorini. Corrispose alla intenzion dell'Autore l'esito dell'opera, e si mostrò egli profondo conoscitore delle materie trattate, non che giusto nell'attribuire al Santorini ed al Covoli quella parte di gloria a cui avevan diritto, perlocchè applaudite e ricercate furono e sono le dette tavole che onorano il nome Italiano. Queste ed altre produzioni, delle quali più distinte notizie riscontrar si possono nell'Elogio tessuto al Girardi dell'Avvocato Luigi Bramieri (2), con-

---

(1) Il Morgagni nell'anno 1771. in cui morì, fidò al Girardi che andollo a ritrovare in Padova, quattordici volumi manoscritti chc contenevano osservazioni anatomiche, consulti medici, e notizie di storia medica e letteraria di quella Università.

(2) Inserito nel T. IX. delle Memorie della Società Ital. di cui il Girardi faceva parte.

siderar lo fecero come uno dei Dotti fra noi più chia-
ri, e venne perciò ascritto alle Accademie di storia
di Madrid, e dei Curiosi della Natura in Germania,
oltre l'esser già egli membro dell'Istituto di Bologna, e della Società Italiana delle scienze, negli Atti della quale leggonsi varie sue dissertazioni di argomento medico ed anatomico. Dopo il rinomatissimo Hunter contasi fra i primi il Girardi ad essersi
occupato dell' esame degli organi di alcuni animali,
cooperando in tal modo ad ampliare la Notomia comparata così poco allora coltivata; ma essendosi poi
egli scostato dall' opinione del sullodato Inglese rapporto alla to*naca vaginale del testico*lo , insorse tra
lui il medico Brugnone Torinese, e l'illustre Anatomista Leopoldo Marc-Antonio Caldani una questione
assai viva, sulla quale si videro da ambe le parti
alcuni scritti ed anche pungenti, ma alla fine si
tacque il Girardi contento del suffragio di molti valentuomini, e della confessione ingenua del Chiar.
Sig. Paletta Chirurgo Milanese, che convenne di essere stato dal Girardi prevenuto ne' suoi ritrovamenti, anteriorità dagli altri due medici a lui negata o
almeno dissimulata. Alla Cattedra di Anatomia gli
si aggiunse in Parma quella di storia naturale, e la
Prefettura del museo; alle quali incombenze tutte
sodisfece egli con ogni premura; cominciò inoltre il
Gabinetto anatomico e scrisse, come abbiam veduto,
molte cose .e pregevoli; ma la malattia podagrosa che
per lungo tempo il travagliò condusse nel 1797. quest'
uomo dotto, insigne e pio al sepolcro in una età in
cui le scienze da lui aspettar si potevano nuovi in-
crementi.

CXII.
Scuderi France-
sco Maria ed al-
tri. CXII. Dobbiamo al Sacerdote Francesco Maria Scuderi Protomedico di Catania varii scritti interessanti sulla storia del vajuolo e di altri morbi contagio-

si, i quali egli comprova esser stati stranieri all'
Europa, e potersi perciò con gli opportuni e noti mezzi dell'arte bandir nuovamente dal nostro suolo.
Quest'opera ben ragionata ed erudita, approvata dai
primarii medici Siciliani, e lodata dai Giornalisti Italiani, e dalle primarie Accademie mediche d'Europa, meritò al suo Autore la Cattedra di Clinica, e
la Protomedicatura della popolosa Città di Catania
in cui cessò di vivere lo Scuderi il dì 20. Gennajo
del 1819. nell'avanzata età di anni 86., avendo pubblicato quattro anni innanzi la sua fisiologia e patologia Ippocratica di cui diede un lungo estratto
non senza qualche critica la Biblioteca Italiana (1),
a cui però non mancò di rispondere l'Autore (2).
L'abuso dei purgativi nelle febbri putride nervose
che cagionò molte morti nella terribile epidemia avvenuta dopo il 1761. in Palermo, fu argomento di
cinque lettere pubblicate da Giorgio Castagna Giannone di Modica in Sicilia, nelle quali l'Autore pren-
dendo a scorta il raziocinio, ed una pratica felice
con cui guarì gli ammalati a lui commessi, limitò l'uso
di questo rimedio, e si fece non poco credito presso
gli altri nostri medici, fra i quali il Borsieri sullodato ed i Giornalisti Italiani parlarono con lode di un
tal libro piccolo di mole ma pregevole per la dottrina, laonde l'Autor suo ottenne la carica di Protomedico del Regno nel quale impiego cessò di vivere nel 1811. (3). Allievo dell'Università di Padova fu il Dottor Gio. Francesco Scardona di Rovigo
che mancò ai vivi nel 1800., contando anni 82. di

---

(1) An. 1816. Fascic. XI. XII.
(2) Biografia degli Uom. ill. della Sicilia T. III. 1819. Articolo steso
dal Cav. Leonardo Vigo.
(3) Biografia citata T. II. 1818.

età; riuscì egli un eccellente medico teorico e pratico, il quale godette nome straordinario entro e fuori degli stati Veneti, e giovò non poco alla languente umanità anche con varie opere mediche. Tali furono li suoi *Aphorismi de cognoscendis et curandis morbis* che abbracciano la scienza tutta, e due trattati sulle *Febbri* e sui *mali delle donne*, produzioni accolte assai favorevolmente dal Pubblico, come ne attestano le replicate edizioni che se ne fecero. Il credito acquistatosi dallo Scardona fece sì che il Governo Veneto volevalo Professore a Padova, ma egli contento del proprio stato e delle occupazioni che aveva a Rovigo sua patria, non la volle abbandonare (1).

CXIII. Rispettabile Clinico e dotto nella scienza della natura in tutta la sua estensione considerata riuscì il Dottor Alessandro Bicchierai che ebbe i natali nel Castello di Ponte a Signa poco da Firenze lontano nel dì 11. di Novembre dell'anno 1734. Destinato da prima allo studio della Giurisprudenza non potè proseguirlo, e si sentì chiamato per naturale inclinazione alla medicina, che nella Università di Pisa apprese dedicandovisi con tutto l'animo e applicandosi attentamente alle scienze analoghe, quali sono la Notomia, la Botanica, la Storia naturale e la Chimica. Quantunque fosse egli nominato nel 1780. Lettore straordinario in Pisa, pure scelse Firenze per l'esercizio della profession sua di medicò, nella quale acquistossi fama, ed ottenne anche la carica di Consultore e medico curante di Ferdinando III. Granduca di Toscana. Protetto dal celebre Lord Cowper, raccolse il Bicchierai un bel Gabinetto di eccellenti macchine fisiche, una scelta Biblio-

---

(1) Gamba. Galleria d'Uom. illustri Quaderno X.

teca, e un Museo non piccolo di pezzi di storia naturale, con i quali ajuti istituì copiose sperienze
sui fenomeni fisici più studiati al suo tempo e specialmente su quelli del Galvanismo, compilò un
corso regolare di osservazioni meteorologiche, dando poi conto dei risultamenti de' suoi studii alle varie Accademie Fiorentine alle quali era ascritto. Giusta ciò che dice il Sig. Gio. Gualberto Uccelli nell' elogio fatto al Bicchierai (1), da cui ho ri-
cavato le presenti notizie, fu questo medico il primo a far eseguire dall' artista Giuseppe Ferrini (2)
una statua in cera rappresentante il sistema nervo-
so, ed un' altra decomponibile che dimostrava lo
stato di gravidanza; queste poi servirono di norma
per fabbricare la bella anatomia in cera di cui va
ricco il gabinetto Fiorentino. Destinato nel 1773. il
Bicchierai dal Gran Duca Leopoldo a Clinico del
vasto spedale di S. Maria nuova in Firenze, ivi si
segnalò, e uscirono dalla sua scuola buoni allievi in copia; varii miglioramenti introdusse inoltre
nella pratica della medicina, e fra questi ricorderem specialmente la rettificazione del metodo di am-
ministrare il mercurio nella sifilide, la scoperta de'
piccoli globuli della materia purulenta, ed una composizione quasi nuova di pillole (3). Lasciò egli poi
non pochi lavori la maggior parte dei quali restò inedita; il *trattato però dei bagni di Monte Catini* stampato in Firenze l' anno 1788. basta a caratterizzarlo
per uomo dotto; perchè in quest' opera considera egli
la materia in tutta la sua estensione, e non solo ci

---

(1) Letto alla R. Accademia Fiorentina nel 1797. e stampato l' anno
susseguente.
(2) Elog. cit. pag. 64.
(3) Elog. cit. p. 42. La ricetta di Bicchierai è simile a quella di
Thompson.

dà l'analisi di quelle acque, ma esamina tutti i prodotti naturali di que' contorni, e stabilisce con cognizione di causa quali sono quei mali che possono con queste sorgenti essere felicemente medicati; nè tralascia di confessare in molti luoghi l'ignoranza in cui siamo sui mezzi di guarire certe malattie, anzichè millantarsi di conoscere molti rimedii e di poter riparare a tutte le infermità. Fra le produzioni inedite di questo medico Fiorentino e delle quali ci ragguaglia il Sig. Uccelli, rammenteremo soltanto quella sulla *medicina preservativa*, che rimase incompleta per la morte dell'Autore accaduta in seguito di una febbre acuta nervosa che lo rapì alla Toscana ed alle scienze l'anno 1797. nel giorno 13. di Marzo. L' idea di quest' opera di Igiene è a dir vero, molto vasta, poichè si parla in essa prima del modo di costruir le Città, di fabbricare le abitazioni, di situar bene i cimiteri. Seguitar poi voleva l'Autore a contemplar l'uomo nei diversi stati della vita sociale, il che lo avrebbe necessariamente portato a lunghe discussioni e ad istituir molte osservazioni, se avesse potuto compiere un lavoro alla afflitta umanità così utile. Mentre professava egli la medicina si diffuse il sistema Browniano, ma come medico prudente ed osservatore qual' era il Bicchierai, andò ognor cauto nelle applicazioni pratiche e si mostrò piuttosto contrario che favorevole al citato sistema, cosa la qual dimostra che egli esercitava la clinica con quella riservatezza, che i medici veramente grandi hanno sempre avuto ed avranno per guida, specialmente allorchè trattasi di novità di tale natura.

CXIV.
Altri Medici. CXIV. Professò medicina nella Università di Ferrara l'anno 1772. ristaurata il Dottor Petronio Zecchini Bolognese che ci lasciò alcune dissertazioni sul *sistema della vitalità* del celebre de Gorther discepolo di Boerhaave (1). Parlando della irritabilità Halleriana abbiam già ricordata la *Raccolta di Opuscoli* fatta nel 1755. su questo argomento da Giacinto Fabri medico originario di Bologna, nella quale raccolta inserì anch' egli alcune sue lettere e dissertazioni, e pubblicò inoltre con aggiunte le osservazioni chirurgiche del Sig. Ledran tradotte dal Francese (2). Abbiam pure sulla questione analoga a quella della irritabilità dei nervi molto agitata un mezzo secolo fa in circa, cioè sulla irritabilità di alcune parti degli animali un'altra raccolta di dissertazioni dell' Haller, del Zimmermann, di Tosetti è di Castel pubblicata per opera del medico Gio. Vincenzo Petrini, che nella prefazione alla medesima da lui messa in fronte, si dichiara del partito di detti Fisiologi, fra i quali il Tosetti in compagnia dell' altro medico e Chirurgo Cesare Pozzi istituì una serie di accurate sperienze dirette a comprovare la insensibilità dei tendini e delle membrane (3). Primo Professore di medicina nella Università di Napoli intorno al 1750. fu Gioacchino Poeta (di cognome) medico dotto ed erudito, ascritto all' Accademia della Crusca, ma assiduo assai più all'altra in quella Città da Monsig. Galiani eretta, e in cui più volte lesse le sue produzioni di vario argomento, dando poi in luce alcune dissertazioni di storia naturale e di medicina pratica (4). Versato assai nella lettura degli antichi scrittori Greci e Latini ci si mostra il Cremonese Paolo Valcarenghi primario Professor di medi-

---

(1) Dizion. degli Uom. ill. T. XXII. pag. 130. Eloy. T. II. dell' opera già. cit. pag. 369.
(2) Fantuzzi Scritt. Bol. T. IX. pag. 94.
(3) Portal Storia dell' Anatomia T. V. pag. 143.
(4) Zavarroni Angeli, Bibl. Calabia pag. 207.

cina nella Università di Pavia e nelle scuole Palatine di Milano, il qual costantemente godette molto nome e terminò di vivere nel 1780. Varii sono gli argomenti alle scienze naturali spettanti da lui trattati in non poche dissertazioni stampate, e delle quali si hanno distinte notizie nelle aggiunte al Dizionario medico dell'Eloy (1); ma non devesi passar sotto silenzio la sua dissertazione sopra una giovine Cremonese che per più anni vomitò sassi ed aghi; poichè mentre il Professor Valcarenghi disingannar volle il pubblico ignorante che attribuiva a fatucchierie questa singolar malattia, incontrò degli oppositori e fra questi il Fromond e D. Giovanni Cadonici, ma ei si seppe difendere. La Botanica poi va a lui debitrice, poichè collazionò tre edizioni dell'opera sulle proprietà dei limoni, e sulla maniera di spremerli dell'Arabo *Ebenbitar* detto altrimenti *Beitharide*, e ce ne lasciò una nuova arrichita di comenti (2). La più barbara morte da idrofobia cagionata rapì nel 1775. il medico Vincenzo Lupacchini dotto nelle scienze naturali non solo, ma ben anche nella lingua Greca, nella buona Letteratura, ed in altri rami dell'umano sapere; laonde frutti abbondevoli ed ottimi aspettar poteva da lui la Repubblica letteraria, ma null'altro ci lasciò che una edizione di Celso cominciata soltanto, la quale per ogni riguardo riuscir doveva pregevole oltre modo; poichè aveva egli con somma esattezza collazionato in Roma sette Codici antichissimi di detto Autore esistenti nella Vaticana, ed altra suppellettile preziosa di simili confronti e di note aveva raccolta, cosicchè non gli mancavano sicuramente i materia-

---

(1) Edizione di Napoli T. VII. pag. 385.
(2) Dizion. degli Uom. ill T. XXI. pag. 11.

li a render perfetto questo lavoro. E di tale importanza esso si riputò, che trovandosi in Roma due
Deputati dell'Accademia di Edimburgo per lo stesso oggetto, avuta essi cognizione di quanto faticato
aveva lo sventurato Lupacchini, desistettero dall'impresa, e lo richiesero che volesse reder loro li suoi
scritti per farne l'edizione in Glascow a suo profitto, e l'opera trovavasi molto inoltrata allorchè questo medico perì vittima dell'idrofobia dopo un anno
in lui sviluppatasi con li sintomi li più terribili (1).

CXV. Tra i Professori che nel cader del secolo XVIiI. tennero uno dei primi posti per estese co- CXV.
Araldi Profes-
sor Michele. gnizioni scientifiche nella nostra Università di Modena annoverar devesi Michele Araldi nato il dì 10.
Febbrajo dell'anno 1740. Dotato egli di raro ingegno e di una volontà decisa per lo studio si dedicò,
benchè da prima contro suo genio, alla medicina,
che in appresso poi sopra ogni altra facoltà coltivò,
applicandosi però contemporaneamente alle matematiche ed alla letteratura; e tali prove egli diede di
insigne profitto, che d'anni 18. laureatosi ottenne
due anni dopo la Cattedra di Fisiologia nella nostra
Università, e allorquando il Sovrano Francesco III.
nel 1772. richiamò può dirsi a nuova vita questo
Archiginnasio, l'Araldi fu incaricato inoltre di spiegare l'Anatomia, Cattedra rimasta vacante per il
traslocamento dell'immortal Professor Scarpa a Pavia, e finalmente assunse l'Araldi anche l'impegno
della Patologia. Mentre però egli soddisfece a tutte
queste non lievi incombenze esercitando anche la

---

(1) Bianconi Gio. Lodovico Elogio del Lupacchini inserito nel T. II.
delle opere del primo pag. 241. Milano 1802, dopo il quale leggesi la descrizione della orribile malattia e morte di così illustre medico.

professione, specialmente come medico consulente, trovò mezzi e tempo per istruirsi a fondo nella metafisica della matematica, per acquistare una estesa cognizione degli autori antichi di bella letteratura, e per farsi conoscere buon giudice in queste materie. Tali cospicue doti di ingegno avvalorate da un indefesso studio, procurarongli il segnalato onore di venir nominato nel 1804. Segretario dell'Istituto nazionale Italiano, perlocchè abbandonar dovette la patria, e si trasferì a Milano dove nel 1813. pagò alla natura l'inevitabile tributo nel dì 3. di Novembre. Conobbe il Professor Araldi, come si disse, più scienze, e recava maraviglia qualora udivasi ragionare, la vastità di cognizioni che egli spiegava; di vario genere perciò furono gli scritti che pubblicò, ed alcuni alle Matematiche, altri alla Fisiologia e alla Metafisica, ed altri alla Letteratura appartengono. Profondo nella Metafisica, si mostrò ognora zelante sostenitore dei principii fondamentali delle scienze, e procurò di rettificarli, allorchè non sembravangli ben poggiati; come pur cercò di produrre spiegazioni più esatte di varii fenomeni fisiologici, e di rischiarare alcuni problemi di meccanica sublime sopra i quali a lungo sudarono i Matematici Europei più illustri. Gli Atti della Società Italiana delle Scienze alla quale era ascritto, contengono alcune di lui interessanti memorie sul problema degli appoggi, sulla forza e l'influsso del cuore nel circolo del sangue e sulla legge di continuità. Varii suoi scritti e prefazioni egli inserì pure nei tomi del nominato Istituto, e cercò sempre in questi ed in altri luoghi delle sue opere di difender gli Italiani dagli attacchi dei Dotti stranieri, e di sostener l'onor nazionale molte volte a dir vero avvilito e conculcato dagli Oltramontani. Ricorderò quì per ultimo la sua famosa memoria sulle Anastomosi, in cui cerca di·far chiaro l'uso di questi canali, e il suo saggio di un *Errata corrige* diretto ad esaminare parecchie opinioni dei più celebri recenti Fisiologi; e rimanderò i miei lettori che conoscer volessero quanto scrisse il nostro Professor Araldi, all'analisi delle sue produzioni che trovasi nell'Elogio fattogli dal Sig. Professor Cesare Rovida (1), come pure all'altro inserito dal Sig.·Marchese Luigi Rangoni nelle Memorie della Società Italiana delle Scienze a cui egli presiede (2).

CXVI. Un forte contradditore trovò la teoria della irritabilità Halleriana in Antonio Sementini di Mondragone nella Provincia di Terra di Lavoro, nato nel 1743. e mancato ai vivi nel 1814. mentre insegnava Fisiologia e Notomia in Napoli. Un nuovo sistema ideò egli e spiegò nelle sue istituzioni fisiologiche pubblicate nel 1780., sistema che al dir del Sig. Mozzabella nell'articolo di questo scrittore (3), segnò le prime linee di quello di Brown. Benemerito poi fu il Sementini della Notomia che ben conosceva, ed a lui si attribuiscono alcune scoperte nella struttura del cerebro, della vescica, e di altre parti della nostra macchina, e dopo di aver percorso questi due rami della scienza medica, pubblicò la sua nosologia, e l'arte di curare le malattie, cosicchè dir si può aver egli cercato di giovare in tutte le parti più essenziali ai progressi della medicina. Una critica ragionata che ei fece ad un formolario medico dal celebre Cirillo nel 1774. dato in luce, produsse nell'animo di questi tale effetto, che

CXVI.
Sementini Antonio, Andria Nicola.

_____

(1) Stampato a Milano ap. Giovanni Bernardoni 1817. in·4.ª
(2) T. XIX. Fascic. I. di Fisica p. CXXIII.
(3) Inserito nella Biografia più volte citata degli Uom. ill. del Regno di Napoli T. IV. 1817.

ne ritirò tutte le copie stampate, e riprodusse il formolario giusta le osservazioni del Sementini emendato, il che onora ambedue questi medici, perchè vedesi che il solo amor del vero dirigeva le loro ricerche. Visse contemporaneo del Sementini, nello stesso anno morì, ed ebbe con lui comune la tomba l'altro Professore Niccola Andrìa di Massafra nel Napoletano nato nel 1748. discepolo del Cotugno di cui a lungo si ragionò. Coprì l'Andria le Cattedre di Agricoltura e di Fisiologia in Napoli, dove fu anche nel 1811. decano della facoltà medica e Professore di Patologia e di Nosologia. Alla Chimica appartiene il suo trattato *sulle acque minerali* che ebbe due edizioni, e l'*istituzione chimica filosofica* che tre volte si ristampò l'ultima delle quali fu nel 1803. Sostituì l'Autore nella terza edizione il sistema di Lavoisier alla teoria del flogisto di Sthall, perlocchè riuscì questa sua opera ben ordinata ed imitò la Filosofia chimica di Fourcroy. All'arte salutare poi appartengono gli *elementi di fisiologia, di medicina teoretica, la storia dei rimedii, e le istituzioni di medicina pratica* opere dall'Andria in varii tempi pubblicate, che riscossero tutte più o meno la pubblica approvazione e si ristamparono quasi tutte. Volle egli ancora impegnarsi, ma non so poi con qual esito, nello scrivere sulla teoria della vita, e nella dissertazione sopra questo astruso e insiem pericoloso argomento egli addottò il fluido Galvanico come principio della vita (1). Lo Spallanzani, Haller, Tissot ed altri sommi uomini ebbero con lui amicizia e corrispondenza letteraria, il che ci dà una novella prova dei meriti di questo insigne medico Napoletano.

Se fosse vissuto più lungamente di quel che fe-

---

(1) Biografia degli Uom. ill. ec. di Napoli T. V. 1818.

ce , avrebbe illustrato e giovato assai la scienza medica il Dottor Filippo Pirri di Apiro nella Marca , il quale somministrò molti articoli medici alla
Romana Antologia , ci lasciò un'opera sulla teoria
della putredine, e ci diede un *avviso* sulle cause delle morti improvvise. Avendo egli cessato di vivere
di soli anni 35. nel 1780. non potè proseguir più
oltrè la nobile carriera che intrapreso aveva , e nella quale cominciava a segnalarsi, godendo egli la stima di non pochi letterati suoi contemporanei (1).

CXVII. Sebbene nato in Corfù Pietro Antonio Bondioli, dove mancarongli tutti i sussidii per istruirsi,
pure con la sua buona volontà, e per la sua forte
inclinazione allo studio riuscì di aprirsi la via alla
cognizione delle scienze, portandosi da giovanetto
alla Biblioteca di un Monastero in qualche distanza dalla Città, ed ivi cercando pascolo per soddisfare le studiose sue brame. Recatosi poi a Padova tai progressi ei fece nelle scienze fisico-mediche alle quali si consacrò, che prima di conseguir
la laurea fu nominato alunno di quell'Accademia, e
dal 1787. al 1789. lesse nelle radunanze di essa tre
dotte memorie sopra argomenti medico-fisiologici; e
il sommo fisico Professor Volta di Pavia illustrò con
note un altro scritto del Bondioli diretto a spiegare
per mezzo della Elettricità il bel fenomeno delle auro-
re boreali, scritto che egli inserì l'anno 1792. nel
Giornale di Brugnatelli, e su questo stesso argomento
abbiamo nelle Memorie della Società Italiana delle
Scienze a cui era ascritto il Bondioli, un'altra sua
dissertazione in cui tenta di dare una spiegazione di
questo medesimo fenomeno , allorchè accade in
luoghi diversi dalle regioni polari, come egli cer-

CXVII.
Bondioli Pietro
Antonio.

_____

(1) Antologia Romana T. VIII. pag. 153.

ca di provare contro l'opinione di Mairan e di altri
Fisici. Corrispondenti a questi primi saggi di sapere
ne produsse il Bondioli altri in appresso, mentre
esercitò la sua professione a Venezia, a Costantinopoli, dove accompagnò l'Ambasciatore della Repubblica Veneta, ed all'armata Francese allorchè in conseguenza della battaglia di Marengo occupò essa di
nuovo l'Italia. Dopo questo servigio ottenne il Bondioli nell'anno 1803. la Cattedra di materia medica
in Bologna, ed indi fu nominato successore del Comparetti nella Clinica medica a Padova, dove recossi
ma con suo rincrescimento e dei Dotti Bolognesi che
lo stimavano e lo amavano. Procurò egli di illustrare più d'ogni altra parte della scienza, la teoria della medicina, e pubblicò nelle Memorie della Società sunnominata due dissertazioni sulle *forme parti-*
colari delle malattie universali l'una, *sull'azione ir-*
ritativa l'altra, nelle quali cercò di spargere nuove
idee sull'arte sua che voleva pur rendere soggetta
a regole generali il che però gli venne da molti con-
teso. Il tempo e le osservazioni successive decideran-
no qual peso dar si debba alla sua maniera di con-
siderare le malattie classificandole in isteniche, aste-
niche ed irritative, alla sua teoria della diatesi del
contro stimolo, e ad altre simili nuove idee (1) che
ai giorni nostri tanto rumore hanno levato fra i medici, ma non so poi con quanto vantaggio dell'arte
salutare. Ascritto al Collegio dei Dotti del Regno Italiano e recatosi nel 1808. a Bologna per le radunanze che dovevano colà tenersi, fu da morte rapito in
età di soli 43. anni il dì 16. di Settembre per una
malattia infiammatoria, e la sua perdita cagionò

---

(1) Elogio di Bondioli del Sig. Mario Pieri inserito nel T. XV. delle
Memorie della Società Italiana delle Scienze pag. 1.

dispiacere non piccolo a quei che lo conobbero, perchè in lui alla dottrina univasi un tratto amabile, una carità profusa verso i poveri, e una singolar' perizia e buona maniera nell'istruire i suoi discepoli ai quali fu caro, e che egli sempre riamò.

CXVIII. Fra i primi che composero la Società filosofico-matematica di Torino noverasi il medico Gio. Antonio Marino di Villafranca di Piemonte nato il dì 4. Febbrajo dell'anno 1726. da antica e nobile famiglia, il quale con la protezione del Conte Giuseppe Angelo Saluzzo vi fu ammesso; ed allor quando la detta Società nel 1782. ottenne dal Re Vittorio Amedeo III. il titolo di Accademia Reale delle scienze, il Marino ne fu membro; come pure appartenne alla Società Italiana delle Scienze che lo perdette nel 1806., e ad altre Accademie. Le varie operette da lui date in luce e delle quali può vedersi l'elenco presso il Signor Dottor Donino (1), si aggirano tutte intorno all'efficacia di alcune medicine e specialmente a quella dell'olio di ulivo per sanare varie infermità, o descrivono pratiche osservazioni di cure che ottennero esito felice, avendo poi egli lasciato un numero copioso di manoscritti registrati nell'elogio storico tessutogli dall'illustre Segretario dell'Accademia Torinese Vassalli-Eandi(2). Dopo di aver militato sotto le insegne del Duca di Modena Matteo Zacchiroli Forlivese, dedicossi allo studio della medicina nella qual facoltà si laureò, allorquando ritornò dai viaggi fatti a Napoli ed a Firenze, dove frequentò gli spedali e sentì le lezioni di Cotunnio e Cirillo nella prima di queste Città, e del Targioni e del Nannoni nella seconda. Esercitò

CXVIII.
Marino Gio Antonio ed altri Medici.

_____

(1) Biografia medica Piemontese T. II. pag. 270.
(2) Mem. dell' Accad. di Torino, Letteratura ann. 1809.–1810.

egli con grido la medicina nelle Città della Marca e restituitosi poi alla patria ivi morì nel giorno 31. Maggio dell'anno 1803. Tra le opere del Zacchiroli ricorderemo prima d' ogni altra la sua *Riforma delle
spezierie* stampata nel 1793. nella quale cercò di
smascherar l'impostura di tanti rimedii, di semplifi-
car i medicamenti, ed insinuò ai medici l'importante massima di secondar i movimenti della natura.
L' efficacia di alcuni rimedii, l'esame dell'azione dell'
aria sui medicamenti, e la questione sull'insalubrità
delle acque dei maceri somministrarongli argomenti
per altri scritti, in alcuni però dei quali campeg-
giano soltanto delle ipotesi sostenute però con ingegnosi ragionamenti dal loro autore; più interessanti
per la Clinica-medica furono le osservazioni sul *morbo negro* di Ippocrate da lui nell'anno stesso pubblicate, poichè dopo un accurato esame dei sintomi di
questa terribile malattia ne propone una cura, mentre anticamente ritenevasi questo male incurabile, e
convalida con la narrazione di alcune guarigioni da
lui fatte il suo piano di medicare queste infermità.
Nè meno utile per la medicina pratica dir si deve
il *Prospetto delle malattie* che dal 1797. al 1798.
regnarono in Camerino, poichè esso è corredato
di osservazioni fisiologiche e vi si soggiunge quel metodo di cura che più giovò a sanar gli infermi, quando questo realmente scostavasi da ciò che per l'addietro usavasi. Contribuì egli non pochi articoli risguardanti la scienza da lui professata al *Giornale
enciclopedico di Bologna;* ed allorchè si ristamparono a Macerata le celebri lettere fisiologiche del Cavalier Rosa, il Zacchiroli fece precedere a questa
ristampa una prefazione oltre modo ricca di cogui-
zioni mediche, e della quale assai favorevolmente
giudicarono i Giornali di quei giorni; nè fu in fine

egli straniero all'amena letteratura come ce ne fan fede alcuni elogi d'uomini illustri da lui composti, ed alcuni altri scritti di vario e dilettevole argomento (1).

Fra i discepoli del Morgagni figurò assai Andrea Comparetti di Vicinale luogo del Friuli, il quale dopo di aver studiata e difesa Teologia e Matematica in Venezia, si rivolse alla medicina da lui appresa in Padova dove ne ricevette la laurea. Mentre esercitava egli con grido la sua professione in Venezia, pubblicò un' *Opera sulle malattie nervose*, che avendogli procurato credito fece sì che venne nominato Professore di medicina teorica, e pochi anni dopo anche di Clinica nello spedale di Padova. Altri scritti egli diede in luce risguardanti l'arte salutare e fra gli altri quello *de aure interna comparata* e il trattato *sulle febbri* larvate che egli tante volte riuscì a superare, ma delle quali però fu vittima nel 1802. non contando che 57. anni di età. Oltre la medicina che conobbe a fondo, coltivò con successo anche gli altri rami delle scienze naturali, e l'Eulero lodò la sua opera *de luce reflexa*, e il Bonnet avendo veduto la succitata sua fatica intorno all'orecchio, lo animò a stampare, come fece il Comparetti, altri suoi scritti quali sono la *Fisica botanica*, la *Dinamica* degli Insetti, e le *Observationes dioptricae et anatomicae comparatae*, lavori tutti che più o meno incontrarono il pubblico voto (2).

CXIX. Fra li più rinomati Professori di medicina nella Università di Modena si novera Michele Rosa di Rimini nato nel 1731: la sua perizia singolare

CXIX.
Rosa Michele.

---

(1) Zacchiroli Francesco. Elogio di Matteo Zacchiroli, Bergamo presso Sonzogni 8.º

(1) Gamba Galleria d'Uomini ill. Quaderno XVI.

ńella medica professione gli procurò credito grande
in Roma e in Bologna, e dopo di esser stato ricolmo
di onori e nominato Cavaliere venne a Modena, dove per molti anni istruì con la maggior premura, e
con sommo frutto i giovani studenti di medicina, e
fu uno dei più illustri Accademici che vantasse l'Accademia eretta dal Marchese Gherardo Rangoni di
cui già io altrove feci parola. Passò egli in appresso a coprire una Cattedra di detta facoltà in Pavia,
da dove in età già avanzata si restituì poi alla Patria, e proseguì a coltivare le scienze e le amene
lettere come aveva fatto per l'addietro. Molte Accademie 'Italiane lo chiamarono nel loro seno, ed allor quando si formò nel 1803. l'Istituto Nazionale
Italiano, egli vi fu tostamente aggregato, benchè l'età
sua non gli permettesse di somministrar Memorie per
gli Atti del medesimo. Visse il Rosa una vita lunga e
fu caro a tutti quelli che il conobbero, ai quali perciò spiacque la sua morte avvenuta nel 1812. per
una caduta da una scala; poichè possedeva il Rosa
non solo un corredo di scienza non comune, ma *le
doti più belle del cuore pareggiavano in esso quelle
della mente, e pochi forse più costanti di esso, più
leali , più affettuosi mostraronsi nell' amicizia* (1).

Versato il nostro Professore profondamente nelle
dottrine dei medici sì antichi che moderni, senza pre-
venzione per qualche partito o sistema, medicava con
occhio filosofico ed interrogando la natura, procurava di avanzare ognora la scienza e di scuoprire
nuove verità usando talora tentativi li più arditi;
ma regolandosi però in modo che la fama acquistata da lui come medico pratico, faceva sì che veniva

---

(1) Così si esprime l'estensore dell' articolo di Rosa inserito nel T.
III. delle Mem. dell' Imp. Regio Istituto pag. 70.

ben sovente consultato e chiamato in lontane Città a curare infermi pericolosi. Coltivò questo Prof. oltre le scienze naturali anche la fisiologia e l'erudizione, perlocchè si dilettava nella interpretazione degli autori classici, nello sviluppare alcuni punti importanti dell'Antiquaria, e con l'ajuto delle scienze naturali seppe egli uno dei primi rischiarare diverse questioni archeologiche. Svegliarono molto rumore le sue *lettere fisiologiche*, la sua teoria del vapor espansile dei nervi ed altri suoi scritti di fisica e medicina; ed appunto l'interesse che presero i Dotti di allora nell'esaminare i pensamenti e le sperienze di lui, dimostra l'importanza che essi vi attaccavano. Che se il tentativo del Rosa di trasfondere il sangue da uno in altro animale fu da molti giudicato inammissibile, egli però ha il merito di avere eccitato i Fisiologi a studiar più addentro la natura, ed ha svelati massimamente intorno al sangue nuovi misteri fisiologici che giovar possono alla pratica dell'arte salutare. Maggior credito però si fece questo medico con un'opera di genere dalla medicina diverso, voglio dire con quella intitolata *delle porpore e delle materie vestiarie degli antichi*, lavoro classico ed erudito che ottenne il suffragio dei Dotti Italiani e stranieri. Il Dottor Pasquale Amati, è vero, lo aveva preceduto con il suo libro *de restitutione purpurarum*; ma il Rosa dir devesi il primo che mettendo a contribuzione tutti li classici Greci e Latini, non che la storia naturale e la chimica, mostrò quali fossero le porpore tanto pregiate dei Consoli ed Imperatori Romani, quali materie usassero essi per tingere, e quanto si allontanasse dallo scarlatto d'oggidì la porpora antica. Contemporaneamente poi sparse egli nuova e chiara luce sulle materie vestiarie degli antichi, e ci diede copiose relative notizie che indarno cercansi nel Ferrari , nel Rubenio ed in altri scrittori di questo ameno argomento. Ammirata universalmente quest' opera giovò essa per eccitar altri Dotti ad occuparsi di queste materie, e fece sì che l' Autore aprisse una corrispondenza istruttiva col celebre Conte Gian Rinaldo Carli e con altri eruditi, i quali colle loro ricerche nuovi lumi sparsero in questo campo di erudizione (1).

CXX.
Jacopi Professor
Giuseppe.

CXX. Grandi speranze dava di far avanzare la Fisiologia e la Notomia il Professor Giuseppe Jacopi Modenese nato nel 1776., se la morte rapito non lo avesse agli amici ed agli studii nella fiorente età d' anni 37. non compiti nel 1813. Allievo dell' illustre Sig. Professore Antonio Scarpa studiò egli alla Università di Pavia, e cominciò per tempo a maneggiare il coltello anatomico esercitandosi tanto sui cadaveri umani, quanto su gli animali ed istituendo gli opportuni confronti fra l' organizzazione degli uni e degli altri (2). E tale profitto fece rapidamente questo giovane nella scienza a cui dedicossi, che allor quando mancò ai vivi il Professor Presciani nell' anno 1800., meritò di essere destinato sebben d'anni 24. soltanto a coprire la Cattedra di Fisiologia ed Anatomia comparata in detta Università, nella quale ben presto distinguer si fece non solo con la sua maniera perspicua ed ordinata di istruir gli scolari, ma col pubblicare fin d' allora alcuni scritti interessanti. Fra questi per tacer di quello che a lui attribuito da alcuni, da altri si nega come suo lavoro (3), ricorderemo quì prima di ogni altro

_____

(1) Negli *opuscoli scelti sulle scienze e sulle arti di Milano* e nel *Giornale di Fisica* che il *Perlini* stampava a Venezia leggonsi diverse lettere di uomini eruditi dirette al Cav. Rosa sulle porpore ed i fuchi tintorii.

(2) Ramati Giuseppe. Elogio di Giuseppe Jacopi 8. Novara 1813. p. 10

(3) Il citato Sig. Ramati attribuisce congetturando però, al P. Jacopi

la confutazione che ei fece dell'opinione spiegata dall'Inglese Darwin nella sua Zoonomia sulla pretesa retrocessione del moto dei fluidi nei vasi linfatici, retrocessione che il nostro Italiano dimostrò con forti ragioni non sussistere (1); questa memoria però considerar non si deve che come il preludio di cose maggiori. Li suoi elementi di *Fisiologia e Notomia comparativa* ottennero *il pubblico voto*, e quantunque l'opera di Richerand sullo stesso argomento in seguito pubblicatasi levasse alto grido, tuttavia gli elementi suindicati del Prof. Jacopi hanno mantenuto il loro credito (2). Con precisione non comune, con eleganza di stile e con pari esattezza l'autor ci presenta i disegni che la natura di seguir si prefisse nella struttura degli organi alle varie funzioni assegnati in ogni classe di animali, ci addita i mezzi con i quali seppe essa costringer, direm così, queste macchine ad eseguir le indicate funzioni, delle quali ne espone nitidamente il meccanismo, e delinea così un ben ideato quadro quantunque non molto ampio delle scene più maravigliose della natura animastica (3). Alcuni rigidi Censori suscitaron però contro questi elementi qualche critica, ed avrebbervi specialmente desiderato maggior novità; ma il suo encomiatore Sig. Prof. Ramati avvertir ci fa, e parmi a ragione, che sebbene il piano seguito dal Jacopi in quest'opera sia regolato sulle cognizioni

---

alcune Riflessioni anonime uscite in luce per combattere l'opinione del Sig. Prof. Moreschi intorno al vero e primario uso della milza nell'uomo e negli animali vertebrati ; ma il Sig. Prof. Azzoguidi nell'altro elogio di Jacopi stampato a Bologna nel 1824. nega assolutamente che il Professor Jacopi scrivesse contro la tesi dal Sig. Moreschi sostenuta.

(1) Ramati, Elogio cit. p. 46.

(2) Memorie dell'Imper. R. Istituto del Regno Lomb. Veneto. Milano 1824. T. III. pag. 73.

(3) Ramati ec. p. 22.

della scienza già fornite dai Chiar. Hallero e Cuvier, tuttavia ha egli saputo opportunamente inserirvi non poche cose proprie, ha illustrato tutti i punti più oscuri della Fisiologia, ed ha sviluppato ed offerto sotto un nuovo aspetto molti articoli, e in modo speciale quelli che riguardano la fame, la digestione e la sanguificazione (1). Altre fatiche di minor conto ci lasciò egli poi, come la descrizione dell' apparato per contener le fratture oblique migliorato dal suo illustre maestro il Sig. Professor Scarpa, la confutazione della massima di alcuni chirurghi di usar la puntura del ventre come rimedio nella timpanitide, e finalmente il prospetto della scuola di chirurgia pratica di Pavia, colla quale ultima produzione conoscer si fece valente anatomista, erudito patologo e clinico sperimentato. Inoltre fra li manoscritti inediti che ci restano di questo giovane medico ed insieme rinomato chirurgo, ricorderò io qui una pregevole dissertazione da lui letta nella Università suindicata sulle molecole del sangue diverse di grandezza e di forma nell'uomo e negli animali (2). La fama che egli ben presto acquistossi e con le sue opere e con l'esercizio pratico della nobile sua professione, gli procurò la stima dei dotti Italiani non solo ma ben anche degli stranieri, e molte Accademie fecersi sollecite di chiamarlo nel loro seno, fra le quali tacer non devesi l'Istituto Italiano e l'Accademia di medicina di Parigi.

CXXI.
Menegazzi Matteo Medico e Teista Giuseppe.

CXXI. Lasciò varie opere di medicina Giuseppe Matteo Menegazzi di Gorgo luogo situato nel Padovano, e fra queste meritano di esser ricordati li suoi

---

(1) Elogio ec. pag. 24. Questi elementi furono adottati per testo nelle scuole del Regno d'Italia.
(2) Tomo III. delle Mem. cit. dell'Istituto.

Adversaria medica in doctrinam Brunonis stampati
a Padova nel 1802. mentre viveva l'autore, e dei quali
il Chiar. Professor Giacomo Tommasini parlò vantaggiosamente nel suo giornale medico, poichè trovò che
le idee del Menegazzi combinavano pienamente con
li principii della nuova dottrina medica. Chi bramasse
poi di conoscere le altre produzioni (alcune edite ed
alcune inedite) di questo medico mancato ai vivi
nel 1823., potrà soddisfare la propria curiosità leggendo l'articolo di lui nella Biografia universale (1),
da cui rilevasi aver egli lasciata imperfetta la traduzione dell' opera insigne del Sydenham alla quale
andava aggiungendo commenti ed annotazioni a vantaggio della pratica dell' arte salutare.

Il Sig. Professor Tommasini sullodato scrisse l'elogio del Professor Antonio Testa Ferrarese (2) nato nel 1756. e mancato ai vivi in Bologna sul cominciar dell' anno 1814. Dotato questi di rari talenti e di felice memoria, studiò in Bologna e poscia a
Firenze sotto la direzione del celebre Professor Angelo Nannoni, dopo di che laureatosi in medicina
ebbe la sorte propizia di poter in qualità di medico
del Veneto Senator Rezzonico visitar le più cospicue Città d'Europa, istruirsi così ampiamente nelle scienze naturali ed acquistar coltura non comune in ogni genere di bella letteratura. Cominciò di
buon' ora il Testa ad offrir saggi del suo sapere, poichè di soli anni 22. diè alla luce in Firenze una
pregevole dissertazione sulla morte degli asfittici e
sui mezzi di camparneli, nella quale spiegò erudizion grande a pari dottrina congiunta. Ed a questa
tre anni appresso seguir fece un'opera di patologia

---

(1) T. XXXVII. pag. 200.
(2) Stampato a Pesaro ap. Annesio Nobili 1825.

in cui trattò non poche difficili questioni intorno
alle varie malattie che affliggono l'umanità, e conos-
scer così ei si fece benchè giovane, esperto assai
nella sua professione. Incamminato il Testa in quest'
ardua carriera, e dai primi successi in essa ottenuti incoraggiato stampò a Londra nell' anno 1787. altro elaborato lavoro intitolato *Elementa dinamicae
animalis seu de vitalibus sanorum et aegrotantium
periodis*. Se in essa, dice il Sig. Prof. Tommasini (1)
non trovò l'autore la spiegazione dei fenomeni dello stato sano e morboso, il che fu e sarà ognora un
mistero, tuttavia il Testa ne segnò con la scorta dei
primi padri dell'arte le leggi, sviluppò nuove idee
sui movimenti naturali e morbosi della nostra macchina, e si mostrò versato a fondo nella cognizion
dei Classici Greci, così che quest' opera dir si deve
ingegnosa ed erudita. Mentre perciò la fama da lui
acquistatasi determinò alcune delle più cospicue Accademie Italiane, e quella di Parigi ad accoglierlo
nel loro seno, Ferrara sua patria si fece sollecita
d'invitarlo a insegnare in quella Università le istituzioni fisiologico-patologiche e poscia gli affidò la
clinica medica; ma le vicende dei tempi perder fecero a Ferrara questo illustre Professore che venne
dal Governo Italiano destinato a direttor generale
degli ospitali militari, nel sostenere la quale incombenza dimostrò egli qual fosse l'attività sua, la dottrina e l'umanità insieme, e al tempo stesso trasse profitto non ordinario per l'arte salutare dagli
stessi spedali, convertendoli, direm così, in tante cliniche mediche chirurgiche, con l'obbligare gli uffi-
ziali di sanità a render ragione dei casi più diffici-

(1) Pag. 20. e seg. del citato elogio.

cili, ed a scriverne le storie. Cresciuto così in credito il Testa appresso chi allora reggeva i destini
dell'Italia, passò ad insegnar la Clinica nella celebre Università di Bologna e fu nominato ispettor
generale della pubblica istruzione, ed uno dei com-
ponenti l'Istituto nazionale Italiano. Pubblicò egli
allora le sue tesi di patologia, nosologia, e medicina pratica che il fecero vieppiù conoscere qual insigne medico patologo e clinico, poichè in esse unir
seppe profondità di dottrina teorica, ed una severa
induzione alle osservazioni appoggiata, somministrando, per dir così, ai giovani studenti il filo d'Arianna
onde percorrere con sicurezza il laberinto dell'arte medica. Nè cessò in mezzo alle nuove sue occupazioni il
Professor Testa di proseguire a comporre nuove opere,
ed una ne abbiamo *sulle azioni e reazioni organiche* che uscì nel 1804. nella quale ci presenta nuove
idee su questa materia un poco involute è vero, ma
che però contengono molti di quei principii e di
quelle verità che con le successive osservazioni e fatiche dei dotti medici sonosi poi rese manifeste e
chiare. Tutti questi lavori però del nostro Professor
ceder debbono la mano a quello sulle malattie del
cuore, tradotto in molte lingue straniere, quantunque
l'autore prevenuto dalla morte compir non lo potesse; nè io saprei come meglio presentarne un'idea
ai miei Lettori, se non adoperando le parole medesime dell'egregio suo encomiatore (1). ,, Ma l'opera
,, dottissima, ed utilissima del mio predecessore, quel-
,, la che più ancora dell'altre dilatò la sua fama, per la
,, quale il suo nome è altamente rispettato, e il sarà
,, da tutte le colte nazioni, è quella che tratta delle

_____

(1) Elogio cit. p 31.

,, malattie del cuore. Quanti sieno e come sublimi i
,, concetti patologici in quest'opera contenuti, quanta
,, ne sia la scelta erudizione e la dottrina; come abbou-
,, di di principii utilissimi conducenti a riconoscere le
,, malattie del primo tra i visceri, de'primi tra i vasi,
,, e a ben distinguerle da quelle, che più potessero
,, andar confuse coi vizi del cuore e delle arterie ;
,, quante verità vi si trovino del numero stesso e del
,, rango di quelle, che oggi compongono la nuova dot-
,, trina medica italiana, nè io spiegarlo potrei in que-
,, sta breve orazione, nè d'uopo avete, giovani dilet-
,, tissimi, che io lo dichiari, dopo ciò che ne è stato
,, scritto con tanta verità, eleganza, e chiarezza nel
,, giornale della nuova dottrina medica da uno de'più
,, cari e più degni discepoli del defunto Professore, da
,, uno de' più colti miei colleghi ed amici, il Dottor
,, *Vincenzo Valorani*. ,, Colto scrittore inoltre in lingua
latina ed italiana riuscì il Professor Testa, così che
nelle sue opere alla dottrina va congiunta la bontà delle stile; conobbe e si dilettò delle arti belle lasciando alli suoi eredi una scelta copia di quadri; quantunque nel suo esterno egli apparisce severo e ru-
vido, tuttavia aveva dolce carattere e buona maniera di conversare, ma si mostrò sempre franco
nell'esporre il proprio sentimento e rigoroso nell'esi-
gere da' suoi discepoli quanto loro imponeva (2).

CXXII.
Veterinaria.

    CXXII. La Veterinaria fu arricchita nel 1711. di un'
opera sui cavalli e sulle regole di ben cavalcare composta da Giuseppe di Alessandro Duca di Peschio Lancia-
no nel Regno di Napoli, opera che suo figlio ristampò dedicandola all'Imperator Carlo VI. Ebbe poi
questa facoltà generalmente parlando pochi coltivatori

---

(1) Le sue ceneri riposano nel magnifico cimitero comunale di Bologna.

in Italia, e fra gli Scrittori di questa parte così utile delle scienze naturali specialmente per noi che
abbondiamo di bestiame, non mi è riuscito di trovar
finora se non il Sig. Giovanni Brugnone poco sopra
mentovato, il Sig. Toggia Piemontese attualmente vivo e che va con dette produzioni di simil genere
istruendo coloro cui preme la pubblica e la privata
industria, e il Sig. Conte Francesco Bonsi originario
della illustre famiglia de' Bonsi Fiorentina il quale
viveva anche nel 1792. e fu allievo del celebre Giano Planco di cui si è già parlato. Varii scritti pubblicò il Bonsi nei quali contengonsi le regole per
ben conoscere le bellezze e i difetti dei cavalli, gli
avvertimenti per esercitar a dovere l'arte del coc-
chiere, e trattansi altri simili argomenti. Più importanti poi riuscirono le sue lettere ed i suoi opuscoli ippiatrici che videro la luce nel 1756., e diedero
luogo ad una question letteraria fra lui insorta e il
maniscalco Peralez, che trovavasi al servigio della
Ducal Corte di Modena (1). Ridusse in seguito il Sig.
Bonsi in un corpo ragionato di dottrina veterinaria
limitata però ai cavalli, tutto ciò che di più importante aveva egli in addietro scritto, e nell'anno 1786.
stampò le sue istituzioni di mascalcia divise in tre
parti; nella prima delle quali dà una succinta idea
dell' anatomia del cavallo, e nella seconda insegna
a conoscerne ed a curarne le malattie, a tutto ciò aggiungendo le cognizioni da lui acquistate dopo tanti anni dacchè occupavasi di tali materie; l'ultima
parte è dall' autor dedicata a insegnare ai maniscalchi le norme per conoscere i cavalli buoni e bravi,
le loro razze e per ben ferrarli. Lodevole a dir vero fu lo zelo di questo Cavaliere, il quale sebben

_____

(1) Mazzucchelli Scrittori d'Italia T. II. part. III. pag. 1688.

vedesse poco apprezzate le sue fatiche dalla turba
degli ignoranti, che allora ed anche al giorno d'oggi si usurpano il nome di maniscalchi, e non conoscono nemmeno i principii dell'anatomia delle bestie, e quantunque in gran parte scorgesse fallito
l'utile scopo a cui diresse ognora li suoi studii, tutta via non si sgomentò, e nell'anno 1784. stampò il
suo *Dizionario ragionato di veterinaria teorica, pratica erudita*, nel quale trovasi quanto desiderar si
può in quest'arte, ma non è a mio parere da lodar-
si l'Autore per aver disposto questo suo lavoro in forma di Dizionario, perchè ognun vede che le materie
restano staccate le une dalle altre, e per istruirsi in
un articolo, convien scorrere quà e là a tentone, onde riunire insiem le notizie inserite sotto le diverse
parole. Prima di terminar questo paragrafo non di-
spiaccia ai miei Lettori che io richiami l'attenzion
loro su quanto il Conte Bonsi lasciò scritto nella
prefazione al suddetto Dizionario (1). Ci fa egli sapere che la ippiatrica risorse in Francia sotto il Regno di Luigi XV., il quale aprir fece con la direzione del celebre Sig. Bourgelat nel 1762. due scuole di veterinaria, l'una in Lione e l'altra in poca distanza da Parigi; ma che egli, il Bonsi, aveva
fin dal 1751. pubblicata la prima sua opera in cui
fu il primo a combattere i vecchi pregiudizii e gli
errori comunemente adottati dagli ignoranti maniscalchi. Questa notizia ci dà una prova novella e
conferma quella verità tante volte ripetuta, che gli
Italiani in ogni tempo gettano i primi semi di molte utili scoperte e di ben regolati sistemi, ma la
poca cura di coltivarli, e diciamolo pur francamente
la poca stima reciproca dei Nazionali, fa il più delle

(1) T. I. pag. XIX.

volte trascurar le prime nozioni a quel tal soggetto
relative, e gli stranieri poi le mettono a profitto e
ci compariscono inventori e scopritori, mentre non
hanno molte volte altro merito che quello di estendere i principii da noi appresi, e formarne un corpo di dottrine.

CXXIII. Nello scorrere la numerosa serie di me- CXXIII.
Chirurgia.
dici che fiorirono in Italia nel secolo XVIII. abbiam già potuto osservare che diversi fra essi riuscirono ancora eccellenti chirurghi, o praticamente
o teoricamente, lasciandoci opere a questo ramo di
scienza appartenenti; adesso però, onde compiere
in grande il quadro dei progressi e delle vicende delle scienze naturali fra noi nel periodo che abbrac-
cia questa storia, daremo più distinto conto di coloro che specialmente alla chirurgia si consecrarono, e a vantaggio della società ne estesero il dominio. Fra le notizie degli Arcadi (1) trovansi quelle
di Tommaso Alghisi Chirurgo Fiorentino nato nel   Alghisi Tommaso.
1669. ed istruito da suo padre in questa professio-
nè, la pratica della quale ebbe egli mezzo di conoscere a fondo nel grandioso spedale di S. Maria nuova di Firenze. Il suo trattato di Litotomia con le tavole da lui elegantemente delineate ebbe in allora
molto credito e venne ristampato a Venezia; ed a
procurargli maggior nome si aggiunse la sua mae-
stria nell'eseguire questa difficile operazione, che
con ottimo successo praticò più volte in varie parti
d'Italia. Il Vallisnieri ottimo conoscitore dell'abilità
dell'Alghisi lo diresse ne' suoi studii, dei quali forse ci avrebbe lasciato saggi più copiosi, se non fosse stato vittima nel 1713. di morte cagionatagli da

_____

(1) T. II. Roma 1720. pag. 215.

una ferita di una canna d'archibugio. Più estese cognizioni spiegò in chirurgia Antonio Benevoli originario di Norcia, ma nato l'anno 1685. nel Castello delle Preci Diocesi di Spoleto, ed istruito come l'Alghisi nello Spedale di S. Maria nuova di Firenze dove insegnò la chirurgia. Importanti e vantaggiose novità egli introdusse nell'arte sua; come la necessaria reposizione dell'ernia intestinale incarcerata, col taglio non mai per lo innanzi in detto spedale praticata, il riparo da lui eseguito di molti abusi nella cura delle malattie degli occhi e nei tagli. Accreditato egli in Firenze non solo ma anche altrove, godè la stima del Gran-Duca Cosimo III. che lo ricolmò di doni, alle quali munificenze egli corrispose operando e formando ottimi allievi, fra i quali i Professori Angelo Nannoni, e Gian-Domenico Baciocchi meritano particolar menzione. Nè giovò all'arte sua soltanto con la pratica, ma l'arricchì pure di alcune operette per quei tempi non poco pregiate, e dopo di avere insegnato in detto spedale la chirurgia, cessò di vivere nel 1756. Pretendevasi da molti che la cateratta dell'occhio consistesse in una membrana, e non nell'alterazione del cristallino, ed agitavasi allora questa controversia nelle più cospicue Accademie d'Europa; fra i sostenitori della seconda più ragionevole sentenza fuvvi il Benevoli, che con una dissertazione diretta nel 1722. al Valsalva e stampata, la difese. Altri scritti poi egli ci lasciò sopra alcune particolari malattie chirurgiche, e per giustificare operazioni di questo genere da lui eseguite e da altri criticate (1), come pure diede una serie di osservazioni su questa scien-

(1) Mazzucchelli, Scrittori ec. T. II. par. II. pag. 838. Eloy Dictionnaire ec. T. I. pag. 316.

za le quali meritarongli onor singolare, perchè candidamente confessò gli abbagli da lui altre volte presi nell' esercizio della sua professione.

CXXIV. Venezia ebbe in Sebastiano Melli un buon coltivatore della chirurgia teorica e pratica, e fra le varie sue produzioni la migliore si è l'arte medico-chirurgica esaminata ne' suoi principii l'anno 1721. data in luce, nella quale premessa una breve storia della medicina, dimostra che la chirurgia ne è un ramo inseparabile, ci presenta la spiegazione del sorprendente fenomeno della generazione per mezzo delle uova, considera lo stato dell'uomo sano ed infermo, e vi aggiunge osservazioni medico-chirurgiche in copia. Altra produzione offrì egli al Pubblico nel 1740. sulle fistole lacrimali, nella quale fece una critica assai viva dei lavori del Sig. Anel chirurgo a Torino sulla disostruzione specialmente delle vie lacrimali dell'occhio (1). Non ostante però questa critica, e non ostanti quelle che altri fecero ai metodi del Melli a queste operazioni relative, l' Accademia Reale di Parigi dichiarò nuove ed ingegnose le osservazioni di lui, ed onorò il metodo da lui proposto per la cura delle suddette fistole (2).

Esercitò con singolar perizia la litotomia Pietro Paoli morto in Lucca nel 1752. e con tal credito, che venne più volte chiamato per eseguir così difficile operazione a Napoli ed in Sicilia, e da lontani paesi venivano gli infermi per sottoporsi alla sua cura. Alcune contese chirurgiche da lui avute diedergli argomento per varii scritti che stampò, ma lasciò inedito il trattato sulle ferite della testa che suo figlio poi si accinse a pubblicare (3).

(1) Portal, Storia dell' Anatomia ec. T. IV. pag. 504.
(2) Eloy, Dictionn. T. I. pag. 131.
(3) Zaccaria Storia lett. d'Ital. T. IV. Lib. III. pag. 723.

CXXIV
Melli Sebastiano ed altri Chirurghi.

CXXV. Benemerito dell' Ostetricia si rendette Giovanni Antonio Galli Bolognese nato li 2. Dicembre dell' anno 1708., il quale insegnò filosofia e chirurgia in Patria. „ La scienza dei parti delle don-„ ne, così il Fantuzzi (1), era stata fino all' epoca „ del Galli, d' ordinario in mano di femmine, che „ null' altro sapevano, se non quanto avevano ap-„ preso dalle loro eguali ed una rozza pratica era „ tutta la loro dottrina. „ Applicatovisi il Galli con tutto l' animo dopo di aver studiato a fondo gli Autori antichi e moderni che ne trattano, ideò ed eseguì un metodo pratico non più veduto in Italia nè fuori di essa, onde porre le Mammane, i Medici ed i Chirurghi in istato di apprender la maniera di operare e dirigersi nei casi non ordinarii de' parti. Fece egli fabbricare in terra cotta e colorita al naturale le diverse figure necessarie per un gabinetto di ostetricia che fu il primo a conoscersi, e sulla porta della camera dove custodivasi in casa propria, leggevasi la semplicissima iscrizione.

SVPELLEX . OBSTETRICIA
ANNO
MDCCL.
PRIMVM . INVENTA.

Numerosa scuola ebbe sempre il Galli e non giungeva a Bologna forestiere alcuno illuminato, e specialmente medico o chirurgo, che non bramasse di visitarla, e non restasse sorpreso dalla novità dell' invenzione e non ne rilevasse l' utilità. Il sommo Pontefice Benedetto XIV. splendido protettore dei buoni studii ordinò con suo Chirografo che l' Istituto acquistasse questo Gabinetto, e che il Galli coprisse la Cattedra di ostetricia come nel 1758. seguì. Non

---

(1) Scrittori Bolognesi T. IV. pag. 30.

ostante questa nuova incombenza all'altra ben grave congiunta di assistere a due spedali in Bologna,
trovò egli il tempo di preparare ed avanzare assai un
trattato teorico di ostetricia che doveva servire come di testo per questa scuola, ed inoltre si fece udire ogni anno nell'Accademia Benedettina, di cui era
membro, a leggere dotte dissertazioni di fisica e di
medicina riferite nei Commentarii dell'Istituto (1).
Domenico Masotti Fiorentino insegnò fisiologia e chirurgia nello spedale di S. Maria nuova di Firenze,
e si fece distinguere pubblicando la descrizione di
uno stromento per facilitare l'estrazione della pietra
nelle donne, ed un miglioramento all'ago per l'operazione della paracentesi detto Barbeziano dal suo
inventore Sig. Barbette (2). L'approvazione avuta
dalla Reale Accademia di chirurgia di Parigi del citato stromento per la litotomia determinò il Masotti a ripubblicarne la descrizione con altri miglioramenti, aggiungendovi la relazione di alcune cure felicemente con esso da lui eseguite. Altro suo lavoro
abbiamo nella dissertazione *sul legamento dell'aneu-
risma del poplite* introdotto nello spedale suddetto
dal Chirurgo Lorenese Gio. Pietro Kaiser, verso del
quale non fu abbastanza giusto il Masotti; perchè in
questo scritto fece bensì onorata menzione del Kaiser, ma non confessò ingenuamente che questi introdotto avesse il sullodato metodo chirurgico in Toscana. Varie Accademie d'Europa ascrissero al loro ceto il Masotti, il quale esercitò l'impiego di chirurgo
presso la Real Corte di Toscana, e cessò poi di vivere nell'anno 1779. alli 20. di Marzo.

L'Università di Padova dovette molto al Chi-

---

(1) Il Galli morì di anni 74. nel 1782. alli 13. di Febbrajo.
(2) Novelle letterarie di Firenze T. X. an. 1779. pag. 315.

rurgo e Medico Modenese Girolamo Vandelli il quale nel 1730. andò colà Professore di questa facoltà essendo allora in età di soli 30. anni. Corrispose egli pienamente alla espettazione da quella Città per lui concepita, e al dire del Cav. Tiraboschi (1) *fece risorgere la chirurgia a quella perfezione da cui alcuni de' suoi predecessori l' avevano di
troppo allontanata.* Ed un pegno luminoso dell' approvazione e del credito che ei colà godeva, ottenne nell' aumento più volte fattogli dello stipendio
che giunse fino a Ducati Veneti 1200. nel 1775., del
quale aumento però egli godette per poco, giacchè
cessò di vivere l' anno susseguente in età di 77. anni.

CXXVI. I Chirurghi dei quali finora ho esposte le
notizie si distinsero, per l' ordinario, chi in un ramo, chi nell' altro della lor professione, ma Pier Paolo Molinelli di cui ora parlar debbo, vinse d' assai
tutti gli antecedenti e per la vasta sua dottrina e
per l'acquistata celebrità. Bambiana luogo della montagna Bolognese lo vide nascere il dì 2. Marzo dell'
anno 1702., ed avendo in tenera età perduti li suoi
genitori ed anche il tutor suo Pier Giovanni Molinelli Dottore, lo lasciò questi erede, ed ebbe così
il giovanetto maggior comodo di applicarsi agli studii (2). Dopo di aver compito sotto li più celebri
Professori dei quali abbondava Bologna in quei tempi, il corso medico Filosofico, si laureò il Molinelli
l' anno 1726., ed essendo già stato dal 1722. al 1727.
assistente nello spedale della Vita, si determinò di
recarsi a Parigi per imparare l'arte sotto il chirurgo Salvator Morand a cui fu raccomandato con lettere dal Dottor Girolamo Donducci. Andato in fatti colà il giovane Molinelli nel 1730. trovò una cor-

---

(1) Bibl. Moden. T. V. pag. 348.
(2) Fantuzzi, Scrittori Bolognesi T. VI. pag. 37.

tese accoglienza presso il sunnominato chirurgo Francese, che non solo lo ebbe carissimo e in grande
stima finchè presso lui dimorò ; ma allorchè divenne il Morand Presidente della Reale Accademia di
Chirurgia, aggregò tosto alla stessa il Dottor Molinelli, primo tra gli Italiani a cui fosse questo onor com-
partito, esempio che poi seguì la Società Reale di
Londra. Percorse egli tutta le Francia, e soggiornò
alcuni mesi in Monpellieri per osservare i metodi da
quei Professosi usati nelle operazioni chirurgiche e
nella cura del celtico ; ritornato quindi dopo la metà dell'anno 1732. a Bologna, tal credito si acquistò
che il Senato a bella posta istituì una Cattedra per
lui intitolata *de chirurgicis operationibus* con dop-
pio onorario, e il Collegio di Filosofia e Medicina
lo aggregò al proprio ceto come sopranumerario, di-
spensandolo dalla voluta condizione di forensità.

Mentre aveva già il Molinelli acquistata celebrità
straordinaria in chirurgia per la felice riuscita di
molte operazioni, il Pontefice Benedetto XIV. mandò a Bologna un compito assortimento di ferri chirurgici avuti in dono dal Re di Francia, ed ordinò
che fossero consegnati al nostro Chirurgo perchè ne
usasse in una nuova scuola di questa facoltà come *Di-
mostratore delle operazioni chirurgiche ne' cadaveri ;*
scuola con Pontificio *motu proprio* eretta nello spedale
della Vita e della Morte ; ed a tutto ciò aggiunse il
S. Padre l'altra distinzione di nominar il Molinelli
uno dei ventiquattro Accademici Benedettini da lui
istituiti. Grato quegli a tante Sovrane munificenze ne
volle perpetuar la memoria facendo coniare una bella medaglia in oro, ed altre in argento col busto del
Pontefice sul diritto, e con la leggenda nel rovescio.

Oᴘᴛɪᴍᴀʀᴠᴍ Aʀᴛɪᴠᴍ . Sᴛᴠᴅɪɪs . Eᴛ Cᴏᴍᴍᴏᴅɪs
Aᴠᴄᴛɪs . Bᴏɴᴏɴɪᴀᴇ . ᴍᴅᴄᴄxʟɪɪ.

Questo celebre Professore venne meno per un for-
tissimo colpo di apoplessia alli 11. di Ottobre dell'
anno 1764., e fu sepolto nella Chiesa di S. Maria
della Vita con solenni funerali nei quali recitò l'Orazion funebre il Padre Roberti Gesuita. Parla egli in
essa del sommo credito che il Molinelli godette per
tutta Europa, nomina i medici più famosi d'Italia,
di Francia, d'Inghilterra, di Russia che scrissero con
lode del Molinelli, addita molti personaggi delle suddette nazioni che passando per Bologna lo visitaro-
no, o vi si trattennero per essere da lui curati. Il
Morgagni, il Portal ed altri lo stimarono e commen-
darono assai le sue opere, la maggior parte di argomento chirurgico le quali consistono in dissertazioni
lette o presentate all'Istituto di Bologna. Molti suoi
consulti medici leggonsi in una raccolta di tre volumi in foglio da lui offerta e dedicata al Senato, i
quali conservansi manoscritti nella Biblioteca dell'Istituto. Breve è l'articolo che di questo illustre soggetto ci ha lasciato l'Eloy (1), il quale ci informa
che Molinelli cercò di perfezionare il metodo di Pe-
tit per la cura della fistola lacrimale, anzichè criti-
carlo come pareva ad alcuni.

CXXVII.
Altri Chirurghi.

CXXVII. Il Sig. Portal (2) ci ha dato notizia che
il Chirurgo Gaetano Petrioli pubblicò dal 1740. al
1746. una edizione delle tavole di Eustachio lavorate dal bravo pittore Berrettini di Cortona aggiungendovi molte osservazioni anatomiche sue proprie,
o cavate dagli scritti del Lancisi, ed nn compendio
della vita di Eustachio. Fra le migliori memorie della Raccolta fatta dall'Accademia di Chirurgia di Parigi leggesi la descrizione di una doppia vena *azygos*
ed un saggio sulla *esofagotomia* del Chirurgo Ponti-

(1) Dictionn. hist. ec. T. III. pag. 312.
(2) Storia dell'Anatomia T. V. pag. 218.

ficio Carlo Guattani il quale in seguito di non poche osservazioni descrive il metodo migliore da pra-
ticarsi in questa difficile operazione chirurgica (1).
Insegnò egli la Notomia e la Chirurgia negli ospitali di Roma; ebbe l'onore di esser fatto corrispondente delle Accademie delle scienze, e di chirurgia
di Parigi, alla prima delle quali mandò nel 1750.
una sua osservazione sopra due aneurismi osservati
in una sola persona, e sopra un polipo sanguigno
trovato nel ventricolo sinistro del cuore. L'ospital di
S. Maria nuova di Firenze conta fra li suoi più rinomati chirurghi Angelo Nannoni nato il dì 1. Giugno
1715. all'Incisa in Toscana, di cui il Portal (2) e
l'Eloy che lo ricopia, appena fecero cenno, ma io
ne parlerò alquanto più estesamente come merita.
Ricevette egli particolare istruzione dal Professore
Antonio Benevoli e trovò nel Cav. Maggio un be-
nefattore che lo ajutò a conoscere bene l'arte sua,
nella quale cominciò a figurare verso la metà del
secolo applicandosi specialmente a perfezionare la ci-
stotomia laterale. Rimasto egli in età giovanile unico superstite di sua famiglia, ebbe più agio di coltivar con ardore la scienza e nel 1747. viaggiò a Parigi ed a Roano, gli ospitali delle quali Città egli
attentamente visitò. Profitto grande ricavò da tali
osservazioni, e gli errori altrui gli giovarono per
migliorare la chirurgia; avendo infatti veduto che
si abusava nei medicamenti e che commettevansi
sbagli nelle operazioni pratiche, ritornato che fu in
Toscana si prefisse di correggerli, al qual uopo sostituì alla medicatura complicata allora in voga, un
metodo semplice nella cura dei mali chirurgici, e

---

(1) Portal. op. cit. T. V. pag. 492.
(2) Op. cit. T. V. pag. 376.

ristabilì il sistema del famoso Dottor Cesàre Magati chirurgo del Secolo XVII. quantunque fin d'allora incontrato avesse vive opposizioni questa maniera di medicare. Bandì perciò il Nannoni i balsami, le resine ec., come anche i fluidi spiritosi, vi sostituì dei medicamenti difensivi ed assorbenti, e sopratutto inculcò di tener le piaghe ben difese dall'aria. Copiose furono le operazioni difficili da lui felicemente eseguite, e si rese perciò il suo nome noto all'Italia e fuori, per modo che ben sovente era consultato: fissò quindi fra noi un'epoca gloriosa ed alla misera umanità sommamente giovò con l'operare e lo scrivere non solo, ma con l'istruzione degli allievi Italiani ed Oltramontani che in folla concorrevano al sunnominato grande spedale per udire le dotte sue lezioni; e tal credito avevano i chirurghi da lui istruiti che fortunate dir dovevansi quelle Città che li potevano possedere. Alla dottrina vidersi in questo Professore congiunte le cristiane virtù, fra le quali spiccò quella della carità, perlocchè gratuitamente curava gli infermi poveri non solo, ma li provvedeva anche di medicine e con denari li soccorreva; laonde compianta fu per ogni titolo la sua morte avvenuta in Firenze nella notte del dì 30. Aprile dell'anno 1790. Fra le sue opere delle quali trovasi il catalogo nel Dizionario storico degli Uomini illustri (1) da cui ho tratto le presenti notizie, ricorderò prima di ogni altra come la più interessante quella *della semplicità di medicare i mali di attinenza della chirurgia ec.* in cui dimostrò come la natura deve essere nelle sue operazioni secondata, e talora anche ajutata, e riunendo i casi più rari, e da tutti ricavando le più utili conseguenze pra-

---

(1) T. XIII. pag 24.

tiche, formò direm così un nuovo codice chirurgico. La prima edizione di questo lavoro classico a cui
aggiunse il *trattato sulle malattie delle mamelle* stampato a Firenze nel 1746. uscì a Venezia nel 1754.;
e·siccome trovò il Nannoni qualche oppositore, così
fece la propria difesa in una lettera diretta al Chirurgo Cremonese Giuseppe Bianchi che la pubblicò;
aggiungendovi una serie di osservazioni da lui fatte; conven dir poi che l'opera sunnominata acquistasse credito perchè l'Autore la ristampò in tre volumi dal 1761. al 1776. corredandola di copiose aggiunte che la resero maggiormente pregevole (1).
Trattò egli poi di molte malattie chirurgiche in altre opere a parte e ci lasciò la storia delle cure felici di molte di esse; nè di ciò contento tradusse ed
illustrò con note due opere del celebre Chirurgo Sa-
muele Sharp; cioè le *sue ricerche critiche sopra lo stato presente della chirurgia*, e l'altra intitolata *trattato delle operazioni chirurgiche*. Queste son le principali produzioni del Professor Angelo Nannoni il
cui figlio Lorenzo abile chirurgo anch'egli, lo onorò
con ben ragionato elogio letto nel 1790. alla scuola
del sunnominato spedale, e nell'anno stesso dato
in luce a Firenze.

CXXVIII. Fra le cure del governo del Re di Sardegna Carlo Emanuele di sempre gloriosa ricordanza
una delle principali quella sì fu di promuovere
gli avanzamenti delle utili discipline, e di ciò diede
quel Sovrano oltre tant'altre una prova, allor quando spedì a proprie spese a Parigi ed a Londra il
Chirurgo Ambrogio Bertrandi Torinese, perchè si

---

(1) Nel citato Dizionario si registra ancora *un Trattato chirurgico
sopra la semplicità del medicare con osservazioni e ragionamenti appartenenti alla Chirurgia ec.* stampato nel 1770. a Venezia, ma non si comprende se sia opera diversa dalla sopra citata oppure se sia la stessa.

istruisse a fondo nell'arte sua. Studiò egli nel Collegio detto delle Provincie in Torino, e divenne Anatomista, e Zootomo di vaglia corrispondendo così alle premure di S. Maestà. Mentre viaggiò a spese Reali adestrossi alle operazioni chirurgiche, procurando di conoscere in Parigi ed a Londra i metodi più accreditati di medicare, perlocchè nella prima di queste Città assistette alle lezioni di anatomia esposte dal celebre Lovis, e in Londra fece per alcuni mesi la pratica chirurgica sotto la direzione di Bromfield chirurgo della Corte. Restituitosi poi in Patria, a sua insinuazione si eresse sul disegno da lui datone un nuovo teatro anatomico, e si istituì una scuola di veterinaria, ed una Cattedra di ostetricia, che egli medesimo sostenne congiuntamente a quella di Chirurgia pratica. Allorchè si trattenne il Bertrandi in Parigi, dove contrasse amicizia col Winslow e con i più rinomati chirurghi, lesse in quell' Accademia Reale di Chirurgia alcune sue Memorie, che gli meritarono l'aggregazione a quel rispettabile corpo scientifico, il quale nel 1765. dovette udir l'elogio funebre composto da Lovis del.Bertrandi mancato di vita in età di soli 43. anni. Varie dissertazioni sopra alcuni mali chirurgici sono stampate a parte o nelle Miscellanee dell'Accademia Torinese pubblicate; ma l'opera che fissò veramente la sua fama, è il *Trattato delle operazioni Chirurgiche* del quale il Sig. Portal (1) fa molti elogi, e dà come di questa, così di tutte le altre opere di questo Piemontese un esatto conto. Fra gli allievi fatti da questo illustre Chirurgo, riuscirono eccellenti il Professor Vincenzo Malacarne di cui si disse parlando dell' anatomia, e il Professor Sig. Giovanni Brugnone che

---

(1) Stor. dell' Anatom. T. V. p. 433.

specialmente sì dedicò in Lione alla Veterinaria, e ritornato poi a Torino diè in luce fra le altre cose un' opera assai pregevole sulle mandre, e procurò una nuova edizione di tutti gli scritti del prelodato suo maestro (1). Oltre il medico Francese Lovis sopranomato anche il Conte T. Bava di S. Paolo stampò l'elogio del Bertrandi a cui dovette molto la chirurgia in Piemonte, e delle cui osservazioni si valse il Buffon ad appoggio del suo sistema della generazione.

Esercitò con grido l' ostetricia Giuseppe Reyneri Torinese nato nel 1725. Socio dell' Accademia di Torino, e procurò di propagar l'uso che le madri allattino i loro bambini; al che specialmente giovò la traduzione che ei fece dalla lingua francese dell'opera della Signora Anel de Rebours, *avvertimenti alle madri che allattar vogliono i loro bambini,* avvertimenti che egli corredò di copiose utili note e di sani precetti dalla lunga pratica a lui suggeriti, i quali migliorarono assai l'edizione Italiana di questo libro. Fece poi l'Autore succedere a questa versione un altro scritto sulla *Nutrizione animale* pubblicatosi a Torino nel 1784., il quale contiene molte osservazioni anatomiche, fisiologiche, e patologiche intorno la precipua funzione della cellulosa; nè tacer devesi che egli con franchezza negò l'esistenza dei vasellini arterioso-linfatici del Boerhaave, allora appunto che nelle scuole sostenevansi con calore le dottrine di così rinomato Fisiologo (2).

L'Università di Padova nominò nel 1777. Professore di istituzioni chirurgiche e destinò a dar lezioni di clinica chirurgica Camillo Bonioli di Lonigo paese del Vicentino, che aveva studiato nel grande

---

(1) Novelle letter. di Firenze an. 1783. p. 449. 452.
(2) Donino; Biografia medica Piemontese T. II. pag. 333.

spedale di S. Maria nuóva in Firenze, e mentre si
fece egli ammirar dalla Cattedra per la vasta dottrina che possedeva, spiegò nelle pratiche operazioni una franchezza ed una prudenza per cui riesci-
vangli felicemente le cure più difficili. Shandì egli
i cataplasmi, diminuì il numero di quegli strumen-
ti che atterrivano gli infermi, e volle che la natura
precedesse l'arte nel medicare i mali chirurgici, ren-
dendosi così benemerito della sua professione. Inserì egli negli atti della nuova Accademia di scienze
eretta in Padova alcune Memorie chirurgiche, e più
altre ne lesse nelle adunanze di questo stabilimento,
al quale non avrebbe mancato di somministrar ulteriori frutti del saper suo se non fosse venuto meno ai
vivi nel 1791. mentre non contava che anni 62. di
età (1).

CXXIX.
De Brambilla
Giovanni Ales-
sandro.

CXXIX. Giovò quant' altri mai ai progressi della
chirurgia in Italia non solo, ma ben anche e forse
più in Germania Giovanni Alessandro De Brambilla
di San Zenone nel territorio Pavese, dove nacque
da onesti e comodi genitori il dì 15. di Aprile dell'
anno 1728. L'efficace protezione da lui accordata a
questa scienza, e i mezzi dei quali usò per esten-
derne la cognizione e la pratica, gli danno un titolo ben giusto alla nostra riconoscenza ed alla immortalità. Dedicatosi alla medicina e compiuto con
lode il corso de' suoi studii nella Università di Pavia, esercitò da prima la sua professione come sotto Chirurgo nel Reggimento Hachenback, e poscia
qual Chirurgo maggiore nel Reggimento Lascy, nel
qual posto spiegò un tal corredo di cognizioni e
compiè così felicemente varie difficili operazioni chirurgiche in alcune Città della Lombardia Austriaca,

_____

(1) Gamba, Galleria d'Uomini illustri ec. Quaderno XV.

che nel 1763. ottenne l'impiego di Chirurgo della
Guardia Nobile Tedesca del Corpo, non solo, ma
ben anche dell'altro Corpo appresso il Principe Ereditario che fu poi Giuseppe II. Imperatore. Allorchè
venne questi dall'Augusta sua Madre Maria Teresa
dichiarato Correggente dell'Impero, volle in compagnia del Brambilla visitar gli spedali militari e civili de' suoi stati. Assecondando perciò il nostro Chirurgo le ottime intenzioni del Monarca, ed anzi ec-
citandolo a grandiose imprese, allorchè giunse a Pavia, fecegli attentamente osservare lo stato di somma
decadenza in cui trovavasi quel famoso Archiginnasio, e lo impegnò a toglierlo dallo squallore in cui
giaceva con l'aggiungervi nuove ed utili cattedre,
e col provvederlo di Biblioteca, di Museo, di macchine, e di ogni altra suppellettile all'insegnamento
delle scienze più adattata e necessaria. Riuscito così felicemente il Brambilla nel condurre a termine
dopo varii anni un così nobile e vasto progetto, ne
tentò un altro non meno utile e ad un tempo difficile, quello cioè di estendere in Germania assai più
di quello che sino allora erasi fatto, la cognizione
della chirurgia, e di metterla a livello della medicina che i Tedeschi allora coltivavano con fervore
e con frutto (1). Per suo consiglio spedironsi varii
individui a viaggiare in paesi stranieri (2), affinchè
si istruissero, e al loro ritorno comunicassero le cognizioni acquistate ai giovani del corpo chirurgico
militare, e in essi le trapiantassero. Ritornatone
nel 1780. uno per nome Hunczowsky dal nostro
Chirurgo specialmente protetto, e dato che egli eb-

---

(1) Veggasi il discorso nei funerali di Brambilla scritto dal Tedesco
Dottor Guglielmo Böcking e tradotto in Italiano da Giuseppe Ballarini 4.°
Pavia 1804. Nota 6.
(2) Discors. cit. pag. 10

be luminosi saggi del suo sapere, fu questi destinato a primo precettore di chirurgia teorico-pratica, e
sorse così una piccola scuola medico-chirurgica, alla
quale aggiunti essendo a poco a poco altri Professori, nel 1785. ottenne il decoroso titolo di *Accademia medico-chirurgica Giuseppina*, che dovette a
Brambilla la sua istituzione e dai regolamenti della
quale sommi vantaggi ne ridondarono alla Germania.
Da questo stabilimento infatti uscirono in copia buoni ed abili chirurghi dei quali prima si scarseggiava
colà, gli spedali militari furono assai meglio che
per lo addietro regolati, e si migliorò di molto l'istruzione dei giovani che si destinavano a percorrere
questa carriera scientifica. Singolari onori compartì
l'Imperator Giuseppe II. all'Italiano Chirurgo, ed oltre la nomina di Cavaliere e di Consigliere lo inve-
stì del Feudo di Carpiano, e nel 1795. il suo secondo Successore Francesco I. attuale Imperatore gli
accordò con l'intiero soldo una onorata giubilazione
dopo 45. anni di assiduo servigio nelle armate ed
alla Corte. Poco però potè egli godere di queste Sovrane munificenze, perchè restituitosi a Pavia nell'epoca fatale della invasion Francese, si rifugiò a Padova, dove una malattia infiammatoria alla vessica lo
tolse alli 29. di Luglio dell'anno 1800. alle scienze,
alla patria ed agli amici.

CXXX.
Continuazione
di ciò che riguar-
da il Brambilla.

CXXX. Se il Sovrano si mostrò verso di lui generoso, non lo fu egli meno verso l'Università e il
Museo di Pavia (1); poichè a questo oltre il regalo
di varii grandiosi pezzi di Storia naturale, fece dono
il Brambilla in varie volte di altri simili oggetti per
un valore di otto mila fiorini, ed arrichì il gabinetto chirurgico di molti istrumenti dispendiosi e di una

---

(1) Discorso cit. p. 27. 28.

serie completa di fasciature. Mentre dimostrò così il
nostro Bramilla l'efficace suo zelo per l'avanzamento delle scienze naturali, fece nel tempo stesso spe-
rimentare allo spedale più cospicui gli effetti di sua
generosità; poichè non solo gli procurò da S. Maestà l'assegno di nuovi beni, onde potesse meglio servire alla istruzione della gioventù che dalla Università passava in detto luogo alle scuole mediche, ma
vi fondò a sue spese una Biblioteca con lo stipendio per un Bibliotecario, e vi aggiunse un completo
assortimento di istrumenti chirurgici ed anatomici.
Commosso l'Imperator Giuseppe II. all'udir quanto
aveva fatto il Bramilla a vantaggio dell'Archiginnasio Pavese, ordinò che gli fosse eretto colà un busto lavorato in Vienna, e dal Principe di Kaunitz
spedito a Pavia dove collocossi vivente anche il Brambilla sulla porta di ingresso al gabinetto anatomico.
Grati poi anche gli Amministratori dello spedale a
quanto operò il Brambilla per il miglioramento di
quel pio luogo, fecero porre nella Biblioteca da lui
fondata un medaglione in bronzo con iscrizione che
ricordava le straordinarie beneficenze da questo loro
illustre concittadino allo spedal compartite. E allor
quando ne udiron la morte lo onorarono con solenni esequie e con altra iscrizione, come pur fecero
la moglie ed i figli in Padova, e in Vienna la sunnominata Accademia da lui può dirsi fondata. Quanto esteso è il Sig. Bocking nel suo discorso da me
succitato per somministrarci le notizie della vita di
così celebre Chirurgo, altrettanto è ristretto nel dar
conto delle opere di lui anzi nulla ne sapremmo,
se il traduttore Sig. Ballarini non ne avesse dato in
una nota il nudo elenco (1). Compilò il Brambilla

(1) Alla pag. 26. del Discorso.

gli statuti dell' Accademia Giuseppina ed i regolamenti per i Chirurghi dell'armata; oltre alcune dissertazioni o latine o tedesche alle quali diedero argomento particolari malattie, egli ci lasciò i trattati sulle ulceri delle estremità inferiori, sulla inflamma-
zione e la gangrena, e sul flemone, come pure la
storia delle scoperte fisico-mediche fatte dagli Italiani divisa in tre volumi; rapporto alle quali opere
io recherò il breve giudizio che nè pronunziò il Sig.
Ballarini nei termini seguenti (1) . . . . . ,, se le sue
,, letterarie e scientifiche produzioni hanno avuto
,, in Germania principalmente, a cui egli era stra-
,, niero, dei critici e degli aristarchi, hanno pure
,, colà trovato non pochi apprezzatori, e molti più
,, altrove e in Italia, essendo innegabile che esse
,, hanno un intrinseco merito e riflettono su oggetti
,, di evidente utilità ,, .

CXXXI.
Monteggia Gio.
Battista.

CXXXI. Milano possedeva un eccellente chirurgo
nella persona di Gio. Battista Monteggia di Laveno
sul Verbano, ma gli fu esso rapito in florida età l'anno 1815. alli 17. di Gennajo, e le memorie sulla vita di lui dal Sig. Dottor Enrico Acerbi stampate (2)
mi somministrano il mezzo di tramandarne onore-
vol ricordanza ai posteri. Cominciò il Monteggia a
praticar nello spedale maggior di detta Città in età
d'anni 17. e superando i contrasti e le amarezze che
il bisogno fa per l'ordinario provare, adempì esattamente i doveri della professione, ed impiegò il resto
del tempo in un assiduo studio da brevissimi riposi
soltanto interrotto; nè si occupava soltanto dell'anatomia e della chirurgia sotto la direzione dei celebri Professori Patrini e Moscati, ma nelle ore del son-

---

(1) Ivi.
(2) Presso Giuseppe Buacher Milano. 1818. , in 3.°.

no dedicavasi all' amena letteratura. Singolar cosa ma pur vera ella è, che egli non frequentò Università famose nè ebbe altre lezioni se non quelle che nell' indicato spedale facevansi, tuttavia riuscì eccellente nell' arte sua, il che dimostra che quando l'Uomo decisamente vuole, anche coi mezzi ordinarii e comuni oprar può molto.

Laureatosi in medicina e chirurgia alla Università di Pavia proseguì il Monteggia da se un accurato studio delle opere mediche prima moderne e poi antiche, e le sviscerò e ne bilanciò le sentenze del che ne fanno prova molti volumi a penna da lui lasciati, in cui veggonsi compendiati e commentati gli scritti dei medici d'ogni età. Cominciò egli presto ad essere Autore poichè d'anni 26. diè in luce le sue *osservazioni anatomico-patologiche* dettate in aurea latinità, nelle quali si incontrano non poche utili novità, e specialmente supplì con esse ad una parte di patologica notomia che manca nell'opera insigne del Morgagni (1). Racchiudono poi queste osservazioni i casi patologici da lui osservati nello spedale e somministrano le regole pratiche per la cura di molti mali spettanti alla chirurgia, nè tacer devesi che l'Autore spiega in esse la più grata riconoscenza verso il Professor Moscati ora defunto e l'illustre Chirurgo vivente Prof. Gio. Battista Paletta i quali lo diressero ne' suoi lavori anatomici. Il Gabinetto di Pavia poi conserva i pezzi patologici più interessanti preparati dal Monteggia che glie ne fece generoso dono, per cui si meritò dal Magistrato una onorifica patente.

Conobbero ben presto i Milanesi i rari talenti del Monteggia, e gli conferirono varii impieghi della sua

---

(1) Il giornal Veneto *per servire alla storia ragionata della medicina* parlò con somma lode di questi *Fasciculi pathologici. Mediolani* 1789. del Monteggia.

professione specialmente poi quello di incisor anatomico, per esercitar bene il quale chiese che fosse co-
struita una camera a bella posta vicina alle stanze
dei cadaveri; ma non avendo il Pio Istituto secondata una domanda così ragionevole, il Proposto di S.
Nazaro Abate Taverna supplì generosamente alla spesa occorrente, e promosse così in quello spedale lo
studio dell'Anatomia (1). Viveva frattanto il nostro
giovane Chirurgo piuttosto oscuramente e sebbene
andasse pubblicando varie opere, come vedremo,
tuttavia non godeva come pratico, di gran nome; ad
acquistarselo però contribuì non poco la cura condotta
felicemente a termine nella persona del Duca Melzi
d'Eril munifico proteggitore dei Dotti, da lui risanato di una malattia chirurgica riputata da insigni chirurghi Italiani e stranieri incurabile, perlocchè quel
Signore gli assegnò un'annua pensione vitalizia. Crebbe allora in fama il nostro Monteggia presso tutti
gli ordini di persone, e nel 1795. trigesimoterzo dell'
età sua fu nominato Professore di istituzioni di
chirurgia, cattedra allora eretta nello spedal di Milano, e che egli sostenne con grido sommo e con
singolar profitto de' suoi uditori fino alla morte, che
con rara esemplarità e cristiana rassegnazione incontrò in età di 53 anni non ancor compiti.

Quantunque occupatissimo il nuovo Professore
e nel tenere scuola e nell'esercizio della pratica chirurgia, pure trovò tempo di pubblicar molti scritti
dei quali noi quì ricorderem soltanto li più pregevoli. La cura del mal venereo va a lui debitrice di
insigni miglioramenti, e per istruire bene i medici a
debellar questo terribil morbo, tradusse dal Tedesco
in lingua Italiana il *compendio del Fritz* intorno a

---

(1) Memorie cit. pag. 26.

queste *malattie*, ed in due posteriori edizioni vi fece molte utili aggiunte e correzioni; a questo medesimo scopo diresse egli poi l'altra opera tre anni appresso data in luce col titolo di *annotazioni ai mali venerei*, nelle quali meglio descrisse le fatali e svariate conseguenze della malattia e propose nuovi rimedii onde liberarsene. Queste sue dotte fatiche sollevavansi molto sulle trite e comuni ricerche di altri scrittori e gli meritarono fra gli altri gli elogi del Chiar. Professore Giovanni Frank che *lo invitò con lettere a tentar nuove ricerche* (1). Non seppe però il nostro Chirurgo guardarsi abbastanza dallo spirito di sistema, e promosse e difese per qualche tempo le massime del famoso Brown medico Scozzese, ma dir pur devesi a lode dell'Italiano, che s'avvide egli poi di esser fuori di carriera, e confessò che labili sono le teorie mediche e che all'apparir dell'una cacciasi in bando l'antecedente. Altra versione dal Tedesco ci diede il Monteggia cioè l'*arte ostetricia* dello Stein, ma le sue occupazioni non gli permisero di corredarla come sarebbe stato a desiderarsi, di illustrazioni e di note, laonde questa non si reputa una delle sue migliori fatiche ; maggior fama acquistossi allor quando pubblicò le sue *Istituzioni chirurgiche* in appresso poi anche ristampate e di nuove utili notizie arricchite. Una guida ai giovani studenti, che frequentavano le sue lezioni, ordinata, chiara ed alla sperienza appoggiata volle egli presentare nella prima edizione di dette Istituzioni; ma allorchè ne intraprese una seconda, formò un esteso trattato di chirurgia che racchiude la dottrina analoga dei principali scrittori d'ogni Nazione, e presenta un ampio repertorio utile agli scolari non meno

---

(1) Mem. cit. pag. 28.

che ai Professori dell'arte; così che quest'opera merita sicuramente di essere anteposta ad altre di simil genere anche oltramontane (1), sebbene trovasse essa alcuni critici severi che la cribrarono.· Chi desiderasse di averne un diffuso estratto, può leggerlo nelle citate Memorie dell'Acerbi il quale ricorda e porta il suo giudizio anche sovra le altre produzioni mediche chirurgiche di minor conto uscite dalla penna del Professor Monteggia (2). Cinque figli egli ebbe dalla moglie Giovanna Cremona di onorata famiglia Novarese, per la educazion dei quali usò ogni sollecitudine ma nessuno dei maschii seguì la paterna carriera. Operator franco egli fu ed antepose ognora il proprio dovere a qualunque idea di ricompensa; la sua ingenuità specialmente risplende nelle sue giornaliere annotazioni nelle quali trovansi registrate le cure infelici, gli errori, e perfino i dubbii di abbaglio nell' esercizio della professione. Praticò egli tutte le virtù del vero cristiano, e in modo speciale la beneficenza e la carità verso i poveri, che ottennero da lui sussidii e cure gratuite, quantunque vivesse specialmente da giovane nelle angustie della povertà. Alieno dall'ambizione, di tratto cortese, modesto nel vestire coltivò ognora le pratiche della Religion nostra Santissima con tutto lo zelo, per cui dir si può che il Monteggia fu modello di Uomo dotto e insieme di Uom religioso.

CXXXII. Nel giorno 6. di Settembre dell'anno 1826. mancò di vita in Orzignano villa da Pisa poco distante, il celebre chirurgo Andrea Vacca Berlinghieri, e il Sig. Professor Giacomo Barzellotti ne

CXXXII.
Vaccà Berlinghieri Andrea.

---

(1) Mem. cit. pag. 48.
(2) A varie Accademie Italiane e fra queste all'Istituto nazionale fu aggregato il Monteggia.

pubblicò l'elogio (1), da cui trarrò le notizie di così abile operatore, il quale nacque nell'anno 1772.
da Rosa Parolini e da Francesco medico che am-
maestrar seppe il figlio nella nobile professione che
egli esercitava con grido. Quantunque da principio
si occupasse il giovine Andrea nella medicina, tuttavia allorchè cominciò a conoscere la chirugia si dedicò intieramente a questa parte della scienza, come
più certa nella istruzione e più sicura assai nella pratica dell'esercizio, a confronto di quello del medico
obbligato ben sovente a regolare con le congetture
anche meno certe i proprii prognostici. Recatosi di soli anni quindici il Vaccà alle scuole di Desault famoso Chirurgo in Parigi, colà cominciò il nostro Italiano a fondarsi bene nell'anatomia indispensabile
per formarsi eccellente chirurgo, frequentò gli spedali per assistere alle grandi operazioni chirurgiche,
e si pose a meditar bene su gli istrumenti dell'arte
onde impararne il maneggio. Passò anche a Londra
e visitò tutti gli stabilimenti scientifici di quella gran
Capitale, specialmente il ricco gabinetto anatomico di Hunter, e si restituì d'anni 17. in Italia dove
con una prudente condotta non eccitò contro di se
l'invidia altrui solita a nascere in chi vede maggior
sapere in giovine età, e cominciò ad operare in chirurgia con esito felice perlocchè si conciliò la stima
universale. Destinatosi per propria volontà fin d'allora a tener scuola privata di chirurgia, prese per testo delle sue lezioni l'opera del famoso Chirurgo Be-
niamino Bell sulla quale però pubblicò d'anni 21.
alcune sue riflessioni dirette a correggere gli errori
del trattato di Bell, e ad aggiungervi le scoperte e
le modificazioni del Desault. Sebbene questo primo

_____

(1) Letto nel Novembre del 1826. e stampato poco dopo a Pisa.

lavoro del Vaccà contenga non poche viste lodevoli e
sana critica, tuttavia alcuni vi trovarono anche dei difetti e si conosce come opera di un giovane bramo-
so di distinguersi e farsi conoscere, cosicchè egli stesso in altre circostanze usando del contegno degli uomini veramente grandi, confessò colle stampe gli errori da lui commessi (1). Le sue operazioni pratiche
chirurgiche, la stampa di una Memoria sulla frattu-
ra delle coste (2), e molto più le opere che fece di
pubblica ragione sui mali venerei, colle quali giovò
alla cura di essi, gli meritarono di esser promosso
l'anno 1803. a pubblico Professor di Clinica chirurgica nella Università di Pisa. Fu allora che si fece
viemaggiormente conosciere, e nel citato elogio legger puossi la storia della questione nobilmente agitatasi tra lui e l'illustre Professor Antonio Scarpa di
Pavia sull'allacciatura delle arterie, nè avendo questi replicato cosa alcuna alle ultime riflessioni diret-
tegli dal Professor Pisano, argomentar puossi aver egli
convenuto con quello sul metodo miglior da seguir-
si in così difficile operazione chirurgica (3). Più lunga e tuttora indecisa rimase l'altra contesa agitatasi
parimente fra questi due rispettabili campioni in proposito della litotomia; operazione per eseguir la quale il Vaccà sulla scorta del Chirurgo Francese San-
son introdusse un nuovo metodo riuscito felicemente
in varii casi pratici (4), ma contrastato da altri Professori e specialmente dal sullodato Scarpa. Nè sen-

---

(1) Elogio cit. pag. 17.

(2) In questa Memoria letta nel 1800. alla Società medica di Parigi,
dove tornò, spiegò opinione diversa da quella di Desault ,, cioè che non
,, si possano spostar dal proprio sito le coste fratturate quando i piani dei
,, muscoli intercostali restati siano illesi ,, .

(3) Elogio cit. pag. 31.

(4) Questo metodo è descritto in una Memoria intitolata ,, Del taglio
retto vessicale seguita poi da varie altre in difesa della operazione proposta. ,,

za forti motivi si opponeva questi al nuovo metodo, il quale venne poi abbandonato anche dal Vaccà ed un nuovo ve ne sostituì da lui descritto in una Memoria pubblicata nell' anno 1825. la quale è l'ultima sua produzione letteraria, poichè, come già si disse, fu egli rapito l'anno appresso nella buona età di soli anni 54. alla scienza. Sottoposta questa invenzione del Professor Pisano all'esame dello Scarpa, mentre questi la lodò ne trasse al tempo stesso un nuovo argomento per impugnare il metodo antecedentemente usato, voglio dire quello del *taglio retto vessicale*. Chi bramasse di conoscere varie altre produzioni del Professor Vaccà, può consultare il citato elogiò in cui si dipinge anche il suo carattere e ci si mostra inoltre assai ben istruito nella scienza agraria e nell' amena letteratura.

L I B R O I I.

C A P O I V.

GIURISPRUDENZA CIVILE E CANONICA.

I. La scienza della legislazione che nacque può
dirsi col nascere delle società , e progredì a misura
che queste si avviarono verso la loro civilizzazione,
offre è vero un vasto campo all'ingegno umano in
cui esercitar può le sue facoltà; ed a prescrivere le
norme del giusto, e ad evitare i delitti, o a punirli
ed a regolare i patti sociali dirigge essa li suoi studii. Tuttavia la Giurisprudenza si aggira entro limiti più circoscritti, di quello facciano le scienze naturali, poichè per ottenere il suo scopo oltre certe
regole positive deve essa cercare di conoscer gli Uomini che più o meno andarono in tutti i secoli soggetti agli stessi vizii , e agitati vennero dalle stesse
passioni; perlocchè non si incontrano così agevol-
mente in questa scienza novità importanti, nè scuoprir si possono utili verità dopo che vissero tanti legislatori, e tante massime si fissarono, e tanti libri si
scrissero forse anche più del bisogno sopra questa materia. In minor numero perciò dedicaronsi gl'Italiani
nel secolo XVIII. a coltivare la Giurisprudenza a
confronto di quelli che alle altre provincie dello scibile consecrarono le loro fatiche, e non è copioso il
numero di quei Giureconsulti che ci diedero opere
veramente degne di memoria, giacchè non credo che i
miei lettori esigeranno che io dia loro conto della moltitudine dei Legali Consulenti o dei semplici Tratta-
tisti, che non considerarono con occhio veramente filosofico la scienza, e poco o nulla giovarono coi lo-

ro scritti a sparger nuovi lumi, se anzi il più delle
volte non intralciarono vieppiù le strade battute dai
celebri Giureconsulti che li precedettero.

II. Fra i Cardinali che illustrarono la Romana
porpora, e che un nome distinto si procacciarono
nella facoltà legale contasi il Cardinal Pietro Corradini di Setino nato nel 1658. il quale ci lasciò due
opere, una intitolata *de jure praelationis* e l' altra
de primariis precibus Imperialibus, che gli fecero
molto onore, e se non fosse stato occupato in gra-
vissimi affari ecclesiastici, specialmente per comporre le controversie insorte fra la Spagna e la S. Sede, e fra questa e il Re di Sardegna, aveva ideato
e cominciato un' opera eruditissima, voglio dire il
Vetus Latium sacrum et profanum di cui non pubblicò che due volumi, e lasciò l' impegno di proseguire
un così vasto lavoro al Padre Giuseppe Volpi della
Compagnia di Gesù che ne diede in luce altri nove
tomi (1). Al profondo sapere congiunse il Cardinal
Corradini singolar carità, ed un amor sommo alla giustizia e cessò di vivere in età di anni 85., lasciando
alcuni altri scritti storici e di Giurisprudenza.

A riordinare i sacri Canoni giovarono le fatiche del Chierico Regolare Gio. Paolo Paravicini Milanese che pubblicò nel 1708. la sua *Polyanthea*
e conobbe la Lingua Tedesca così a fondo, che potè molte volte predicare in questa lingua ai popoli
della Germania (2). Utile non poco riuscì alle Can-
cellerie vescovili *il Formularium legale practicum
Fori Ecclesiastici* stampato l' anno 1715. dal Proto-
notario Apostolico Francesco Monacelli di Gubbio,

II.
Canonisti Cor-
radini Cardinal
Pietro ed altri.

---

(1) Guarnacci, Vitae et res gestae Pontificum T. II. pag. 198. 200.
(2) Argelati Biblioth. Script. Mediol. T. II. part. I. p. 1041.

e tale uso se ne fece che dovettesi ristampare (1).
Canonista di grido fu Monsig. Gianjacopo Scarfantoni Pistojese Proposto e Vicario generale di quella
Diocesi, carica da lui con gran vantaggio di quei
popolani esercitata sino alla sua morte accaduta nel
1748. Le sue considerazioni sulle *lucubrationes canonicales* di Francesco Coccapani sono al dir del Padre Zaccaria (2) un lavoro magistrale e dopo la prima edizione si dovettero ristampare a Venezia.

III.
Bianchi Padre
Gio. Antonio.

III. I soggetti da noi fin quì nominati sebbene conoscessero a fondo la scienza dei sacri Canoni, non
riuscirono però tali da poter venir a confronto con
il Padre Gio. Antonio Bianchi Lucchese Minor osservante, il quale non si limitò agli studii sacri ma si
mostrò inoltre versato nella buona Filosofia, nella
bella Letteratura e nell' Antiquaria. Nato egli il dì
2. di Ottobre dell' anno 1686., vestito che ebbe di
anni 17. l'abito Francescano in Orvieto, si dedicò
con tale assiduità alle scienze, che presto acquistò
fama di insigne Teologo, e in tal qualità dimorò
qualche tempo appresso diversi Cardinali, e la sua
Religione si prevalse in parecchie occasioni con frutto dell' opera sua, ma specialmente per comporre, come felicemente riuscì a fare, alcune questioni insorte tra l' Arcivescovo di Bologna Monsig. Lambertini
e il Provinciale di Ferrara Tommaso Ruffo. Si segnalò poi il Padre Bianchi nelle confutazioni dirette per lo più a sostenere i diritti contrastati della
Sede Apostolica : la difese egli da prima per ordine
di Clemente XI. contro le pretese del Re di Sardegna, che appoggiato ad una concessione di Nicolò
V. nominar voleva tutte le maggiori cariche del Sa-

---

(1) Dizion. degli Uom. ill. 1796. Bassano T. XII. pag. 35.
(2) Stor. letter. d' Italia T. I. Lib. III. pag. 312. Ediz. 2.

cerdozio e regolar le immunità ecclèsiastiche. Ed è
duopo il dire che egli conducesse la sua difesa con
tanta prudenza che non disgustasse alcuna delle parti
contendenti, perchè terminato l'affare il Re lo invitò con ampie promesse a Torino, ma egli ricusò questa offerta, ed accettò la carica di Consultore della
Sacra Inquisizione dal Pontefice Benedetto XIV. a
lui conferita. Un campo più vasto si aprì poi al Padre Bianchi per far prova del suo sapere nelle materie canoniche, allorchè sostenne il Primato del Romano Pontefice in molti punti di Ecclesiastica Giu-
risdizione contro gli attacchi del troppo famoso Pietro Giannone, ma ligio il nostro Religioso un pò
più del dovere, quale egli mostrossi alla volontà de' suoi
Superiori, anzichè alla sana critica ed alla discreta
ragione, dice il Fabbroni (1) da cui ho tratto queste
notizie, non bilanciò abbastanza la diversità delle
circostanze e dei tempi, e se egli vivesse adesso,
gli rincrescerebbe forse di aver troppo scritto su questo argomento e a favor di una causa per se ottima.
E perchè appunto è tale, più giova a sostenerla
una discreta ma robusta difesa, anzichè una lunga
Diatriba, in cui siano insiem miste le ragioni buone e le deboli, come non potè a meno di fare
il P. Bianchi, che scrisse cinque volumi su tale materia. Presso lo stesso suo Biografo può leggersi la
storia delle altre questioni da lui avute col Padre
Concina e con altri, poichè prestava egli volontieri
l' opera sua a chi la desiderava per le cause di Gius
Canonico e Pontificio, e procurava di trattar le controversie filosoficamente anzichè al modo scolastico;
ma non reggeva poi al proposito quando impugnava la
penna contro li suoi avversarii, ed avrebbe anche

(1) Vitae Ital. T. XI. pag. 245.

meglio provveduto alla propria celebrità, ed agli interessi della Cattolica Religione, se saputo avesse temperar un poco la collera allorchè scriveva contro li disseminatori di false dottrine; il che portavalo a qualche poco di mordacità contro li suoi nemici, ma senza maldicenza, poichè ebbe questo Religioso costumi integerrimi. Mentre sperava egli di passare a coprir cariche più luminose di quella di Consultore, come si disse della S. Inquisizione, dovè pagare il comune tributo nel giorno 17. di Gennajo dell'anno 1758. allorchè ritornò dal Capitolo tenuto dall'Ordin suo in Ispagna, al quale assistette come Provinciale della Provincia Romana. Lasciò il Bianchi quando morì, un trattato *De Romano Pontifice ejusque Potestate* ed alcune dissertazioni di Gius canonico e di Antiquaria, ma il tutto rimase inedito (1).

IV.
Bortoli Monsig. Gio. Battista ed altri Scrittori di Canonica.

IV. Insegnò il diritto canonico nella Università di Padova e poscia andò Vescovo di Feltre sul fine dell'anno 1747. Gio. Battista Bortoli Veneziano, il quale avendo poi rinunziato il Vescovado si trasferì nel 1757. a Roma e godette la stima particolare del gran Pontefice Benedetto XIV. che lo elesse Vescovo di Nazianzó, ed essendo egli rimasto in detta Città sino alla morte sopravvenutagli nel 1776., ebbe continuamente corrispondenza coi più assennati Teologi i quali tutti frequentavano la sua casa. Sono sue opere un trattato *de aequitate*, e le istituzioni di *Gius* canonico che ottennero i pubblici suffragi; come pure la difesa del Sommo Pontefice Onorio accusato dagli storici di Monotelismo, ma trovò un oppositore nella persona del Minor Conventuale Dome-

(1) Fabbroni Vita cit.

nico Baldassarri a cui però il Bortoli non rispose (1).

Giusto critico e interprete discreto degli antichi Canoni riuscì il Padre Ubaldo Giraldi Chierico Regolare delle Scuole pie nativo di S. Andrea nel territorio di Pergola situato nella Marca, e tale ce lo dimostrano le sue produzioni in questo argomento. Illustrò egli con giunte e corresse le istituzioni canoniche del Maschat, e l'opera *de poenis ecclesiasticis* del Padre Tesauro Gesuita aggiungendovi le Costituzioni Pontificie più recenti. Maggior utilità poi recò l'altra sua fatica in tre volumi compresa e che contiene l'esposizione del *Gius* Pontificio secondo la disciplina più moderna; dalla qual' opera scorgesi quante variazioni per volere dei successivi Pontefici abbiano subito le antiche Decretali, e che la disciplina ecclesiastica è assolutamente variabile, senza che perciò la Chiesa ne abbia sofferto o soffrir ne possa nella sua stabilità e unità. Degno Religioso il Padre Giraldi, sincero ne' suoi giudizii, savio consigliere e preciso ne' suoi sentimenti, dopo di aver così illustrato le materie canoniche, ed aver anche dato in luce qualche altra cosa di minor conto, cessò di vivere nel Collegio dei cento Preti in Roma in età d'anni 81. nel 1775. carico di meriti, e tanto più da pregiarsi in quanto che egli visse sempre umile e ritirato (2).

V. Nacque il dì 6. Gennajo del 1655. nella metropoli di Candia Niccolò Papadopoli Comneno, che ebbe per madre la figlia di Michele Sclero fratello del celebre Atanasio Sclero sopranominato *Picro* il quale curò il Papadopoli in età fanciullesca attaccato da epilepsia (3). D'anni undici passò questi a

V.
Papadopoli Comneno Niccolò.

----

(1) Antologia Romana T. II. pag. 313.
(2) Antologia Romana T. II. pag. 97.
(3) Novelle letter. di Firenze an. 1740. T. I. pag. 294.

Roma nel Collegio di S. Atanasio dei Greci dirètto
dai PP. Gesuiti, e si giovò molto dell'ajuto del suo
concittadino Niccolò Calliachio il quale colà istrui-
vasi nelle scienze. Allorchè nell'anno 1699. morì
Leone Allazio, il Papadopoli assistette ai funerali
celebratigli, ed ebbe da'suoi eredi le note manoscritte fatte a S. Atanasio dal Combefisio. Entrato fin dal
1672. questo giovane Greco nella Compagnia di Gesù, cominciò a rendersi noto col pubblicar varie
opere; ma in appresso divenuto egli caro al G. Duca di Toscana Cosimo III., questi lo ajutò a ritirar-
si con buon garbo dalla Religione a cui erasi ascritto, e con regia munificenza gli conferì la prebenda
di S. Zenobi in Mugello. Passato poi a Venezia il
Papadopoli e di là in Istria, fu scelto a Rettore del
Collegio de' Nobili d' Istria ; e in questo frattempo il
Sig. Francesco Sanudo lo eccitò a scrivere sulle differenze vertenti tra i Vescovi Greci e Latini; il che
egli eseguì e questo scritto conoscer lo fece e gli meritò la pubblica considerazione in Venezia, perlocchè nell'anno 1688. ottenne la seconda Cattedra di
Gius canonico in Padova, ed in seguito la prima.
L'opera però che gli acquistò veramente credito nella Repubblica letteraria fu quella da lui pubblicata
nel 1697. a Padova, e intitolata *Praenotiones mysta-*
gogicae ex jure canonico, sive responsa sex in quibus
una proponitur commune Ecclesiae utriusque Graecae
et Latinae suffragium de iis quae omnino praemitten-
da sunt Ordinibus sacris ; atque obiter et Graecia
adversus calumniatores defenditur, et praecipuae Pho-
tianorum ineptiae refelluntur. Lodò assai questo erudito lavoro corredato delle autorità di più scrittori
Greci specialmente dei bassi tempi il Padre Mont-
faucon, e quanto riuscì ai Cattolici gradito, altrettanto esacerbò gli Eretici, e nel 1702. Giovanni

Hochston Inglese publicò contro l'Autore una lettera insolentissima il cui solo titolo fa orrore (1), alla quale questi rispose indirizzando la sua difesa a Crisanto Notara Metropolita di Cesarea e Primate di Palestina, uomo veramente di merito e dotto quant' altri mai nelle scienze. Dopo di aver poi il Papadopoli assistito Jacopo Salomoni suo concittadino nell'illustrare e scrivere diverse prefazioni a varie sue opere, e dopo di aver fatto lo stesso in simili circostanze col medico Jacopo Pilarino di Cefalonìa (2), si occupò egli della grand' opera della storia del Ginnasio Padovano, la quale da lui cominciata nel 1721. venne compita nel 1725. quantunque da molte cure distratto e di mal ferma salute. Questo dir devesi l'ultimo lavoro importante da lui pubblicato, sebbene molte altre opere componesse di vario genere il cui Catologo veder puossi nelle Novelle Fiorentine (3), ma specialmente legali e di teologia polemica. Nel giorno 20. Gennajo dell'anno 1740. mancò ai vivi questo rispettabile soggetto di cui così scrisse Alberto Fabricio = *Hoc uno neminem e Graecis novi, qui post Allatium inedita Graeciae recentis scripta vel diligentius excusserit, vel plura evolverit laudetque.*

VI. Il Cardinal Quirini e il Papadopoli sunnominato stimarono assai il Canonista Cipriano Benaglia Bresciano Monaco Benedettino, che aveva preparata un'opera voluminosa sul Gius canonico e pubblicò alcune riflessioni sopra il mezzo di togliere i dissidii insorti per la celebre Bolla *Unigenitus*, le quali ottennero

VI. Benaglia Cipriano ed altri Canonisti.

---

(1) Eccolo ⊐ Corruptori Graeciae, Ministro Satanae, Cretensi men-
,, dacissimo, Patavino Doctorculo vilissimo, Hosti totius Religionis etc. ⊐

(2) Al Papadopoli riuscì di ridurre il Pilarino al seno della Chiesa Cattolica.

(3) Loc. cit. pag. 299.

il suffragio di Innocenzo XIII (1). Il Concilio Ver-
nense, il Giubileo ed altri argomenti simili eserci-
taron la penna del Padre Pietro Maria Busenello Veneziano Chierico Regolare, come ci istruisce il Mazzucchelli (2). Insegnò questo Religioso i sacri Canoni in Brescia; e coltivò con successo la poesia Italiana e Latina l'altro Monaco Benedettino Francesco Maria Ricci di cui abbiamo alle stampe un'opera sulle posizioni tratte dalla storia del Gius Pontificio, opera che gli procurò onor grande e lo caratterizza per uno dei più accreditati Canonisti del passato secolo (3). A Carlo Sebastiano Berardi nato l'anno 1729. in Oneglia siamo debitori della bella raccolta dei Canoni di Graziano (4), nella quale il Raccoglitore con sana critica separò gli apocrifi dai genuini, con l'ajuto dei migliori Codici ne verificò la
lezione e corredò con la dovuta interpretazione li
più oscuri (5). Discepolo del Vico e del Genovesi
nella Filosofia e nella letteratura fu l'Abate Domenico Cavallari nato in Garopoli villaggio della Calabria ulteriore l'anno 1724. Dopo questi studj si
istruì egli a fondo nella Giurisprudenza sotto la direzione del Ch. Giureconsulto Giuseppe Pasquale Cirillo; e fissata in Napoli stabil dimora, aprì nella propria casa una fioritissima scuola di Giurisprudenza,
finchè nell'anno 1765. venne a preferenza d'altri
scelto a Professor di legge in detta Città, alla qual
Cattedra si aggiunse nel 1779. quella delle Decretali; ma poco egli potè occuparsi in quest'ultima, poi-

---

(1) Armellini Biblioth. Bened. Casin. Part. I. p. 145.
(2) Scrittori ec. T. II. part. IV. p. 2452.
(3) Armellini op. cit. Part. I. pag. 175.
(4) Gratiani Canones genuini ab apocryphis discreti ec. Taurini ex
Typogr. Regia 1752. Vol. IV.
(5) Mazzucchelli ec. T. II. part. II. pag. 910.

chè cessò di vivere nell' anno 1771. Conservarono le
opere sue quel credito che appena uscite si acquistarono, ma non sfuggirono però la Censura della
Congregazione dell' Indice alcuni principii in esse
contenuti. Per prima sua fatica si noverano le istituzioni di Gius canonico, nelle quali espose con sano
criterio tutto ciò che in questa scienza è necessario
a sapersi dai giovani, e se si eccettuino alcune cose
superflue e minute di cui ridonda l' opera, può essa
dirsi nel suo genere importante e venne adottata come testo in più di una Università. Ma il Cavallari
non si limitò al diritto canonico, e volle dare anche le istituzioni di Gius Romano a cui aggiunse la
storia di esso, e nella seconda edizione fatta in Napoli l' anno 1778. L'Autore con illustrazioni accrebbe l' antecedente suo lavoro; l' antica e recente disciplina della Chiesa poi diede allo stesso argomento
per altra voluminosa opera intitolata Commentum de
jure canonico a cui aggiunse una dotta e profonda
dissertazione sulle Decretali dei Pontefici (1).

La Città di Torino ebbe per anni venti un dotto Professor di diritto ecclesiastico nella persona di Mario
Agostino Campiano di Piperno uno dei migliori discepoli del Gravina, e che ideò l'emendazione del Decreto di Graziano dall'Avvocato Bernardi poi fedelmente eseguita. Morì il Campiani nell'anno 1741. ed oltre di aver stampato due opere l'una di erudizione
sull' uffizio e la Podestà dei Magistrati Romani, l'altra intitolata Formularum et Orationum liber singu-
laris, lasciò manoscritto un bel trattato De Arte critica in Canonum prudentia (2). Il Padre Moschini registra fra gli scrittori di Gius Canonico nel secolo

(1) Biografia degli Uom. illustri del Regno di Napoli T. V. ivi 1818.
(2) Dizion. degli Uom. ill. T. IV. p. 56.

scorso vissuti (1) l'Abate Andrea Bianchini morto
di anni 66. nel 1805. Trasse egli dal Tedesco Canonico Espen le principali regole, e ne fece un compendio di canonica Giurisprudenza adattato alle pratiche della Repubblica Veneta; nè questa sola opera
su tale argomento egli pubblicò; ma altre simili il
cui elenco può vedersi presso il suddetto Padre, e fra
queste ricorderemo soltanto il Sacrosanto Concilio di
Trento colle citazioni del nuovo e vecchio Testamento ec. pubblicato nel 1783. a Venezia. Versato
assai nella Giurisprudenza canonica era l'*Abbate
Francesco Antonio Vitale* Patrizio d'Ariano nel Regno di Napoli, il quale compose un'opera voluminosa sulla Dataria e Cancelleria Pontificia, ma aven-
dola cominciata a stampare non ne proseguì la pubblicazione, e in sua vece diede in luce un Trattato
sul supremo Tribunale appellato *Segnatura*, il quale
riuscì al Foro utile oltremodo e fa autorità presso
i Giudici (2). Il Sommo Pontefice Benedetto XIV.
pregiò i talenti dell'Abate Vitale, e lo ascrisse all'
Accademia di storia ecclesiastica da lui fondata,
nella quale recitò quegli varie dissertazioni sulle
antichità della Chiesa da lui poscia unitamente ad
altre operette di antiquaria date in luce. Fra le opere però di questo Autore giudicasi comunemente la
più interessante e pregevole la storia diplomatica dei
Senatori di Roma dalla decadenza dell'Impero sino
ai nostri tempi: e con essa ha il Vitale rischiarate
assai le tenebre in cui involta si trovava la storia moderna specialmente 'civile di Roma, perlocchè meri-
tossi gli encomii dei Dotti Italiani non solo ma ben
anche degli stranieri (3).

---

(1) Della Letter. Venez. T. III. pag. 240.
(2) Renazzi storia della Università ec. di Roma Vol. IV. pag. 359.
(3) Rare sono le opere di questo scrittore che stampava a proprio con-

VII. Godette e ben meritamente credito non comune Francesco Maria Costantini Nobile Ascolano e
per la sua integrità come uomo del Foro, e per la
profonda sua perizia nelle materie legali, perlocchè
coprì in Roma sul principio dello scorso secolo cariche luminose fra le quali quella di Luogotenente
civile del Governator di Roma, e l'altra di Colla-
terale del Campidoglio. Morì egli nell' anno 1715.,
e lasciò le sue osservazioni forensi, le decisioni
scelte di varii Auditori di Rota, ed i Voti stesi
per le diverse cause da lui maneggiate, le quali cose tutte essendo state quà e là stampate, si riunirono poi e si ristamparono nel 1759. a Bologna in
sei volumi (1). Fra i *Memorabilia Ital. Erudito-*
rum il Lami annoverò Gaetano Argento (2) Cosen-
tino Presidente del Consiglio Reale di Napoli al
tempo dell' Imperator Carlo VI., che a lui, può dirsi, affidò per intiero il Governo del Regno di Napoli. Allorchè nel 1730. venne a mancare questo
Giureconsulto, ebbe a panegirista il celebre Padre
Giacco Cappuccino di straordinaria eloquenza fornito, e che ne potè far pompa in questo elogio, giacchè
l'Argento ci lasciò non poche dotte produzioni (la
maggior parte delle quali però rimasero manoscritte)
e fra le altre i suoi Consulti legali assai stimati, e
tre dissertazioni *de re beneficiaria*, che sono alle
stampe (3). Versato profondamente in legge non
solo ma in ogni genere di materie scientifiche riu-

---

to, e poche copie tirar ne faceva, dicendo che se le sue produzioni erano buone, diventavano più rare, essendo in poco numero di copie, e se
erano cattive, non metteva conto che si moltiplicassero per essere poi ven-
dute a peso (Renazzi op. e luogo cit. pag. 36o.).
(1) Vecchietti Biblioteca Picena T. III. p. 312.
(2) Pag. 269. alla 3oo.
(3) Zavarroni Angeli Biblioth. Calabra pag. 188.

scì Monsig. Pellegrino Maseri Forlivese (1) nato nel
1648., i cui trattati legali sono con lode ricordati dal
Fontana nella sua Biblioteca,oltre i quali pubblicò poi
in Roma l' opera *de Legatis a Latere* in due Volumi,
la quale basta a farlo conoscere per un uomo profondo nella Giurisprudenza. Coltivò egli ancora con successo la Poesia, e il Crescimbeni nella sua storia lo annoverò fra li cinquanta più cospicui rimatori del suo
tempo (2).

Sotto la direzione del celebre Cardinal De Luca
in Roma compì lo studio della Giurisprudenza Ansaldo
Ansaldi Nobile Fiorentino nato nel 1651. e morto nel
1719. Allievo della Università di Pisa passò a Roma e
dopo di aver ivi coperto varie cariche luminose divenne Auditore e Decano della Sacra Ruota, delle decisioni della quale egli ne pubblicò un volume, ma si
segnalò specialmente nella Giusprudenza commerciale,
sul qual argomento diede nel 1689. in luce alcuni
discorsi legali dedicati al Sommo Pontefice Innocenzo
XII. e ristampati poi l'anno 1718. a Ginevra. Oltre gli
studii da Giureconsulto si occupò l' Ansaldi anche
nella buona Letteratura, e fu perciò ascritto all' Accademia degli Apatisti, all'altra detta Fiorentina ed
all' Arcadia, e ci lasciò alle stampe la Creazione dell'
Uomo, e l' Incarnazione del Verbo in sette Canzoni
pubblicate dal Ch. Giuseppe Averani con una prefazione per l'Ansaldi molto onorevole. Altro suo lavoro abbiamo nel *Trionfo della Fede* Poema in ven-
tisei canti compreso ai quali va innanzi una prefazio-

---

(1) Questo Letterato lasciò cento cinquanta volumi manoscritti di ogni
sorta di argomenti.
(2) Notizie degli Arcadi T. I. Roma 1729. pag. 29.

ne del Salvini, il che prova quanto quei sommi uomini pregiassero le poesie dell'Ansaldi (1).

VIII. Il Facciolati ed il Papadopoli fanno molti elogi del Giureconsulto Antonio Bombardini Nobile Padovano, il quale trattò un argomento da nessuno in altri tempi di proposito maneggiato, stampando un trattato *De carcere et antiquo ejus usu.* L'intelligenza di molte leggi, ed altri monumenti della veneranda antichità ricevon luce particolare da questo erudito lavoro di cui a cagion della morte dell'Autore nel 1726. avvenuta non abbiamo che la prima parte, la quale il Marchese Poleni inserì nel terzo Tomo del suo supplemento al tesoro delle antichità Romane (2). Clemente XI. Sommo Pontefice destinò ad Uditore della Rota Romana Monsig. Girolamo Crispi Ferrarese Arcivescovo di Ravenna, dalla qual Chiesa passò poi a quella di Ferrara dove cessò di viver d'anni 79. nel 1746. Continuò egli a raccogliere le decisioni della Rota, e ne pubblicò tre volumi nel 1728., come pur diè in luce il sinodo tenuto a Ravenna l'anno 1724. e varie altre produzioni di minor conto (3). Incontrarono l'approvazione dei Dotti le istituzioni civili e canoniche di Francesco Maria Gasparri di Monte Cassiano nel Piceno stampate in Venezia l'anno 1722. e furono varie volte perciò ripubblicate, come pure utili riuscirono le annotazioni che ei fece allo statuto di Urbino e quanto scrisse sullo Stato geografico della Marca d'Ancona per illustrare alcune Bolle di Sisto V. (4).

Una curiosa sentenza in proposito delle Pandette so-

---

(1) Mazzucchelli Scrittori T. I. par. II. pag. 810.
(2) Mazzucchelli Scrittori d'Italia T. II. parte III. pag. 1508.
(3) Ginanni Pietro Paolo. Scrittori Ravennati T. I. pag. 163.
(4) Vecchietti Bibl. Picena T. IV. p. 282.

stenne Antonio Donato Asti di Bagnuolo Castello dell'
Abruzzo ultèriore Avvocato nel Supremo Consiglio
di Santa Chiarà di Napoli l'anno 1720. Pretese egli
di provare in un' opera di due Volumi (1) ,, che le
,, Leggi Romane in verun tempo del tutto si estinsero
,, nell'Impero Occidentale , e che perciò le Pandette
,, erano divulgate in Italia prima che si conoscesse-
,, ro le Fiorentine, o vogliam meglio le Amalfitane. ,,
Nè il solo Asti portò tale opinione ; perchè il Padre Abate Grandi luminare della matematica a' suoi
tempi spiegò lo stesso parere contro il Brencmanno (2).

Quantunque appassionato non poco per la Poesia si mostrasse Giuseppe Alaleona Maceratèse compagno di studio del Chiarissimo Abate Lazzarini,
tuttavia si segnalò egli nella Giurisprudenza, e dopo di averla insegnata in patria, passò nel 1721.
Lettore d'Istituta civile a Padova e con suo sommo
decoro fu l'anno 1728. ricondotto , ed ebbe la prima Cattedra di Gius Cesareo, nella quale sfoggiò
una vasta erudizione, ed insegnò con buon successo le materie più ardue del diritto civile da altri
per lo più o non spiegate o mal intese, come ne
fanno fede le sue dissertazioni volgari. Presiedette egli
all'Accademia de' *Ricovrati in Padova,* e lasciò prove
non dubbie di valor poetico inserendo le sue composizioni nell' accreditata raccolta del Gobbi. Poco
egli pubblicò in Giurisprudenza, se si eccettuino le
succennate dissertazioni, ma abbiamo una sua leg-
giadra risposta fatta alla critica del libro del Marche-

---

(1) Ecco il titolo dell' opera ⇉ Dell' uso e dell' autorità della ra-
,, gion civile nelle Provincie dell' Impero Occidentale dal dì che furono in-
,, nondate da' Barbari sino a Lottario II. 8.º Napoli 1720. ⇉ .
    (2) Mazzucchelli Scrittori ec. T. I. part. II. pag. 1188. Di questa con-
tesa filologico- legale si ragionerà altrove.

se. Orsi.(1), risposta che incontrò il pubblico gradi-
mento, e venne due volte ristampata (2).

IX. Fra i Professori di legge della Università di
Padova, che su gli altri primeggiarono, contasi l'
Abate Antonio Maria Arrighi Corso di nazione, il quale
nel 1730. ottenne in detto studio la seconda Cattedra
di ragiòn Pontificia, indi passò a quella di ragion civile che insegnava nel 1753. e con tale approvazione
che il Senato lo onorò nel 1741. della Cittadinanza Veneziana. Alcune orazioni sopra argomenti di
giurisprudenza egli diede in luce, come pure la storia del Gius Pontificio; chi poi desiderasse di conoscere la trica letteraria che sostenne l'Arrighi contro un anonimo per una iscrizione sepolcrale dal Canonico Pappafava composta, può consultare il Mazzucchelli (3) che ci diede queste notizie, e ci fa sapere che arse questa contesa vivamente, al segno
che dovettero i Riformatori dello studio di Padova
per terminarla interporre la loro autorità. Sebbene
nascesse · e vivesse quasi sempre in paesi stranieri
Gio. Jacopo Burlamachi, pure siccome originario · di
Lucca gli darem luogo fra gli Autori Italiani. Sortì
egli i natali a Ginevra nel 1694., e coprì in quella
Città la Cattedra di legge con credito non ordinario; ed avendo avuto a discepolo il Principe Federico di Hassia Cassel, questi lo condusse seco nel
1734. e ˈdopo di esser egli rimasto con lui per diversi
anni, ritornò a Ginevra dove fu Consiglier di Stato
e cessò poi di vivere nel 1748. Raccolse egli da Gro-
zio e da Puffendorfio tutto quel meglio che sul *Gius*
naturale scrissero questi due oltramontani, e ne formò lì suoi *principii di legge naturale e politica* pub-

(1) Considerazioni sopra la maniera di ben pensare. ec.
(2) Mazzucchelli Scrittori ec. T. I. part. I. pag. 239.
(3) Scrittori d'Italia T. I. part. II. pag. 1125.

blicati a Ginevra dopo la morte dell' autore. Lo fecer questi conoscere vantaggiosamente ai Dotti, poichè l'opera contiene una ben ordinata serie d'idee, ed è scritta con particolar chiarezza, perlocchè è stata per lungo tempo di uso nelle scuole (1).

In Aquila vide la luce del giorno nell'anno 1698. dalla nobil Famiglia dei Conti di Montoro Carlo Franchi uno dei più insigni Giureconsulti Napoletani, che diede in età ancor giovanile luminosi saggi del suo straordinario sapere nella filosofia, nella storia, nelle lingue orientali e nelle viventi. Consecratosi però decisamente alla giurisprudenza, la conobbe in tutta la sua estensione, ne esaminò le scuole antiche e moderne, e trattò le cause più famose a'suoi tempi con tanto sapere e con eloquenza tale, che lo ammirarono li suoi nazionali non solo, ma eziandio gli stranieri, e il Pontefice Benedetto XIV. desiderò di conoscerlo,'allorchè nel 1747. andò a Roma. Si recò quindi il Franchi presso questo immortal Papa, ed ebbe seco lui più conferenze in Monte Cavallo ed a Castelgandolfo nelle quali si fece il nostro Giureconsulto conoscere per quel che egli era. Oltre le sue allegazioni tanto in materia civile quanto criminale, che consideransi un modello di tali lavori sia per la profondità del raziocinio, sia per l'eloquenza con cui sono stese, pubblicò egli alcune dissertazioni *sull'origine, sul sito e territorio di Napoli* e varie altre sull'antichità ec. della *Liburia Ducale,* e sopra oggetti misti di giurisprudenza, di erudizione ed antiquaria. Alcuni invidiosi della sua fama, al dir del Sig. Lorenzo Giustiniani (2) sparsero la voce che Scipione De Christoforo sacer-

---

(1) Dizion. degli Uom. ill. ec. T. III. pag. 412.
(2) Biografia degli Uomini ill. del Regno di Napoli T. I. ivi 1813. Articolo Franchi Carlo.

dote Napoletano somministrasse al Franchi i materiali di erudizione sparsi in tutte le sue opere, perchè egli era incapace di ciò. È vero che il Franchi
si prevalse dell' opera del De Christoforo e di alcuni
dotti giovani, ma ciò non fece in altro modo, se
non come usarono ed usano tanti altri scrittori, i
quali occupati, come era il Franchi, da importanti
e numerosi affari, hanno duopo di braccia per raccogliere i materiali delle loro opere. Prima di morire il che avvenne nel 1769., egli dispose del
ricco suo patrimonio a vantaggio de' suoi concittadini, fondando un monte per mantener quattro giovani a studio, e per dottar riccamente due fanciul-
le Aquilane; per la qual cosa si rendette anche benemerito della Patria, e come protettore delle scienze e come promotore della pubblica felicità.

X. L' Abate Isidoro Bianchi ci ha lasciato le memorie
per l' elogio del Conte Gabriele Verri (1), e di queste io quì mi varrò per dar notizia di così insigne
Giureconsulto e uomo di stato. Donna Maria Anto-
nia de' Marchesi Orrigoni maritata al Conte Pietro
Verri ambedue Milanesi ebbero nel 1696. il dì 16.
di Aprile questo figlio, che percorse la carriera legale e contemporaneamente si occupò nella buona letteratura, e nell' antiquaria con tal successo, che nel
1717. diciannovesimo dell' età sua fu ascritto alla Colonia degli Arcadi Milanesi che in quella Città allora fioriva. Dopo di aver egli visitata la Capitale del-
l' Austria allorchè regnava l' Imperator Carlo VI., e
dopo di essersi guadagnata la stima di quella Corte,
ritornò a Milano, e cotal grido levò di se nella Giurisprudenza, che il Gran Duca di Toscana Cosimo

X.
Verri Conte
Gabriele.

_____

(1) Stampate a Cremona nel 1808.

III. lo consultò intorno le ragioni da Gian Gastone suo figlio messe in campo per l'eredità della Principessa sua Consorte. Il voto del Verri venne convalidato dalla sentenza che il Parlamento di Parigi proferir dovette in questa causa, perlocchè il Gran Duca suddetto munificamente rimunerò il nostro Giureconsulto conferendogli una Commenda di grazia dell'ordine militare di S. Stefano. Giovò il Conte Verri non poco alla sua patria, e coprendo luminose e importanti cariche, e pubblicando varii scritti diretti a sostenere i diritti della medesima, frai quali ricorderò i due volumi in cui espose le piu forti ragioni per liberare, come riuscì, i cittadini Milanesi dagli alloggi militari. Nominato poi dall'Augusta Maria Teresa alla carica di Avvocato fiscale generale, seppe con onore disimpegnare non poche gelose commissioni avute specialmente in tempo della guerra sostenuta dalle varie potenze tra il 1740. e il 1750., e intervenne ai congressi di Vigevano nel 1744. per regolare l'esecuzione di alcuni articoli del trattato di Worms, e a quello di Nizza nel 1748. riunito per spianare alcune difficoltà insorte dopo la pace di Aquisgrana. Soddisfece egli in queste trattative non solo alla Imperial Corte di Vienna, ma seppe incontrar anche l'approvazione delle altre Potenze, e fu in benemerenza dei prestati servigi promosso alla carica di Senator di Milano, aprendosegli così un nuovo campo in cui far brillare i suoi talenti e la sua dottrina. Continuò egli a faticare nel servigio dell'Imperatore ed a maneggiar gli affari della Lombardia sempre con felice successo, fu Reggente per qualche tempo nel Supremo Consiglio d'Italia in Vienna, e nel 1774. Consigliere di Stato, la qual carica egli conservò sino alla morte che nell'anno 1782., ottantesimo sesto dell'età sua

lo tolse dal mondo (1). Quantunque il Conte Gabriele
vivesse sempre in mezzo agli affari oltremodo occupato, tuttavia trovò il tempo per arrichire la scienza di nuove opere, e nel 1747. pubblicò a Milano
il suo *Apparatus ad historiam juris Mediolanensis
antiqui et novi* compilato con buona critica, e scritto in elegante latinità; nel quale apparato veggonsi
sviluppati i principali elementi della giustizia e del
diritto: altri suoi lavori stampati furono le *constitu-
tiones Mediolanensis Dominii* con nuove illustrazioni dell'Avvocato Pio Antonio Fossato, e l'operetta
de Titulis, Insigniis temperandis nella quale sparse con
la dovuta sobrietà però, la necessaria erudizione; e
queste letterarie fatiche acquistarono al Conte Verri la ben dovuta fama per cui parlarono di lui con lode, e il Muratori, e l'Oltrocchi, e l'Argelati, e il War-
chio, ed altri Letterati e Dotti suoi contemporanei (2).

XI. L'opera del Muratori sui difetti della Giuri-
sprudenza ebbe fra gli altri contradditori Francesco XI.
Altri Scrittori.
Rapolla nato l'anno 1701. in Otripalda luogo del
Regno di Napoli: riuscì egli uno dei più dotti Giureconsulti de'tempi suoi, quantunque però la sua
confutazione non persuadesse il Muratori e con ragione, perchè considerava questi l'attuale giurisprudenza, mentre il Rapolla difendeva l'antica, ed il
corpo delle leggi di Giustiniano, come rifletter gli
fece lo stesso Muratori. In età di soli vent'anni ottenne quegli a pieni voti la Cattedra di Canonica,
indi la seconda dei Digesti gli venne conferita da

---

(1) Quattro figli egli ebbe da Donna Barbara Dati sua sposa figlia del
Conte Dati della Somaglia, Pietro cioè, Alessandro, Carlo, e Gio. Pietro i
quali tutti più o meno si distinsero nella Repubblica letteraria.

(2) Memorie citate pag. XXII. Restò inedita una storia della Lombardia in quattro parti divisa e da lui composta per l'istruzione del Real
Principe destinato al Governo di Milano.

Carlo III. il quale dopo di averlo destinato a governar varie Provincie, lo richiamò a Napoli ad insegnar la Criminale. L'opera intitolata il *Giureconsulto* che egli diede in luce allorchè aveva soltanto venticinque anni, fu riconosciuta giusta, ben ragionata, ed esatta nell'intepretazione che presentava delle leggi. Più vasto e faticoso lavoro intraprese poi il Rapolla in appresso, cioè un commentario sul diritto del Regno Napoletano, di cui non abbiamo alle stampe che li due primi volumi sul diritto pubblico del Regno, perchè impegnato in pubbliche aziende di sommo rilievo non potè compiere quest' opera, che aveva il pregio di esser scritta con molta proprietà di stile in idioma latino, con ordine e buon raziocinio, cosa che ben dimostra quanto a fondo conoscesse le patrie leggi questo Giureconsulto che cessò di vivere nel 1762. Niccolò Alfano poi riempì il vuoto da lui lasciato, e nel 1771. pubblicò l'opera intiera aggiungendovi le leggi sino a quell' epoca emanate (1). Aveva la scienza della politica, dagli Italiani può dirsi al presente affatto trascurata, ritrovato nel Cavalier Niccolò Donato Veneziano un diligente coltivatore, ma la sua morte nel 1765. avvenuta privò la letteraria Repubblica di varie opere importanti su questo argomento, e non abbiamo di lui alle stampe altro che quella intitolata *L'Uomo di Governo,* nella quale l'autore presenta una vera idea e completa del Ministro di Stato; e molti pensieri in essa contenuti doveva poi egli sviluppare nell'altro suo lavoro rimasto inedito, *L'istituzione,* cioè *dei Governi;* nè meno interessante e curiosa ad un tempo riuscita sarebbe la sua storia Veneta ricavata dai documenti autentici dell'Archivio segreto del-

---

(1) Biografia degli Uom. ill. del Regno di Napoli T. VIII. 1822.

la Repubblica, se l'autore che ne stese quattro soli libri continuata l'avesse e pubblicata (1). Abbiamo
già altrove date le notizie del Padre Casto Innocenzo Ansaldi, ma dobbiamo ora ricordar un suo lavoro relativo all'argomento di questo capo della nostra
storia. Contrasse con questo Religioso amicizia l'Abate Carlo Polini Bresciano, il quale soec trattenendosi in dotti ragionamenti lo indusse ad intraprende-
re l' opera intitolata *de principiorum legis naturalis traditione* alla quale fece la prefazione il Polini
con la dedica al Card. Querini (2); e in appresso
per illustrare l'opera suddetta e sciogliere alcune
opposizioni fatte alla stessa pubblicò il Polini nell'
anno 1750. un nuovo libro intitolato = De juris Divini
et Naturalis origine =, lavoro assai lodato da Benedetto XIV. che scrisse una benignissima lettera all'autore; nè minor incontro ebbe presso altri Dotti quest'
opera; ma mentre l'autore si preparava a ristam-
parla con aggiunte e cambiamenti, fu sorpreso da una
idropisia di petto che lo portò al sepolcro li 31.
Agosto del 1756. (3).

XII. Fra li pochi Giureconsulti che meritarono
l'onore di avere a scrittore della lor vita Monsignor
Fabbroni, incontrasi Leopoldo Andrea Guadagni che
sollevossi d'assai fra suoi contemporanei, e di cui
perciò con la suddetta scorta direm più diffusamente di quello che siasi finor praticato per gli altri.
Da Pietro Angelo Leopoldo oriondo di Arezzo egregio medico e da Anna Maria Palmer Gentildonna Inglese da lui in seconde nozze sposata, ebbe Leopoldo i natali nell'anno 1705. a Firenze, ed allevato
sotto la direzione dei PP. delle Scuole pie sino alla

I.
Guadagni Leo-
poldo.

---

(1) Dizion. degli Uomini ill. T. V. p. 150.
(2) Uscì questa alla luce nel 1742.
(3) Zaccaria Ann. lett. d'Italia T. I. parte II. pag. 260.

Filosofia, passò allo studio di Pisa, dove lo istruirono nella Giurisprudenza i rinomati Professori Giò. Paolo Gualtieri e Giuseppe Averani, ai quali la docile indole del giovane Guadagni e il felice di lui ingegno lo resero oltremodo accetto. Il Salvini lo diresse nella lingua Greca, perlocchè formò buon gusto, e riescì scrittore elegante nella lingua latina ed italiana. Con erudizione copiosa e con sano criterio egli discusse in un suo lavoro *de legibus censoriis* l'articolo sulle facoltà dai Romani conferite ai Censori e portò opinione contraria a quella dell' Heineccio e di altri Giureconsulti; si aprì in questo modo il Guadagni l'adito all'Università di Padova a cui lo invitò il Facciolati, ma dovette ricusar questa offerta, poichè venne come costretto ad accettar la Cattedra di Istituzioni civili in Pisa l'anno 1731. ventesimo sesto dell'età sua. Corrispose egli alla pubblica espettazione ed ebbe perciò scuola fiorita, perlocchè vedendo ben accolte le sue dottrine, si determinò di stampare il corso delle Istituzioni suddette di cui a giorni suoi abbisognava l'Italia. Magnifico è l'elogio che di questo libro ci presenta il Fabbroni, avendo, dice egli, soddisfatto pienamente l'Autore al vuoto dagli altri scrittori lasciato per non aver essi considerata la materia in tutta la estensione come fece il Guadagni; ,, et tale opus instituit, ut ei licuerit in hoc quodammodo gloriari, ,, se pulcherrima juris prudentiae ornamenta vel ipsas ,, Graecae et latinae grammaticae divitias ad usum ,, forensem transtulisse ,,. Tre volumi comprende quest'opera dall'autor forse per la vastità dell'argomento lasciata incompleta, e che avrebbe oltremodo contribuito all'istruzione sana della gioventù se l'avesse continuata. All'oggetto poi di meglio fissar l'epoca in cui fu scritto il famoso Codice Fio-

rentino delle Pandette, e per dimostrare che prefe-
rir devesi a qualunque altra, siccome la più antica,
la lezion sua, pubblicò il Guadagni una interessante
dissertazione, ed altro suo scritto dopo la morte di
lui stampò il Fabbroni (1), in cui spiegasi ed illu-
strasi tuttociò che avvi di Greco nel citato Codice.
Dalla Cattedra di Istituzioni passò quegli nell'anno
1742. all'altra di Pandette con aumento di onorario, come meritavasi un uomo della sua qualità, il
quale alla profonda dottrina univa somma integrità
di costumi, ed una onoratezza senza confronto, e
che nutrì sempre una straordinaria premura per compiere fedelmente l'impegno di insegnar dalla Cattedra. Visse egli sino alla tarda età di anni 81., essendo venuto meno l'anno 1785. nel dì 6. di Marzo; il luogo del suo sepolcro fu il bel Camposanto
di Pisa dove suo fratello erger gli fece un monumento con iscrizione (2).

XIII. Godette l'amicizia del Ch. Dottor Antonio
Cocchi da noi tra i medici registrato il Dottor Francesco Rossi Fiorentino nato nel 1709. il quale riuscì buon scrittore italiano e latino, e diede alla luce sei volumi di Decisioni in parte da lui proferi-
te, e in parte da altri Giureconsulti raccolte, nelle
quali incontrasi profondità di dottrina, forza di raziocinio dai fonti più sani della Giurisprudenza de-
dotti e purità di stile. Il Gran Duca Leopoldo che
lo stimava, lo incaricò di stendere un nuovo sistema per la curia Fiorentina, nel qual lavoro occupossi unitamente ad altri quattro Giureconsulti, e si

XIII.
Rossi Dottor
Francesco ed al-
tri Giureconsul-
ti.

---

(1) Inserito nel T. IV. delle simbole del Gori.
(2) Fabbroni; citata vita nel T. XIII. Vitae Ital. p. 46. Novelle letter.
di Firenze an. 1785. p. 675.

stampò esso con una erudita prefazione e ben ragionata dal Rossi composta (1).

Numeroso concorso ebbe alla scuola di diritto civile
in Bologna il Conte Filippo Carlo Sacco, e da essa uscirono dotti allievi, non pochi dei quali passarono poi a
coprire in Italia ed Oltremonti luminose cariche ecclesiastiche e secolari : fra li suoi discepoli contò egli la
Contessa Vittoria Delfini Dosi, che in età di soli anni
16. sostenne una difesa di conclusioni politico-legali
dedicata alla Regina di Spagna. Pubblicò il Conte Sacco il suo corso di Istituzioni civili e canoniche le quali
più volte ristamparonsi, e dopo la morte di lui nel
1744. avvenuta continuarono a servir di testo ai Professori Bolognesi di questa facoltà (2). Lasciò egli poi
pregevoli manoscritti legali in copia risguardanti specialmente il Gius Patrio, ed un degno figlio nel Conte Vincenzo, che per una lunga serie di anni istruì
la gioventù Bolognese nelle leggi, e giovò alla Patria
stampando sotto la direzione del Genitore gli statuti civili e criminali di essa riordinati, e di erudite
note arrichiti, come pure le istituzioni di Gius Pontificio e Cesareo in tàvole sinoptiche disposte (3).

XIV.
Altri Giurecon-
sulti.

XIV. Dettò la materia criminale giusta le leggi Venete Bartolommeo Melchiori e scrisse un *trattato dello
spergiuro e delle falsità* , come pure scrisse le vite di Socrate , di Licinio Crasso e di Marc'Antonio (4). Sotto la direzione di Nicolò Capassi e di
Gio. Battista Vico dotti soggetti di cui già ragionai,
si istruì Pasquale Giuseppe Cirillo nato in Grumo,
Castello da Napoli poco distante, e riuscì un buon
Giureconsulto ed insigne Professore prima di Gius

---

(1) Novelle letter. di Fir. an. 1778. T. IX. p. 689.
(2) Fantuzzi Scritt. Bolog. T. VII. pag. 248.
(3) Ivi p. 249.
(4) Moschini Letter. Ven. T. III. pag. 244.

Pontificio e di Istituta civile nel Liceo di detta Città, poi di Gius patrio; finalmente ascese nel 1747. alla Cattedra primaria di Gius civile in quella Regia Università, e contemporaneamente per disposizione Sovrana spiegò il diritto pubblico e naturale nell'Accademia di Napoli. Lo Struvio nella sua Biblioteca ci lasciò un giudizio assai favorevole dei commentarii sulle Istituzioni civili e canoniche, e sopra molti titoli del diritto civile dal Cirillo pubblicati; e perchè li riconobbe stesi con chiarezza e brevità, e perchè sparsi di molta erudizione e ben ragionati gli apparvero. Incaricato siccome fu il Cirillo da S. M. Carlo IV. di assistere in qualità di Segretario alla compilazione del nuovo Codice di leggi per quel Regno, lo scrisse con chiarezza ed eleganza non comune in lingua latina, ma giunto alla metà del lavoro tradur lo dovette in italiano; qual però ne fosse il motivo, questo codice non ottenne la Sovrana sanzione e resterebbe anche inedito, se il Serao discepolo del Cirillo non lo avesse stampato. Cessò questo Giureconsulto di vivere al 15. di Aprile dell'anno 1776., ed oltre varie operette di amena letteratura abbiamo di lui quindici volumi di allegazioni, che sono un testimonio ben chiaro della estesa sua dottrina nella Giurisprudenza pratica, e della ammirabile sua eloquenza per cui riuscì uno dei più famosi Avvocati de' tempi suoi (1).

Al Finale di Genova nacque Domenico figlio di Gio. Bernardo Colombi Brichieri parente perciò del gran Colombo, se pur questi è Genovese di origine. Trovandosi Bernardo che era un egregio Giureconsulto, a Vienna, chiamò colà il figlio in età di anni sedici e lo inviò a Gorizia nel Seminario Virdenbergico diretto dai PP.

---

(1) Fabbróni Vitae ec. T. XV. pag. 96.

Gesuiti, dal qual ritornato il giovane Domenico due anni dopo a Vienna, si dedicò alle matematiche con la scorta del Padre Schmelzer e del Marinoni, e si fece istruir nella lingua Greca, per modo che arrivò consultando varii Codici Greci della libreria Cesarea, a poter emendare le Orazioni di Demostene, ed alcune opere di Plutarco e di Isocrate; emendazioni che aggiunte a quelle fatte sopra alcuni autori latini antichi, aveva il Brichieri in animo di pubblicare ma che poi restarono inedite. Non fece però egli scopo principale de' suoi studii la filologia, perchè si occupò specialmente nella Giurisprudenza in cui ebbe a guida il Padre, e diede saggi non indifferenti delle sue cognizioni in questa scienza, poichè coll' ajuto di un testo assai antico posseduto dal Sig. Barone di Roth emendò il Codice Teodosiano, e lo illustrò con dissertazioni sue proprie. Si accinse indi a correggere il corpo del Gius civile e canonico, e preparò un supplemento, che pur restò inedito, alla raccolta di queste leggi fatta dal Leunclavio, e dal Freero pubblicata in Francfort; ed allorchè suo Padre nell' anno 1746. ottenne la carica di Auditor Fiscale in Toscana, il figlio recossi con lui a Firenze, dove coprì varii luminosi impieghi, e alla fine quello del Genitore da un colpo apopletico renduto impotente al servigio. Se si eccettuino alcune dissertazioni giuridiche e di filologia che vider la luce, e di cui ci dà i titoli il diligentissimo Mazzucchelli (1), le opere più importanti di questo Giureconsulto non ebber l' onor della stampa; queste oltre le suaccennate sono varie, altre dirette o a rischiarare alcuni punti di antiquaria, o al-

---

(1) Scrittori ec. T. II. parte IV. p. 2087. e seg.

la interpretazione di antichi Codici, o a ripur-
gar dagli errori alcuni testi vetusti delle leggi e
particolarmente del Codice Teodosiano. Perizia non
comune dimostrò inoltre il Brichieri nella intelligenza dei monumenti antichi, al che gli giovò molto l'amicizia del Gesuita Padre Granelli, comunicò al Muratori una quantità di Iscrizioni da questo
nella sua gran raccolta inserite, e gli mandò una
pienissima informazione del famoso Sacramentario
Gregoriano della Biblioteca Cesarea del quale fece
poi uso grande il Muratori (1).

XV. Il Collegio della Sapienza in Pisa ebbe a suo XV.
Bibliotecario Gio. Jacopo Baldasseroni Pesciatino Baldasseroni Gio. Jacopo ed altri Legali.
che trovò fra li Manoscritti di quella Biblioteca un
antico statuto Pisano dell'anno 1284. di cui si prevalse il celebre Dottor Targioni ne' suoi viaggi. Lesse
il Baldasseroni nel 1733. ragion canonica in Pisa, e
contribuì l'opera sua a compilare il magazzino Toscano ed a far ristampare le ponderazioni di Carlo
Targa sulle contrattazioni marittime (2). Erasi accin-
to un altro Professor Pisano, cioè l'Avvocato Antonio Maria Vannucchi di Castel Fiorentino a tessere
un'opera sulla origine del *Diritto feudale* ma non
potè dargli l'ultima mano (3); maggior fortuna egli
ebbe nell'adempiere l'onorevole incombenza che gli
diede il Gran Duca di Toscana Pietro Leopoldo di
formare un piano per una scuola di Giurisprudenza
marittima, poichè compilò il suo lavoro, e formò
un trattato intiero che contiene la storia della varia legislazione marittima presso le singole Nazioni,
le teorie più solide di commercio, e tutte quelle discussioni che risguardano simili contrattazioni. Questa

---

(1) Mazzucchelli loc. cit.
(2) Mazzucchelli Scrittori ec. T. II. part. I. pag. 97.
(3) Nel 1750. era egli Professor di diritto feudale.

fatica del Vannucchi uomo erudito ed anche buon
poeta incontrò l'approvazione Sovrana, ma non è
a mia notizia se venisse poi stampata (1). Il Gius
pubblico Siculo prestò al Giureconsulto Gaetano Sarri Palermitano argomento per un'opera in tre parti
divisa, delle quali egli stampò la prima nel 1760, in
cui traccia la storia dei Monarchi Siciliani dai più
remoti tempi sino a Carlo III. Dottrina ed erudizion
singolare mostrò l'autore in questa prima parte, che
i Pubblicisti Oltramontani accolsero con plauso, ed
attendevano con ansietà dal Sarri la continuazione
di questo lavoro; ma distratto egli da pubbliche cure, e dall'impiego di Professor d'Etica e di Giudice, ne produsse nel 1778. soltanto la seconda parte, in cui con pari erudizione e criterio tratta della inaugurazione, proclamazione ec. dei suddetti Monarchi; e questa fu l'ultima stampata, perchè sorpreso l'autore nel 1787. da morte in età d'anni
65., essendo l'ultima già pronta per la stampa, restò inedita sebbene quanto le antecedenti interessante, poichè aveva per oggetto i Governi politici e
la legislazione antica e moderna (2). Varie opere e
tutte dirette alla istruzione della gioventù ci lasciò
nella facoltà legale Marino Guarano di Milito nella
Diocesi di Aversa Regno di Napoli, e in esse egli
dichiarò ed illustrò le Istituzioni civili, le Pandette e il diritto Napoletano, cercando sempre di facilitare il cammino a chi dedicar voleasi a questa nobile scienza. Coltivò egli inoltre con successo la Poesia italiana e latina, ma sul finir della sua carriera
oscurò d'assai la fama acquistata, perchè s'impegnò
nella rivoluzione che gli costò poi la vita, essendo

---

(1) Giornale dei Letterati di Pisa T. LXXXV. pag. 274.
(2) Biografia degli Uom. ill. della Sicilia T. I. Napoli 1817.

stato nel 1801. circa assassinato per la strada allorchè ritornava da Parigi (1).

XVI. Rovezzano Villaggio poco da Firenze distante vide nascere nel giorno 6. di Aprile dell'anno 1732.
Giovanni Maria Lampredi fornito di vivace ingegno,
e che dal Padre fu fatto educare fra i Chierici della Cattedrale Fiorentina detti *Eugeniani* dal Pontefice di questo nome loro istitutore. Coltivò il giovane Lampredi con ardore la poesia e la filosofia, ma
dopo di avere ottenuto nel 1756. la laurea teologica, si consacrò specialmente allo studio del Gius
pubblico e naturale, nelle quali facoltà si acquistò
fama non ordinaria. Stampò egli la prima sua fatica,
una dissertazione cioè istorico-critica sulla filosofia
degli antichi Etruschi, in cui potè avanzare alcune
plausibili congetture sulle opinioni morali e fisiche
di quei popoli, che tanto hanno dato e danno da
indovinare agli eruditi, e combattè il Dempstero sul
punto della forma di governo da quella nazione a-
dottata ai tempi della storia verace. Sviluppò egli
in appresso più a lungo questo argomento nell'opera intitolata *del governo civile degli antichi Toscani
e delle cause della loro decadenza,* e nella istituzione specialmente dei confronti fra le antiche Repub-
bliche federative e le moderne si dimostrò profondo
conoscitore della storia delle Nazioni, e delle cause
della grandezza e della decadenza loro. Gli assurdi
principii del Rousseau, che hanno in questi ultimi
tempi cagionato dovunque tanti guai, vennero dal
Lampredi confutati in varii scritti letti nelle Accademie Fiorentine, ed essendosi egli già fatto conoscere, ottenne nel 1763. la Cattedra di Canoni nello

---

(1) Biografia degli Uom. ill. del Regno di Napoli T. VIII. ivi 1822.

studio di Pisa, e dopo alcuni anni quella di Gius
pubblico, tanto da lui desiderata. I sani principii e
il buon ordine con cui sono stese le lezioni di questa scienza da lui in tre volumi pubblicate col titolo *Juris publici universalis, sive juris naturae et
gentium theoremata*, fecero adottar questo libro come una specie di testo in diverse Università Italiane, sebbene non gli mancassero oppositori, del che
certamente non si deve maravigliar chi considerar
voglia la difficoltà somma della materia da trattar-
si, e la disparità grande di opinioni dei Giuspubbli-
cisti. Per ultimo suo lavoro in questa facoltà ci lasciò il Lampredi la confutazione del libro dell'Abate Galiani *sui doveri dei Principi neutrali verso i
Principi guerreggianti*, e tale incontro ottenne quest'
opera che venne tradotta in lingua Francese e Tedesca. Alle sane massime da lui spiegate nelle sue
opere corrispose mai sempre la saviezza della sua
condotta, e all'epoca infausta del Sinodo della Chiesa Pistojese giovò non poco la dottrina e il coraggio di questo Professore, a render vani gli sforzi di
coloro che volevano tutto innovare e scomporre.
Cessò egli di vivere con li più fervidi sentimenti di
Religione e di pietà l'anno 1793. nel giorno 17. di
Marzo e lasciò un nome distinto nei fasti della Toscana letteratura (1).

XVII.
Beccaria di Mar-
chese Cesare Bo-
nesana.

XVII. Se la sincerità e l'imparzialità guidar debbono sempre la penna di uno storico, allora poi in
particolar modo attener si deve rigorosamente a queste norme, quando gli avvenga di dover ragionare
intorno a coloro che levarono di se altissima fama
finchè vissero, ma spenti che furono, restò la po-

(1) Ranuzzi Pietro, Elogio di Lampredi nel T. XCII. del Giornale dei
Letterati di Pisa p. 136.

sterità indecisa nell' assegnar loro quel posto che meritano per le produzioni scientifiche da essi pubblicate, senza passione e senza spirito di parte esaminate. Dovendo io adesso tracciar in breve la storia di quanto operò il famoso Cesare Bonesana Marchese di Beccaria, procurerò di seguir per quanto potrò, questo canone, tuttavia temo di non evitar la censura di alcuni fra i miei lettori, tale è la disparità di opinioni con cui quest' uomo e le sue opere vengono giudicate. Il Marchese Gian Saverio Beccaria Bonesana di famiglia Pavese in origine, nella qual città alcuni suoi antenati ebbero nel secolo XIV. dominio, e Donna Maria Visconti Da Rho furono i genitori di Cesare che nell' anno 1738. il dì 15. di Marzo venne alla luce, e presto in lui sviluparonsi una viva immaginazione e forti passioni che il signoreggiarono, tali però che qualche eccitamento richiedevano per accendersi ed agire. Educato nel Collegio dei Gesuiti di Parma (1), dopo gli studii elementari si applicò alle matematiche le quali da lui apprese lo guidarono col rigor del raziocinio nelle altre scienze, dove egli le trasportò al segno che non so se si contenesse entro quei limiti che la diversità degli oggetti in esse trattati richieggono. Occupatosi poscia nella lettura di Montesquieu, di Elvezio e di altri filosofi oltramontani, le cui opere menavano allora gran rumore, produssero queste e risvegliarono nell'animo del giovane Beccaria vivi sentimenti (così egli scriveva all'Abate Morellet Francese suo intimo confidente) di libertà e di compassione per la infelicità degli uomini schiavi di tanti errori, sentimenti nel Beccaria congiunti poi al desi-

---

(1) Villa Carlo Pietro; Notizie intorno alla vita ed agli scritti del Marchese Cesare Beccaria.

derio di formarsi una riputazion letteraria. L'imma-
ginazion sua, come si disse, focosa spingeva troppo
oltre queste idee, perlocchè tutto vedendo egli con
gli occhi della sua prediletta filosofia, condannava
come fanatica l'educazione avuta e distinguer vo-
levasi come Filosofo. Pietro ed Alessandro Verri Milanesi suoi contemporanei, ed altri giovani cui le
nuove dottrine di quei tempi andavano a genio, gli
si uniron compagni delle sue meditazioni. L'ardua
materia delle monete a quei dì poco conosciuta diede argomento al Beccaria per un opuscolo, che nell'
anno 1762. ventiquattresimo dell'età sua stampò in
Lucca, non avendo potuto ottenerne a Milano l'approvazione. Il linguaggio matematico con cui è steso questo libretto, le verità alquanto astruse che vi
si contengono, alcune idee non ben sviluppate e
in parte erronee, tutto ciò si oppose a procurar credito a questo lavoro, che eccitò una briga letteraria in cui figurò il Marchese Carpani come oppositore, ed i fratelli Verri sunnominati coraggiosamente difesero le massime dell'autore (1). Frutto di questa disputa, in cui l'una parte e l'altra si conten-
nero entro la dovuta moderazione, sì fu che la Congregazione dello Stato Milanese fece nell'anno seguente 1763. una ragionevole consulta sulla materia monetaria, cosicchè può dirsi che riuscì il libro
del Beccaria utile anzi che nò alla civil società (2).

XVIII.
Si proseguono
le notizie dei la-
vori di Beccaria.

XVIII. Cominciò a quel tempo la pubblicazione
di un Giornale in Milano, che durò poco, ma che
per l'importanza degli articoli piacque assai e gode
credito anche al presente. Fra i collaboratori di quest'

---

(1) Notizie succitate pag. 14.
(2) Ivi pag. 17.

opera periodica (1) si contò anche il Beccaria il quale andavasi con questi scritti disponendo alla compilazione dell'opera *dei delitti e delle pene*, che quantunque assai variamente giudicata, tuttavia contribuì sovra ogni altra cosa a stabilir la fama dell'autore, che da molti si riconosce come il restauratore della criminale legislazione. Credo perciò di far cosa grata ai miei Lettori, istruendoli alquanto estesamente del modo che si tenne nel formare quest'opera, e delle prospere vicende di essa e dell'autore medesimo. La società suddetta di giovani (2) passava unita molte ore della giornata, e questi nei loro colloquii continuamente proponevano questioni relative a materie criminali; alla sera poi il Beccaria scriveva quanto pensava intorno ai delitti ed alle pene meditando lunga pezza prima di mettere in carta alcun concetto, quindi cercando „ di eccitare „ nella sua mente una certa quasi ebrietà, nel fer-„ vore della quale gli uscivano dalla penna quei „ passi pieni di sentimento e di forza che si leggo-„ no in ogni sua opera „ (3). L'amico Pietro Verri si prendeva poi la briga di ricopiare diligentemente gli scritti del Beccaria; per tal modo nacque il libro *dei delitti e delle pene* che in dieci mesi dal Marzo 1763. al Gennajo 1764. fu compito, se ne fece la prima edizione nella stamperia Coltellini di Livorno nel 1764., e in Luglio ne ricevette in Milano la prima copia il Beccaria che non ne fece motto ad alcuno fuor che agli amici consapevoli del segreto; nell'Agosto era già spacciata tutta questa edizione senza che se ne avesse notizia a Milano. L'or-

---

(1) Gli altri compilatori erano li due nominati Verri, il Padre Paolo Frisi e Luigi Lambertenghi in compagnia di varii giovani.
(2) Questa società denominavasi *del Caffè*.
(3) Notizie ec. p. 22.

dine delle idee in questo non lungo scritto è *logico
al sommo e quasi matematico, ma senza che il libro
ne porti la ruvida insegna.* Tutte le più difficili teorie criminali sono in brevi tratti contenute in esso,
che fu sicuramente *il primo d'alta e libera filosofia
che comparisce in Italia,* e soltanto preceduto da pochi tratti qua e là sparsi in alcune opere oltramontane. Porta però parere il Sig. Villa il quale mi ser-
ve di scorta in questo articolo, che *non tutto quello
che trovasi nel libro del Beccaria è al coperto d'ogni
taccia ragionevole* (1), e l'autore non aveva veduto in
fatto quali malvagge conseguenze si possano talvolta ricavare da massime astratte che si pongono talora in campo per ambizione filosofica. Con tutto
ciò il libro che qua e là pecca di oscurità ma arti-
ficiale, e voluta dall'Autore che temeva di spiegarsi
troppo chiaramente (2), contiene non poche belle verità, e produsse grandi cambiamenti nella scienza criminale. Si fecero edizioni in copia di quest'opera e
per secondare il desiderio del Ministro francese La-
moignon di Malesherbes, l'Abate Morellet la tradusse in Francese, e la pubblicò l'anno 1766. in Parigi
con la data di Filadelfia; e D'Alembert a cui il Padre Frisi la mandò, ne fece un breve ma distinto
elogio (3). Riscosse pure l'Autore gli encomii degli
altri Enciclopedisti; laonde egli scrisse al suddetto
Morellet alcune lettere nelle quali si manifestò appassionato ammiratore dei medesimi compilatori, il
che gli fu non senza buona ragione gentilmente rin-
facciato dal Marchese Lall Toyendal che nella *Biogra-
phie universelle* ci ha dato l'articolo BECCARIA CESAR.
   La Società economica di Berna premiò con meda-

---

(1) Notizie ec. pag. 25.
(2) Ivi pag. 27
(3) Ivi Pag. 28.

glia d' oro il nostro Italiano, e Voltaire comentò, ma
a suo modo, questo astruso libro che essendo uscito anonimo, diede luogo a sospettarne autore il N.
H. Angelo Querini veneziano, poichè fra le altre cose, si censura in esso indirettamente però, il metodo delle *accuse segrete* di cui usava la Repubblica
Veneta, e le conseguenze funeste che ne derivano,
per la qual cosa si proibì colà il libro sotto pena di
morte. Il Monaco Vallombrosano P. Angelo Facchi-
nei pubblicò alcune note ed osservazioni su di esso,
scopo delle quali fu di provare che l' autore aveva
offeso con quel trattato la Religione e l'Autorità
Sovrana. Li due amici Verri difesero valorosamente
il Beccaria il quale erasi spaventato, e temeva di
andar soggetto ad un processo. Ridicole sono, come
prova evidentemente il Villa, le invenzioni di Lin-
guet che negli annali politici e letterarii scrisse, che
gli Enciclopedisti avevano suggerito per mezzo di
una lettera di Condorcet diretta a Frisi l'idea di
quest'opera composta poi da Beccaria, e della quale
trenta edizioni Italiane si sono fatte sino al 1821.,
quattro versioni in lingua Francese una delle quali
nel 1821., tre in Tedesco, una in Inglese, una in
Spagnuolo, una in Olandese, una in Greco volgare
dal Greco Corai dimorante in Parigi, ed una in Rus-
so dà Demetrio Iazikow per ordine dell' Imperator
Alessandro.

XIX. Questo scientifico lavoro conoscer fece in
Europa e fuori di essa il nome di Cesare Beccaria
che ci lasciò poi altri parti della singolar sua penna. Nominato nell'anno 1768. Professore di scienze
Camerali nelle scuole Palatine di Milano, nella quale si istituì la Cattedra di politica economia, si può
dir per lui, diede in luce poco dopo le sue lezioni
su questo ramo di scienza, della quale apparve pro-

XIX.
Continuazione
di ciò che risguar-
da il Beccaria.

fondo conoscitore, e sarebbe a desiderare che l'illustre autore avesse potuto compiere il suo corso,
a cui manca ciò che risguarda le Finanze, la Poli-
zia, e gran parte di ciò che concerne il Commercio.
Viene egli secondo dopo il Genovesi di cui parlam-
mo fra gli Economisti, a istruirci in questa scienza;
e negli elementi di essa da lui dettati rinviensi quella chiarezza, che indarno cercasi molte volte negli
altri suoi scritti. Alcune verità da lui con franchezza esposte produssero vantaggiose mutazioni nella
pratica applicazione di più leggi, e il Sig. Professor
Bignami (1) attribuisce al Beccaria la lode di aver
sei anni prima di Adamo Smith insegnato il principio fecondo oltre modo di utili conseguenze „ che
„ la ricchezza delle Nazioni consiste nella massima
„ quantità di lavoro utile „

Sebbene di argomento diverso affatto dalla Giurisprudenza sia l'altro libretto dal Beccaria pubblicato, *le ricerche* cioè *sullo stile*, ciò nulla meno siami permesso
di ricordarlo qui unitamente alle altre sue opere, onde
il lettore avendo sott'occhio tutte le produzioni di quest'uomo particolare, possa più facilmente formarsi una
giusta idea di lui. In aspetto pienamente filosofico
considera il nostro autore lo stile, che secondo li suoi
insegnamenti bello sarà, allor quando chi scrive,
combinar saprà quelle idee e quelle immagini che
scuotano il cuore umano, ed agir le farà su di esso. Questo opuscolo del Beccaria nel 1770. stampato
ha il difetto comune ad altre sue produzioni, di esser cioè sommamente metafisico, e in molti luoghi
oscuro; nè gli esempi di autori celebri da lui citati, dice il Sig. Villa (2), *sono i più adatti a ren-*

---

(1) Prolusione stampata nel 1811. a Milano.
(2) Pag. 55. delle cit. notizie.

der ragione di ciò che egli intendeva. Vengono però
tali difetti in parte compensati dal pregio di essere questo scritto steso con molto acume, e di potersi no-
verare fra i pochi libri che ha prodotti l'Italia nei
quali le matèrie di belle lettere siano con filosofica
profondità trattate .

· Quantunque le varie produzioni del Marchese Bec-   Onori al Becca-
caria non potessero per lor natura incontrare il ge-   ria renduti; sua
nio dei più, sia per la novità delle massime da lui   fine.
insegnate, sia per la oscurità del suo stile; tuttavia
generalmente parlando, acquistò vivente un gran nome, e se il suo carattere alla misantropia piuttosto
inclinato ed estremamente timido, non lo avesse
allontanato dalla civil società, riscosso avrebbe anche maggiori applausi. Andato benchè di malavoglia
a Parigi nell'anno 1766. con Alessandro Verri, quei
Letterati, e specialmente gli Enciclopedisti lo accolsero con entusiasmo; ma egli era così penetrato dal
pensiere per lui affligente di avere abbandonato la
patria e la famiglia, che riuscirongli amari tutti gli
onori ricevuti ; e dopo di aver visitato nel Castello
di Ferney Voltaire da cui fu festeggiato, ritornò
dopo settantun giorni a Milano. Richiesto dall'Augusta Catterina II. Imperatrice delle Russie di andare con impiego al suo ingegno adattato a Pietroburgo, la Corte d'Austria per mezzo del Conte di
Firmian e del Ministro Kaunitz lo ritenne, accordan-
dogli però il permesso (di cui ei non si valse) di andare in Russia, ma con obbligo di restituirsi pòi in Italia.
Dopo il che nell'anno 1771. fù nominato il Beccaria
Consiglier di Economia nèl Supremo Consiglio , è
nel 1791. fece parte della *Giunta per la riforma del
sistema giudiziario è criminale.* Molte consulte compose il Beccaria sopra oggetti economici, e tutte con
chiarezza, precisione, e con profondità di cognizio-

ni, ma quella sola sulla riduzione delle misure si
ha alle stampe, e in essa che porta la data del 1780.
scorgonsi evidentemente le due basi sulle quali ap-
poggiasi il sistema metrico dei Francesi, e di cui
menano essi così gran vanto. Nemico, come già dissi, per carattere di farsi conoscere, negli ultimi anni del viver suo fuggiva quasi affatto il consorzio
civile, *la sua filosofia era*, dice il Custodi (1). *talora in contraddizione con le sue azioni;* e conduceva
perciò una vita molto infelice a cui pose termine un
colpo di apoplessia nel dì 28. di Novembre dell' anno 1794. Non corrispose agli onori ricevuti dal Beccaria mentre viveva, la sensazione che provarono i
Milanesi per la morte di un così distinto loro Concittadino, poichè mostrarono per questo avvenimen-
to e per questo soggetto una indifferenza che sembra non poter conciliarsi con la fama di cui presso
molti aveva egli goduto vivendo; al che forse contribuì moltissimo la strana sua maniera di pensare,
e le massime sparse qua e là ne' suoi scritti, nelle
quali non si può ameno di non scorgere una Filosofia troppo spinta e perciò sovente pericolosa.

XX.
Valletta Nicco-
la, Pagano Ma-
rio, Amoretti Ma-
ria.
XX. Professò con credito le scienze legali nella
Università di Napoli il Giureconsulto Niccola Valletta di Ariento in Terra di Lavoro discepolo del
Cirillo, il quale unì alle cognizioni profonde di Giurisprudenza coltura non comune, e si dilettò di
compor versi nel dialetto patrio. Insegnò egli in
varii tempi quasi tutte le parti di questa facoltà con
numeroso concorso di scolari che lo amavano, e volontieri ascoltavano le sue lezioni; e pubblicò in scelta lingua latina le istituzioni di Gius Romano e canonico, come pure varie altre opere legali e di bella Let-

---

(1) Vita del Beccaria fra quelle di sessanta illustri Italiani.

teratura. Decorato nel 1814. dell'Ordine delle Due
Sicilie dovette pagar allora il comune tributo in età
di 66. anni con sommo dispiacere di tutti quelli che lo
conobbero, ma in particolar modo de' suoi discepoli (1).

In Brienza luogo della Lucania nacque nel 1748.
il celebre Mario Pagano, che studiò alla scuola del
Genovesi e coltivò ad un tempo le Muse, perlocchè avendo contratta amicizia col Padre Gherardo degli Angeli oratore e poeta rinomato, questi lo
diresse nella amena Letteratura in cui fece sommo
profitto. Dedicatosi poi il Pagano alla morale ed alla
politica, fu giudicato, sebben giovane, capace di insegnare straordinariamente varii trattati di morale
nella Regia Università di Napoli, dove a preferenza
di alcuni altri ottenne in età di soli 27. anni per
concorso la Cattedra di morale, e quella di giurisprudenza nell'anno, 1787. Quanto egli è a compiangersi che quest'uomo il quale di non comuni talenti dotato e profondo pensatore avrebbe potuto continuare a primeggiar nella Repubblica letteraria e
giovare al Regno di Napoli, si impacciasse nella miserabile rivoluzione del 1799. della quale restò ben
presto vittima. Suo lavoro si è *l'esame politico di
tutta la Legislazione Romana* dato in luce sino dal
1768., come pur lo sono i *Saggi* politici dei principii, progressi e decadenza delle società, che egli nel
1785. stampò. Quest'opera tuttavia, che in Italia
ed oltremonti riscosse lodi, cagionò all'Autor suo
una grave persecuzione, perchè vi si riscontrarono
varie proposizioni ardite e che meritavano censura.
Uscì essa in tre volumi, l'ultimo dei quali nell'anno 1792., ma per l'accennato motivo assoggettossi
in appresso ad una nuova revisione; la quale riuscì

(1) Biografia degli Uomini ill. del Regno di Napoli T. III. 1816.

però al Pagano piuttosto favorevole, perchè non si
trattò che delle accennate proposizioni isolatamente
prese ; laonde acquistò quest' opera maggior grido,
al che forse contribuì ancora l'apologia che egli ne
fece. Dalla più remota antichità Caldea ed Egizia
prende l'Autor le mosse e discendendo fino ai nostri tempi, sviluppa l'origine ed i progressi delle società nelle varie condizioni di vita selvaggia e civile in cui sonosi trovati gli uomini, ed esamina tuttociò che ha riguardo alla Religione, ed allo stato fisico e morale degli esseri umani ; il che egli fa con
acutezza straordinaria e con Filosofia, conchiuden-
do poi questi Saggi col far osservare il decadimento
delle Nazioni. Varie altre sue opere ma di minor mole abbiamo alle stampe fra le quali ricorderò soltanto le *considerazioni sul processo criminale* pubblicate in Napoli e riprodotte in Milano nel 1808., le
quali fecero al Pagano onor grande (1).

. Non debbo quì ommettere di far brevi parole di una
Donna che occupatasi negli studii di Legge, avrebbe fi-
gurato in questa facoltà se il Cielo conceduto le avesse più lunga vita. Maria Pellegrina Amoretti di Oneglia piccola Città sulla riviera di Genova dopo la Bassi
Bolognese era rimasta l'unica Donna in Italia fre-
giata della Laurea in Giurisprudenza, (2) conferitagli nella Università di Pavia, mentre era in età d'
anni 21. dopo di aver in età d'anni 15. soltanto,
sostenute per due giorni le tesi di tutta la Filosofia.
Compose ella un trattatello *De jure Dotium apud
Romanos* che si stampò dopo la sua morte accaduta
il dì 12. di Ottobre dell'anno 1787. trentunesimo
dell'età di questa giovane dotta insieme e pia.

Ricorderemo pur quì il Professor di Gius pub-

---

(1) Biografia cit. Napoli 1819. T. VI.
(2) Novelle letter. di Firenze an. 1787. T. XVIII. p. 799.

blico e naturale nella Università di Pavia Toma-
so Nani di Morbegno morto in età di poco oltre li anni sessanta nel 1813. alli 19. di Agòsto.
Profondamente versato nella Giurisprudenza meritò
di essere ascritto al Consiglio di Stato del cessato
Regno d'Italia, e di essere nominato membro dell'
Istituto Nazionale Italiano, nelle adunanze del quale
trattò un geloso articolo della scienza stessa, cioè
del Diritto di grazia; modesto, ingenuo e premuro-
so nell'istruire i suoi discepoli visse caro ai medesimi, agli amici ed alla famiglia; e seppe con religiosa costanza sostenere la morte (1). L'immortal Pietro Metastasio ebbe un fratello per nome Leopoldo
d'età maggiore di lui, il quale attese specialmente
alla Giurisprudenza criminale, fu allievo come suo
fratello del celebre Gravina, e conobbe assai bene
la lingua Greca. Pubblicò egli nel 1757. un'opera
scritta in elegante latinità, nella quale cercò di dimostrare con l'appoggio della storia, delle leggi e
dell'antiquaria, che gli Imperatori Romani avevano soltanto l'autorità militare, e che quella del Governo civile risiedeva nel Senato. Allorchè egli morì in età d'anni 76. nel 1773., lasciò inediti due o-
puscoli latini uno relativo alla giurisprudenza, e
l'altro di amena letteratura indirizzato al fratello,
ed avrebbe questo soggetto lasciato forse maggiori
frutti de'suoi studii se fosse stato più attivo, e non
avesse goduto di tutti i comodi della vita procura-
tigli dal florido stato di sua famiglia arricchita dal
suddetto Poeta (2).

    XXI. Fecondo quant'altri mai il Regno Napole- XXI.
tano d'uomini dotati di sommo talento e di pene- Filangieri Gaetano.

---

(1) Memorie dell'Imperial Regio Istituto T. III. pag. 75. Milano 1824.
(2) Biografia Univ. T. XXXVII. pag. 352.

trazione straordinaria, fra li più rispettabili di questa nobile schiera si novera il Cav. Gaetano Filangieri di cui debbo ora con la scorta di Monsig. Fabbroni ragionare (1). Nacque egli l'anno 1752. da Cesare Principe di Arianello e da Maria Anna Montalto dei Duchi di Montalto sua sposa, e destinato in età d'anni 14. a percorrere la via militare, poco appresso l'abbandonò per occuparsi negli studii, nei quali così rapidi progressi fece, che in età d'anni 20. non compiti conosceva assai bene le lettere Greche e Latine, e si accinse a scrivere due opere, l'una sulla pubblica e privata educazione, l'altra sui doveri dei Principi, ambedue da lui non compite, ma che somministrarongli materiali per i successivi suoi lavori. Le provvide misure prese l'anno 1774. dal Re Carlo III. per regolare meglio che per lo addietro l'amministrazione della Giustizia in quel Regno intralciatissima e poco fondata, diedero campo al giovane Filangieri di pubblicare un aureo libretto per provare con tutta l'evidenza, come fece, la ragionevolezza della Legge sovrana, e per opporsi all' immensa turba di Legulei, i quali vedevano col nuovo metodo seccarsi le fonti dei loro guadagni. Il Marchese Tannucci primo Ministro di S. M. non poteva ammirare abbastanza tanto ingegno e tanta dottrina in un soggetto così giovine, e lo incoraggiò a proseguir valorosamente l'incominciata carriera.

Corrispose a questi eccitamenti il Filangieri e si accinse alla grand'opera *la scienza della Legislazione*, il cui primo volume sortì in Napoli, e gli altri negli anni successivi. Dopo le empie massime del Macchiavelli, e quelle non men perniciose e ridicole ad

---

(1) Vitae ec. T. XV. p. 339.

un tempo dell'Hobbes e di Rousseau, la società abbisognava di uno scrittore che gli additasse la via
sicura per regolarsi, provvedesse alla ignoranza dei
vecchii, e all'impudenza dei recenti Filosofi, e raccogliesse in un corpo solo il Diritto civile, naturale
e religioso. Soddisfece in gran parte a queste viste
l'autore con l'opera citata nella quale, dice il Fabbroni, ,, spirat mens philosophi, qui postquam com-
,, pleverat pectus maximarum rerum varietate et co-
,, pia, nil optabat magis quam ea ad humani generis
,, bonum conferre, illi sedes et tamquam domicilia
,, omnium argumentorum quibus reipublicae bene
,, administrandae scientia comparetur, commou-
,, strans. ,, Le leggi in generale, le politiche poi le
economiche, la criminale, la pubblica e la privata
educazione e ciò che risguarda la Religione, le proprietà e la patria podestà, tutte queste materie vengono in questo vasto lavoro discusse. Ecco come si
esprime il Fabbroni descrivendo i felici effetti delle
massime in esso lavoro contenute ,, Beata sane illa esset
,, Respublica quae haberet optimas Leges tum politicas
,, tum oeconomicas per quas opulentia paratur, et
,, industria excitatur, quae civili libertati consulè-
,, ret, vitiosis atque inhumanis criminalibus institutio-
,, nibus aut emendatis aut e medio sublatis, quae ipsa-
,, rum Legum subsidio abundaret civibus ad bonos
,, informatis mores, inflammatisque cupiditate tum pa-
,, triae tum propriae gloriae, adeo vero bonis artibus ac
,, disciplinis institutis ut nihil miserius praeteritorum
,, temporum inscitia atque barbarie arbitrarentur ,, .
Quantunque alcuni disapprovassero quello che il
Filangieri scrisse contro i vizii delle leggi vigenti
nel Regno di Napoli, e contro gli abusi introdotti
dai giudici, ciò nulla ostante il Governo approvò
l'opera, e il Re ricolmò l'Autore d'onori mostran-

XXII.
Continuazione
di ciò che ris-
guarda il Filan-
gieri.

do così il suo desiderio che egli proseguisse ad illuminare co'suoi scritti i popoli in materia della generale legislazione. Ebbe egli perciò nel 1777. il grado di Ciamberlano, fu ascritto alla marina militare, ed annoverato all'ordine Costantiniano con ricca pensione, ma la sua morte impedì che uscisse l'ultimo volume della sua opera, il quale trattava della Religione, e per cui aveva raccolto copiosi materiali ed aveva già formato un bel lavoro. Non deve però tacersi che quest'opera del Filangieri incontrò, e con ragione, la censura della Sacra Congregazione dell'Indice, e il motivo della censura fu perchè l'Autore attaccò la Podestà Ecclesiastica, e propose che si diminuissero i beni della Chiesa. Altri difetti incontransi pure in un'opera così vasta e per molti titoli pregevole, e che godrà ciò non ostante, sempre della ben meritata riputazione. Languido ne è lo stile e sparso di Gallicismi, perlocchè le idee sono in un lungo giro di parole soffocate; molti pensieri e le stesse cose veggonsi più volte replicate (1), ma a questi difetti avrebbe forse rimediato il Filangeri, se non lo avesse colto la morte in età di soli 36. anni (2); poichè questa fatica da lui intrapresa era per se stessa tanto vasta, che non deve farsi maraviglia se dall'abbondanza delle materie sopraffatto, non ebbe campo di perfezionarla, quando ne diede la prima edizione da molte altre seguita dopo la morte dell'autore. Dotato egli di un ottimo carattere aperto e sincero, di bello aspetto, visse umile e ritirato in seno alla sua famiglia composta di tre figli e

---

(1) Cardella Compendio della storia della bella Letteratura T. III pag. 265.

(2) Morì nel giorno 21. di Luglio dell'anno 1788.

della moglie di Nazione Ungarese. Trattava il Filangieri con molto zelo le cause dei poveri, e le perorava con eloquenza, ma la troppa assiduità allo studio lo condusse innanzi tempo al sepolcro, e privò l'Italia di un soggetto per ogni riguardo meritevole della stima dei contemporanei e dei posteri.

XXIII. Allorchè la Repubblica Veneta istituì nel Liceo della Capitale la Cattedra di eloquenza e diritto civile, chiamò a coprirla verso il 1773. Ubaldo Bregolini di Noale luogo del Trivigiano. Accettò questi un tale impegno, e nel 1787. poi diè in luce li suoi elementi di civile giurisprudenza, nei quali svolse con brevità, precisione e chiarezza i principii del civile diritto, traendoli dal Gius naturale; rintracciò con sana critica l'origine di varie leggi e costumanze; produsse un opportuno confronto tra il Codice di Giustiniano e le Leggi Venete, procurando così di spianar meglio che per l'addietro alla gioventù la strada che batter dovevano per conoscere bene la Giurisprudenza. Quest'opera levò grido in Italia, i Giornali la encomiarono, divenne testo nelle scuole, ed alle Venete specialmente procurò concorso di scolari che colà recavansi per apprendere la Legge. Giunto l'Autore all'ann. 84. di sua età nel 1806. fece una seconda edizione di questi elementi essendo già esausta la prima, e vi aggiunse un'*appendice intorno alle regole del Gius civile* la quale però non contiene che una piccola parte di un diffuso commentario sull'ultimo Titolo dei Digesti, che il Professor Bregolini erasi proposto di pubblicare, ma l'avanzata di lui età non gliel permise, essendo mancato di vita nel 1807. alli 14. di Agosto. Oltre quest'opere di Giurisprudenza leggonsi più composizioni poetiche da lui stampate, tanto Italiane che Latine, nelle quali ultime riu-

XXIII.
Bregolini Ubaldo.

scì assai meglio che nelle prime. Il Properzio della collezione dei Classici Latini stampata da Bettinelli porta le note del Bregolini, il quale ci diede anche una grammatica latina impressa a Trevigi nel 1811. dettata al dir. del P.r Pieri (1), con chiarezza, brevità e precisione. Rimasero poi inedite molte orazioni, commenti, dissertazioni ed altro di questo Letterato che tentò ancora il genere Epico, poichè lasciò quattro canti di un poema senza titolo nei quali mostrossi imitator non infelice dell'Ariosto.

FINE DEL TOMO II.

---

(1) Pieri Mario, Elogio di Ubaldo Bregolini inserito nell'edizione fatta dal Silvestri, Milano 1821. delle operette del Pieri p. 262. 265. 271. 283.

TOMO I.

Lightning Source UK Ltd.
Milton Keynes UK
UKHW021634021218
333216UK00011B/1170/P